网络工程实践教程

——基于 Cisco Packet Tracer

李勇军　冀汶莉　编著

西北工业大学出版社

西安

【内容简介】 本书从利用Cisco Packet Tracer模拟一个企业网络出发来设计相关的实验,先设计面向单个知识点的实验,再综合应用各个知识点设计综合实验。实验内容涵盖了组建企业网络所需的大部分知识,具体包括交换机端口实验、虚拟局域网实验、生成树协议实验、路由协议实验、广域网协议实验、网络地址转换实验、无线局域网实验和综合实验等。本书还详细地介绍了每个实验的技术原理、实验步骤和关键命令,以便于读者独立地配置和调试实验以及深入理解实验所涉及的计算机网络原理知识。

本书实操性强,适合作为高等院校计算机及相关专业学生的教材,网络工程技术人员和计算机爱好者也可将本书作为参考书。

图书在版编目(CIP)数据

网络工程实践教程:基于Cisco Packet Tracer / 李勇军,冀汶莉编著. —西安:西北工业大学出版社,2023.6
　　ISBN 978-7-5612-8776-7

Ⅰ. ①网⋯　Ⅱ. ①李⋯ ②冀⋯　Ⅲ. ①计算机网络-实验　Ⅳ. ①TP393-33

中国国家版本馆CIP数据核字(2023)第111962号

WANGLUO GONGCHENG SHIJIAN JIAOCHENG——JI YU Cisco Packet Tracer

网 络 工 程 实 践 教 程 —— 基 于 Cisco Packet Tracer
李勇军　冀汶莉　编著

责任编辑:李阿盟　刘　敏	策划编辑:杨　军
责任校对:万灵芝　王　水	装帧设计:李　飞

出版发行:西北工业大学出版社
通信地址:西安市友谊西路127号　　邮编:710072
电　　话:(029)88493844,88491757
网　　址:www.nwpup.com
印 刷 者:兴平市博闻印务有限公司
开　　本:787 mm×1 092 mm　　1/16
印　　张:23.25
字　　数:580千字
版　　次:2023年6月第1版　　2023年6月第1次印刷
书　　号:ISBN 978-7-5612-8776-7
定　　价:89.00元

如有印装问题请与出版社联系调换

前言

计算机网络实践课能帮助学习者理解网络设备和网络协议的工作原理,建立原理知识和实体设备之间的有机联系,在系统能力培养中起着关键作用。然而,在利用网络设备开展实验时:一方面,面临着设备数量和型号有限导致课堂容量不足的问题;另一方面,还面临着从网络设备的连接配置,到网络故障定位和排除等问题,这些也是实验教学中的痛点。为此,在教学实践中引入仿真实验来解决上述问题,为学习者提供不受时空、设备数量和型号限制的实验环境。

Cisco Packet Tracer 是思科公司为学习者提供的一款主要针对思科网络设备的模拟软件,利用其可以设计、配置和调试各种规模的网络,能满足实践教学中的仿真实验要求。其在教学中的作用体现在以下几个方面:①学习者可以分析设备和协议的运行过程,验证计算机网络的理论知识,加深对理论知识的理解。②学习者利用其模拟设备的连接、配置及排错等,可以做到以虚补实。在学习者掌握了这些基本操作后,再到网络设备上实际操作,能显著提高学习效率,达到虚实结合的目的。③学习者可以根据兴趣,利用其设计、配置和调试个性化的计算机网络,容易获得成就感,从而激发学习兴趣。④网络工程师利用其可以快速建设计算机网络,方便性能分析、容量规划、故障定位等,有助于网络规划和设备选型。

鉴于此,笔者开展了基于 Cisco Packet Tracer 和网络设备相结合的计算机网络实践课程改革。从构建一个企业网络的实践经验出发,选择一些与构建企业网络相关的关键技术内容作为本书的内容,涵盖了交换机端口实验、虚拟局域网实验、生成树协议实验、路由协议实验、广域网协议实验、网络地址转换实验、无线局域网实验和综合实验等。最后,综合应用各个实验内容,设计了一个企业网络综合实验来帮助学习者理解每部分实验内容在工程实践中的应用。

在实际教学实践中,学习者可以在课前利用 Cisco Packet Tracer 及时发现、分析和解决问题,在课堂上解决网络设备的实际操作问题。从已有的教学效果看,引入仿真实验能有效地解决教学实践中存在的问题,实现以虚补实和虚实结合。

全书由李勇军和冀汶莉撰写。其中,冀汶莉撰写了第 2 章、第 3 章、第 5 章和第 6 章的实验部分,其余章节由李勇军撰写。张胜兵参与了部分实验设计。

在编写本书的过程中,笔者参考了大量文献与资料,在此向这些作者表示感谢。

限于笔者的水平,书中难免存在疏漏之处,殷切希望读者能够就本书内容提出宝贵的建议和意见,以便进一步完善。

编著者

2023 年 4 月

目 录

第1章	实验基础	1
1.1	概述	1
1.2	Cisco Packet Tracer 介绍	2
1.3	Cisco Packet Tracer 使用示例	15
1.4	思考与练习	39
第2章	交换机端口实验	40
2.1	交换机工作原理	40
2.2	交换机端口绑定实验	43
2.3	交换机链路聚合实验	54
2.4	交换机端口隔离实验	61
2.5	交换机端口镜像实验	66
第3章	虚拟局域网实验	74
3.1	虚拟局域网工作原理	74
3.2	单交换机 VLAN 配置实验	78
3.3	跨交换机 VLAN 内的互通实验	85
3.4	交换机之间的 VLAN 互通实验	94
第4章	生成树协议实验	108
4.1	生成树协议工作原理	108
4.2	基本生成树协议实验	114
4.3	指定根桥的生成树协议实验	122
4.4	快速生成树协议实验	132
4.5	多 VLAN 生成树协议实验	143
第5章	路由协议实验	155
5.1	路由器工作原理和路由协议	155
5.2	静态路由配置实验	161
5.3	RIP 路由协议配置实验	171
5.4	OSPF 路由协议配置实验	181
5.5	多域 OSPF 邻居认证实验	190

第 6 章 广域网协议实验 ································· 201
- 6.1 广域网协议介绍 ································· 201
- 6.2 PAP 验证配置实验 ································ 207
- 6.3 CHAP 验证配置实验 ······························ 218
- 6.4 帧中继协议配置实验 ······························ 229
- 6.5 广域网协议综合实验 ······························ 238

第 7 章 网络地址转换实验 ····························· 247
- 7.1 地址转换原理 ··································· 247
- 7.2 静态 NAT 实验 ·································· 250
- 7.3 动态 NAT 实验 ·································· 262
- 7.4 PAT 配置实验 ···································· 274

第 8 章 无线局域网实验 ······························· 286
- 8.1 无线局域网介绍 ································· 286
- 8.2 基本无线路由器配置实验 ························· 289
- 8.3 多 VLAN 的无线网络配置实验 ····················· 299
- 8.4 基于 WLC 和 AP 的无线网络配置实验 ··············· 316

第 9 章 综合实验 ···································· 333
- 9.1 实验内容 ······································· 333
- 9.2 实验目标与设计 ································· 334
- 9.3 实验步骤 ······································· 335
- 9.4 思考与创新 ····································· 365

参考文献 ·· 366

第1章 实验基础

计算机网络是一门实践性较强的课程,学习者通过实验环节可以深刻地理解理论知识,掌握网络设备和网络协议的工作过程。然而,由于计算机网络实验室的建设成本相对较高,设备数量和型号往往不能满足实践需求,所以大型网络设备制造商纷纷发布了与自家设备相匹配的模拟软件,如思科公司的 Cisco Packet Tracer、华为公司的 eNSP、华三公司的 H3C Cloud Lab 等,这些模拟软件可以缓解计算机网络实践中遇到的上述问题。本书选择 Cisco Packet Tracer 8.2 作为网络设备模拟软件来设计计算机网络的实验内容。

1.1 概 述

计算机网络课程具备理论性强、知识点多且衔接紧密的特点,其教学内容理论性、抽象性较强,对学习者而言,既枯燥又烦琐,达不到学习目标,而与之配套的实验教学能帮助学习者深刻地理解网络设备、网络协议协同工作的机制,建立网络原理和实体设备之间的有机联系。计算机网络的实践教学不仅可以让学习者巩固加深理解理论知识,还可以培养学习者在实践中发现问题、分析问题和解决问题的能力,在系统能力培养中也有着其他教学环节所不能替代的独特作用,并且能为今后学习、剖析、使用和开发网络协议及设计和建设大规模网络打下坚实的理论及实践基础。

在实验教学实践中,利用路由器、交换机等实体网络设备开展实验时:一方面,面临着设备数量和型号有限、学习地点和学习时间受限、课堂容量不能满足人数要求等问题;另一方面,从网络设备的连接配置,到网络故障的定位和排除等,也都是实验中的痛点。实际上,国内许多高校实验教学都存在上述问题。为此,在计算机网络实验课程中引入仿真实验,不仅可解决教学实践中面临的诸多问题,还可为学习者提供全天候的容纳多种型号设备的实验环境。

Cisco Packet Tracer 是思科公司为学习者提供的一款主要针对思科网络设备的模拟软件。利用 Cisco Packet Tracer 可以设计、配置和调试各种规模的网络,也能满足实践教学中的仿真实验要求。Cisco Packet Tracer 在实践教学中的作用体现在以下几方面:①学习者可以分析网络设备和网络协议的工作原理和运行过程,验证计算机网络原理中的理论知识,加深对理论知识的理解和掌握。②学习者借助软件模拟设备的连接配置、实验操作及常见错误的定位等,可以做到以虚补实。学习者在掌握基本操作后,再到实体网络设备上实操,就能显著提高学习效率,变相提高课堂容量。③除了验证型实验外,学习者可以根据自己的兴趣和能力,设计、配置和调试个性化的计算机网络,容易获得成就感,从而激发学习兴趣。④在网络规划中,网络工程师可以利用 Cisco Packet Tracer 快速建立和修改网络拓扑,方便性能分析、容量规划、故障定位和排错等,有助于网络规划和设备选型。

1.2 Cisco Packet Tracer 介绍

1.2.1 Cisco Packet Tracer 软件简介

Cisco Packet Tracer 是一款由思科公司提供的免费的、图形化的、功能强大的网络模拟器,主要对思科公司的路由器、交换机、无线网络、安全、电网等设备和设施进行模拟,完美呈现真实设备部署实景,支持几乎没有设备数量限制的网络仿真。在没有真实思科设备的情况下,利用 Cisco Packet Tracer 也能够开展学习网络技术、网络故障定位与排除以及网络规划等。

Cisco Packet Tracer 具有高度仿真功能,可模拟路由器、交换机、集线器、无线设备、安全设备、广域网设备、终端设备等的绝大部分特性。在仿真模式下,使用 Cisco Packet Tracer 能捕获网络设备通信过程中的事件序列,分析网络协议运行过程中设备之间交换的报文类型、报文格式和报文处理流程,直观展示协议交互过程。Cisco Packet Tracer 具有图形化操作界面,支持拓扑创建、修改、删除、保存等操作,还支持设备拖曳、各种端口连线操作。Cisco Packet Tracer 通过不同颜色、状态指示符可直观显示设备端口的运行状态。除不能接触网络实体设备外,Cisco Packet Tracer 提供了和实际场景几乎相同的仿真环境。

1.2.2 Cisco Packet Tracer 使用基础

Cisco Packet Tracer 8.2 可以在思科网络学院(Cisco Networking Academy)网站[①]上免费、无限制地下载。思科网络学院的注册对所有人都是开放的,允许注册者免费使用 Cisco Packet Tracer,无须额外申请许可证。

1. Cisco Packet Tracer 登录

第一次启动 Cisco Packet Tracer 8.2 时,需要先完成登录过程,如图 1-1 所示。用户可以使用自己的思科网络学院账号或思科 Skills for All[②] 的账号(用户可以在相应网站上注册免费账号)完成登录过程。在登录该软件时,如果用户选择 Keep me logged in (for 3 months),其在 Cisco Packet Tracer 8.2 上的登录信息就可以保持 3 个月,用户在此期间使

---

① https://www.netacad.com/。
② https://skillsforall.com/。

用 Cisco Packet Tracer 8.2 时无须再次登录。

图 1-1 首次启动 Cisco Packet Tracer 8.2

2. Cisco IOS 命令模式

计算机网络设备,比如交换机和路由器可视为专用计算机系统,由硬件系统和软件系统组成。Cisco 网络设备也不例外,其软件系统的核心是互联网操作系统(Internetworking Operating System,IOS)。IOS 是思科专有的,集路由、交换、互联网等功能于一体的多任务操作系统,主要用于思科公司部分型号的路由器和交换机等网络设备(注意,并非所有 Cisco 设备都运行 IOS,比如一些 Cisco Catalyst 系列交换机就运行 IOS XE)。用户通过在 IOS 提供的命令行界面(Command Line Interface,CLI)输入命令配置和管理网络设备。就像大多数操作系统那样,为防止未授权用户的非法侵入,IOS 命令采用分级保护模式,提供用户模式、特权模式、全局配置模式(也称为全局模式)、端口配置模式、路由协议配置模式等多种命令模式。在不同命令模式下,用户可以使用的配置和管理网络设备的权限不同。

(1)用户模式。用户模式是进入 Cisco 网络设备命令行界面的缺省模式。在用户模式下,用户只能通过命令查看一些网络设备的状态,没有配置网络设备状态和控制网络设备的权限。图 1-2 所示是在用户模式下 Cisco Catalyst 2960 交换机命令列表。

用户模式命令提示符如下:

Switch>

其中:Switch 是 Cisco 交换机默认的主机名字,在全局配置模式下利用命令 hostname 可以修改默认的主机名;>是用户模式的专有标识符。

在用户模式下,输入 enable 命令,即可进入特权模式。反之,在特权模式下,输入 disable 即可返回用户模式,输入命令 exit 也能达到相同效果。

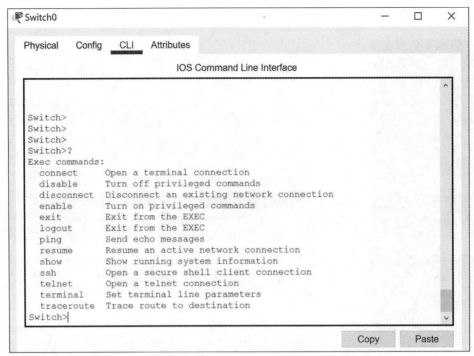

图 1-2　用户模式下 Cisco Catalyst 2960 交换机命令列表

（2）特权模式。在特权模式下，用户可以执行用户模式命令，可以修改网络设备的状态和控制信息，但不能配置网络设备。图 1-3 所示是 Cisco Catalyst 2960 交换机的特权模式命令列表。

图 1-3　Cisco Catalyst 2960 交换机的特权模式命令列表

特权模式命令提示符如下：

Switch#

其中：#是特权模式的专有标识符。

在特权模式下，输入命令 configure 即可进入全局配置模式。用户可以从终端、内存或网络中选择一种方式配置网络设备，但 Cisco Packet Tracer 8.2 只支持从终端方式配置设备。因此，在本书中从特权模式进入全局配置模式的命令就是 configure terminal。

（3）全局配置模式。在全局配置模式下，用户可以配置网络设备，比如在交换机上创建虚拟局域网等。图 1-4 所示是 Cisco Catalyst 2960 交换机的部分全局配置模式命令列表。

图 1-4　Cisco Catalyst 2960 交换机的部分全局配置模式命令列表

全局配置模式命令提示符如下：

Switch(config)#

其中：(config)#是全局配置模式的专有标识符。

在用户模式下，用户不能直接进入全局配置模式，要先进入特权模式，然后再进入全局配置模式。在全局配置模式下，利用命令 exit 或 end 可以返回特权模式。

在全局配置模式下，用户能对整个网络设备进行配置，比如 DHCP 服务、生成树的模式等。然而，如果想要配置网络设备部分功能模块，比如交换机端口配置、虚拟局域网配置、路由协议配置等,则需要进入这些功能模块的配置模式,如端口配置模式、虚拟局域网配置模式等。

在全局配置模式下,利用命令 enable password ××××××设置进入特权模式的口令 ××××××。一旦口令设置成功,从用户模式进入特权模式时,不仅要输入命令 enable,还要输入设置的口令。注意,要在全局配置模式下设置进入特权模式的口令。

(4)功能块配置模式。以交换机端口配置模式为例说明网络设备功能块配置模式。在交换机的全局配置模式下输入如下命令即可进入端口 FastEthernet0/1 的端口配置模式:

Switch(config)# interface FastEthernet 0/1

Switch(config-if)#

其中:interface FastEthernet 0/1 是进入端口配置模式的命令;Switch(config-if)# 是交换机端口配置模式的命令提示符;(config-if)# 是端口配置模式的专有标识符。图 1-5 所示是 Cisco Catalyst 2960 交换机的端口配置模式命令列表。

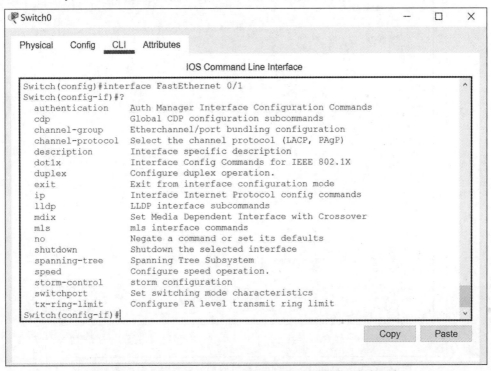

图 1-5 Cisco Catalyst 2960 交换机的端口配置模式命令列表

在端口配置模式下,输入命令 exit 就可以返回全局配置模式,输入命令 end 就可返回特权模式。

其他功能块配置模式与端口配置模式命令提示符的差异体现在 config-if 中的 if 上,比如虚拟局域网配置模式的命令提示符如下:

Switch(config-vlan)#

其中:vlan 指代虚拟局域网,代替了端口配置模式的指代 if。

以交换机为例,常用命令模式的功能特性、进入各命令模式的命令等细则见表 1-1。

表1-1 常见的交换机命令模式

视 图	功能	提示符	进入命令	退出命令
用户模式	查看设备的运行状态等	Switch>	进入交换机的默认模式	exit/logout 断开与交换机连接
特权模式	修改网络设备状态和控制信息	Switch#	在用户模式下输入 enable	disable 返回用户模式；exit/logout 断开与交换机连接
全局配置模式	配置网络设备	Switch(config)#	在特权模式下输入 configure terminal	exit/end 返回特权模式
端口配置模式	配置以太网端口	Switch(config-if)#	在全局配置模式下输入 interface FastEthernet 0/1	exit 返回全局配置模式；end 返回特权模式
VLAN 配置模式	配置 VLAN	Switch(config-vlan)#	在全局配置模式下输入 vlan 10	exit 返回全局配置模式；end 返回特权模式

3. CLI 和常用命令

在不熟悉网络设备命令的情况下，可以在任意命令模式下输入"?"，就能获取该命令模式下可输入的命令及其简单描述。当某个命令模式下的命令过多时，可以分屏显示，如图1-6所示，按回车键将逐条显示剩余命令。

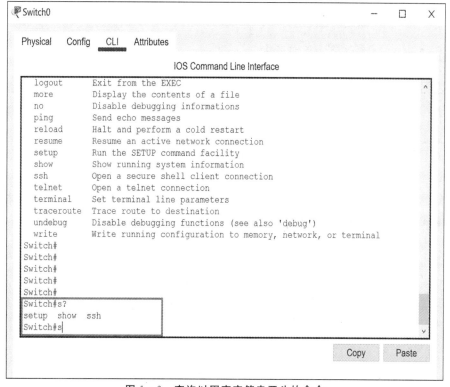

图1-6 查询以固定字符串开头的命令

在某命令模式下，在输入一个命令的部分字符后，紧接着输入"?"，就会显示该命令模式下以输入的部分字符开头的所有命令，如图1-6所示。在特权模式命令提示符后输入"s?"，就会显示特权模式下可接受的所有以字母"s"开头的命令，如 setup、show 和 ssh。

在某命令模式下，输入一个命令后紧接以空格分隔的"?"，如果该位置为关键字，则列出所有可接受的关键字及其简单描述，如果该位置为参数，则列出有关的参数描述，如图1-7所示。在交换机特权模式下，输入"show ip?"就会显示命令 show ip 后可接受的所有关键字，输入"show ip int vlan ?"就会显示命令 show ip int vlan 的参数是虚拟局域网的端口号。

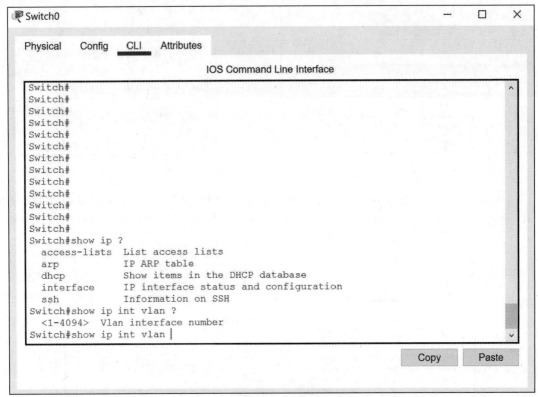

图1-7 查询命令的关键字和参数

在 Cisco 网络设备配置过程中，无论是命令还是参数，均不需要输入完整的单词，只要输入部分单词能够唯一确定命令或参数即可。例如，以下两条命令是等效的，都是将交换机从特权模式切换至全局配置模式的命令：

Switch# configure terminal

Switch# conf t

在交换机的特权模式下，以 conf 开头的只有一条命令 configure，因此输入 conf 和输入 configure 是等效的。同样，在命令 configure 后面以 t 开始的关键字只有 terminal，输入 t 就可以指代 terminal。

当用户记不全命令的拼写时，输入部分命令字符后，按 Tab 键，系统会自动补全命令，如图1-8所示。输入 disc 后，按 Tab 键，系统会自动显示命令 disconnect。注意，只有当输入部分能够唯一确定一个命令时，系统才会补全。在输入 dis 后，按 Tab 键，系统没有显示任何命令,因为以 dis 开头的命令有 disable 和 disconnect 两个。

CLI 会自动保存用户输入的历史命令。用户可以随时调用 CLI 保存的历史命令,并重复执行,也可以在显示历史命令后,先利用←或→移动光标,修改历史命令,然后再执行,这样可以避免重复输入相同字符。访问历史命令的操作见表 1-2。

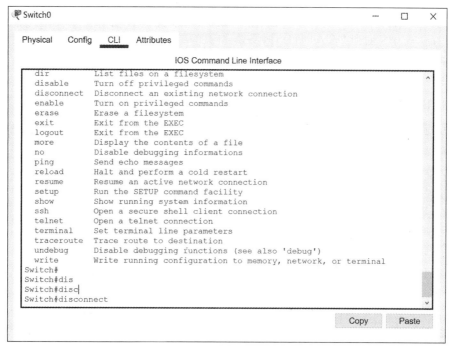

图 1-8 CLI 命令自动补全

表 1-2 访问历史命令

操 作	按键或命令	结 果
显示历史命令	show history	显示用户输入的历史命令
访问上一条历史命令	上光标键↑或<Ctrl+P>	如果还有更早的历史命令,则取出上一条历史命令
访问下一条历史命令	下光标键↓或<Ctrl+N>	如果还有更晚的历史命令,则取出下一条历史命令

如果用户输入的所有命令均通过语法检查,则正确执行。否则,向用户报告错误信息。常见错误信息见表 1-3。

表 1-3 常见错误信息表

英文错误信息	错误原因
Unrecognized command	没有查找到命令
	没有查找到关键字
Invalid input detected at ~ marker	参数类型错误
	参数值越界
	输入参数太多
Incomplete command	输入命令不完整
Ambiguous command	输入命令字符串存在歧义

4. 取消命令

取消被误执行的命令是网络设备配置过程中十分常见的事情,为强调其重要性,在此单独列出。

在配置 Cisco 网络设备时,经常会发生输入错误。比如,在配置 IP 地址时,不小心将 192.168.10.2 写成 192.167.10.1,在该命令被执行后才发现错误。为保证整个网络配置正确,就需要取消该命令。

在与被误执行命令的相同模式(相同命令提示符)下,用 no 命令就可以取消被误执行的命令,取消命令格式如下:

no 需要取消的命令

假设用户原计划在交换机 Switch 上创建编号为 30 的虚拟局域网,而不小心执行了如下命令:

Switch(config)# vlan 3

创建了编号为 3 的虚拟局域网。

那么,取消创建编号为 3 的虚拟局域网的命令如下:

Switch(config)# no vlan 3

被误执行的命令和对应的取消命令均在全局配置模式下被执行。

再假设关闭路由器端口 FastEthernet0/0 的命令如下:

Router(config)# int Fa0/0

Router(config-if)# shutdown

则开启被关闭端口的命令如下:

Router(config)# int Fa0/0

Router(config-if)# no shutdown

注意,no 命令不适用于各种命令模式之间的切换。也就是说,命令 enable 可以将交换机从用户模式切换至特权模式,而 no enable 是一条不合法命令,不能将交换机从特权模式切换至用户模式,如图 1-9 所示。

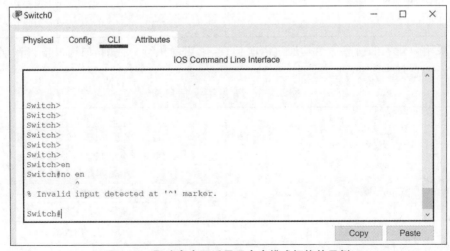

图 1-9 取消命令不适用于命令模式切换的示例

5. 网络设备配置方式

目前，实体网络设备的配置方式主要包括 Console 端口配置方式、Telnet 配置方式、Web 界面配置方式、SNMP 配置方式和配置文件加载方式等。对大多数网络设备来讲，Cisco Packet Tracer 8.2 不仅支持除 Web 界面配置方式以外的其他配置方式，而且能额外提供图形化配置方式和 CLI 配置方式。Console 端口配置方式与 CLI 配置方式类似，但 CLI 配置方式不适用于网络设备的实际配置场景。在此，介绍 CLI 配置方式、图形化配置方式和 Console 端口配置方式三种常用的配置方式。

(1) CLI 配置方式。CLI 配置方式是最简便的命令行配置方式。在工作区中，单击网络设备图标，在弹出的图形配置界面选择 CLI 选项卡即可进入该设备的 CLI 配置方式。图 1-10 所示就是 Cisco Catalyst 2960 交换机的 CLI 配置界面。

图 1-10　Cisco Catalyst 2960 **交换机的 CLI 配置界面**

在 CLI 配置界面，可以先进入相应的命令模式，然后执行查看、修改和配置等命令。

(2) 图形化配置方式。图形化配置方式是最简便的配置方式。在工作区中，单击网络设备图标，在弹出的图形配置界面选择 Config 选项卡即可进入该设备的图形化配置方式。图 1-11 所示的就是 Cisco Catalyst 2960 交换机的图形化配置界面。

用户在图形化配置界面左侧的导航栏中选择要配置的功能块，该功能块的配置信息就会出现在配置界面右侧区域，通过输入、修改或选择配置相应选项。如图 1-11 所示，先在导航栏中选择 Settings，交换机的基本信息（显示名、主机名、序列号等）就会出现在配置界面右侧，用户就可以修改相应内容。注意，图形化配置操作会以命令行的方式出现在 Equivalent IOS Commands 中，这就是 CLI 配置方式中功能等效的命令。

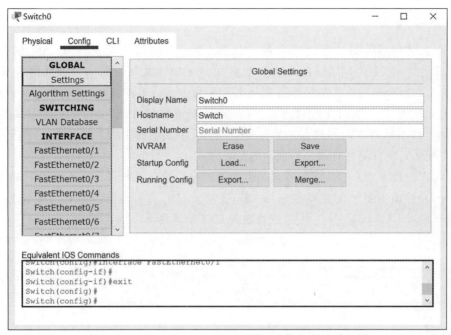

图 1-11 Cisco Catalyst 2960 交换机的图形化配置界面

(3)Console 端口配置方式。Console 端口配置方式不仅适用于网络设备的实际配置场景,而且适用于 Cisco Packet Tracer 8.2。在工作区中放置主机 PC0 和 Cisco 2960 交换机 Switch0,选择 Console 连线连接交换机 Switch0 和主机 PC0,如图 1-12 所示。

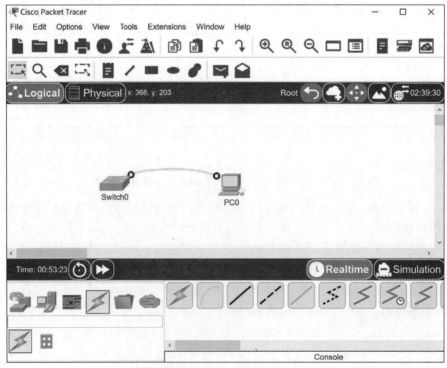

图 1-12 放置交换机 Switch0 和主机 PC0 后的工作区界面

点击主机 PC0 图标,先在弹出的图形化界面选择 Desktop 选项卡,然后点击 Terminal(超级终端),弹出图 1-13 所示界面,点击 OK 按钮,进入交换机 Switch0 的 Console 端口配置方式,如图 1-14 所示,该配置界面与交换机 Switch0 的 CLI 配置界面是一样的。

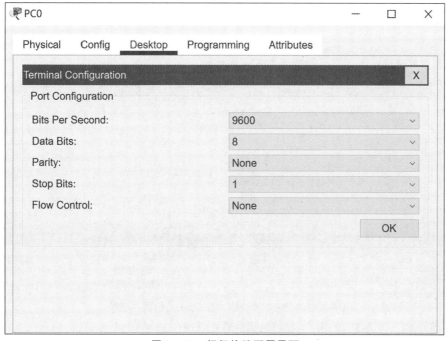

图 1-13　超级终端配置界面

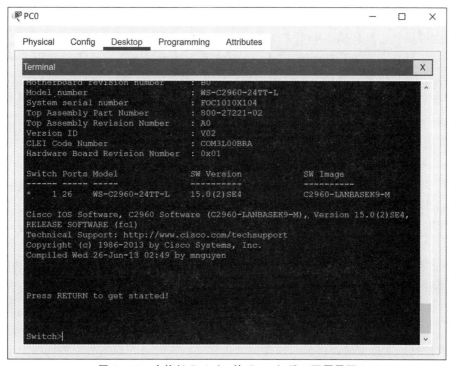

图 1-14　交换机 Switch0 的 Console 端口配置界面

6. Cisco Packet Tracer 用户界面

启动 Cisco Packet Tracer 8.2 后,就会出现图 1-15 所示的用户界面。用户界面可分为菜单栏、主工具栏、公共工具栏、工作区、模式选择栏、设备类型选择栏、设备选择栏和用户创建分组栏等。

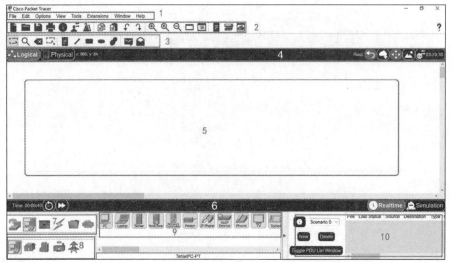

图 1-15　Cisco Packet Tracer 8.2 的用户界面

(1)菜单栏。菜单栏由图 1-15 中的数字 1 标识。该栏提供了文件、编辑、选项、查看、工具、扩展、窗口和帮助菜单等。用户可以在这些菜单中找到一些基本命令,如打开、保存、另存为、打印、设置和偏好等。用户还可以从扩展菜单中访问活动向导。窗口菜单允许进入/退出全屏模式。从帮助菜单中可以查询使用 Cisco Packet Tracer 8.2 的方法。

(2)主工具栏。主工具栏由图 1-15 中的数字 2 标识。该栏提供了最常用的菜单命令的快捷访问入口,包括新建、保存、打印、复制、粘贴、网络信息、放大和缩小等命令。

(3)公共工具栏。公共工具栏由图 1-15 中的数字 3 标识。该栏提供了一些工作区常用工具的快捷访问入口,包括选择、检查、删除、调整形状大小、放置注释、绘图调色板、添加简单协议数据单元(Protocol Data Unit,PDU)和添加复杂 PDU 等。

(4)逻辑/物理工作区切换栏。逻辑/物理工作区切换栏由图 1-15 中的数字 4 标识。用户可以通过该栏的选项签在物理工作区和逻辑工作区之间进行切换。

(5)工作区。工作区由图 1-15 中的数字 5 标识。在该区域,用户可以创建网络、查看网络工作的仿真过程,并收集各种信息和统计数据。工作区由逻辑工作区和物理工作区两部分组成。在逻辑工作区,用户利用该栏可以在一个群组(cluster)中返回上一层、创建一个新群组、移动对象、设置平铺背景等。在物理工作区,用户利用该栏可以浏览物理位置、创建一个新城市、创建一个新建筑、创建一个新机柜、移动物体、在背景上显示网格、设置背景以及进入工作机柜等。

(6)实时和模拟模式切换栏。实时和模拟模式切换栏由图 1-15 中的数字 6 标识。用户通过该栏可以选择实时操作模式和模拟操作模式。实时操作模式可以验证网络中设置之间的连通性。模拟操作模式可以展示分组在传输过程中经过每台设备的状态以及进入和流出设备的报文类型、报文格式和报文处理过程等。

单击按钮 Power Cycle Devices,将为所有设备重新加电。单击按钮 Fast Forward Time,将加快设备的推进速度。比如交换机启动后,单击按钮 Fast Forward Time 可以加快生成树协议的收敛过程等。

(7)网络组件框。网络组件框由图 1-15 中的数字 7 标识。此框中包含用户要放入工作区的网络各类组件,如网络设备类组件、连线类组件、设施类组件等。

(8)设备类型选择框。设备类型选择框由图 1-15 中的数字 8 标识。此框包含 Cisco Packet Tracer 中可用的设备和连接类型。设备选择框内的内容将随用户选择的设备类型而变化。

(9)设备选择框。设备选择框由图 1-15 中的数字 9 标识。用户可以在该框内选择要放入工作区的设备和连接。此框可能仍包含一些过时的设备,用户可以在选项菜单下选择隐藏旧设备(Option → Preferences → Show/Hide → hide legacy equipment)。

(10)用户创建分组窗口。用户创建分组窗口由图 1-15 中的数字 10 标识。用户可以在此窗口管理在模拟场景中注入网络的数据分组。

1.3　Cisco Packet Tracer 使用示例

在此,如图 1-16 所示,将通过构建一个简单实验,实现各台主机之间可以相互 ping 通的实验目的。在配置实验过程中逐步展示 Cisco Packet Tracer 8.2 的使用方法,包括用户界面、工作区切换、操作模式、设备配置选项等的操作方法。

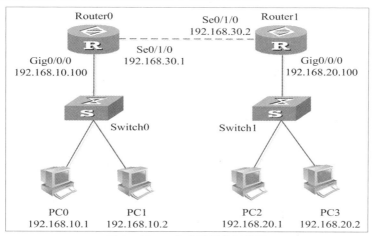

图 1-16　一个实验网络拓扑图

1.3.1　建立实验网络拓扑

建立实验网络拓扑的步骤如下。

(1)在 File 菜单下选择 New(或者单击工具栏上的 New 按钮)建立新拓扑。注意,新启动的 Cisco Packet Tracer 8.2 可以忽略此步骤。

（2）先在网络组件框点击 Network Devices 图标，然后在下方的设备类型选择框点击 Switches 图标，再在右侧的设备选择框点击 2960 图标，在逻辑工作区预想放置交换机的位置点击鼠标即可将 2960 放置到工作区内，如图 1-17 所示。

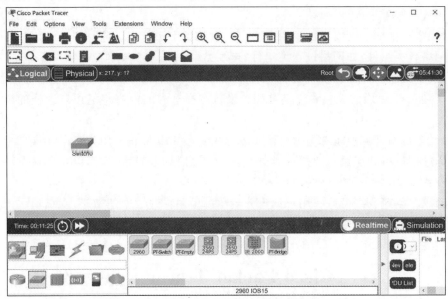

图 1-17　添加实验网络拓扑中的交换机 Switch0

（3）先在网络组件框点击 End Devices 图标，然后在下方的设备类型选择框点击 End Devices 图标，再在右侧的设备选择框点击 PC 图标，在逻辑工作区预想放置主机的位置点击鼠标即可将主机放置到工作区内，重复在设备选择框点击 PC 图标可以在工作区内放置多台主机，如图 1-18 所示。逻辑区内放置的所有设备均可用鼠标选中后按住鼠标左键而任意拖动。

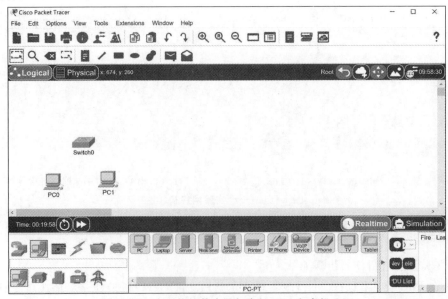

图 1-18　在网络拓扑中添加主机 PC0 和主机 PC1

(4)先在网络组件框点击 Connections 图标,然后在下方的设备类型选择框点击 Connections 图标,再在右侧的设备选择框点击 Copper Cross-Over 图标。在逻辑工作区内点击主机 PC0 图标,在弹出的端口选择框中选择 FastEthernet0,再点击交换机 Switch0 图标,在端口选择框中选择 FastEthernet0/1,如图 1-19 所示。

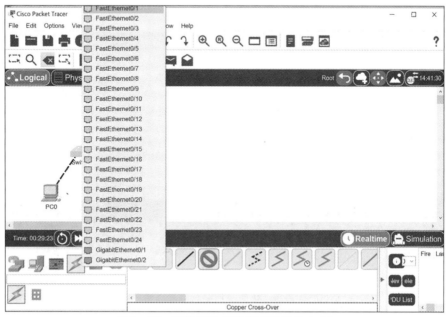

图 1-19 连接主机 PC0 和交换机 Switch0

(5)重复步骤(4),连接逻辑工作区中的主机 PC1 和交换机 Switch0。完成连接的实验拓扑图如图 1-20 所示。

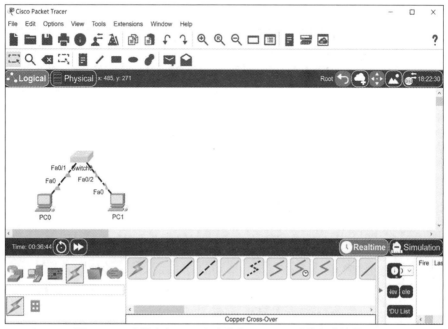

图 1-20 连接主机 PC1 和交换机 Switch0 后的实验拓扑图

(6) 重复步骤(2)至步骤(5)，在逻辑工作区中添加交换机 Switch1、主机 PC2 和主机 PC3，并连接三台设备。完成连接后的实验拓扑图如图 1-21 所示。

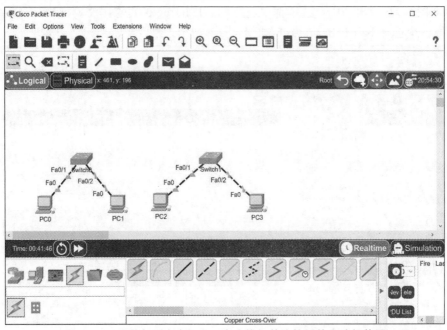

图 1-21　再添加两台主机和一台交换机并连接后的实验拓扑图

(7) 先在网络组件框点击 Network Devices 图标，然后在下方的设备类型选择框点击 Routers 图标，再在右侧的设备选择框点击 4331 图标，在逻辑工作区预想放置路由器的位置点击鼠标即可将 4331 放置到工作区内，如图 1-22 所示。

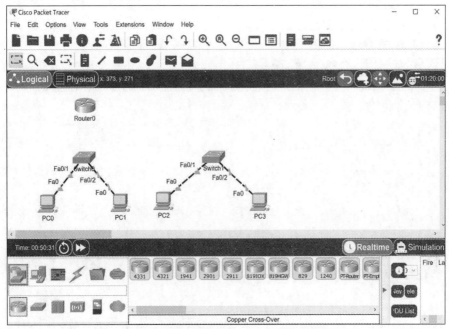

图 1-22　放置路由器 Router0 后的实验网络拓扑图

(8)先在网络组件框点击 Connections 图标,然后在下方的设备类型选择框点击 Connections 图标,再在右侧的设备选择框点击 Copper Cross-Over 图标。在逻辑工作区内点击交换机 Switch0 图标,在弹出的选择框中选择 GigabitEthernet0/1,再点击路由器 Router0 图标,在端口选择框中选择 GigabitEthernet0/0/0,连接交换机 Switch0 和路由器 Router0,完成连接后的实验网络拓扑图如图 1-23 所示。注意,选择交换机或路由器上其他端口也可以完成设备之间的连接。

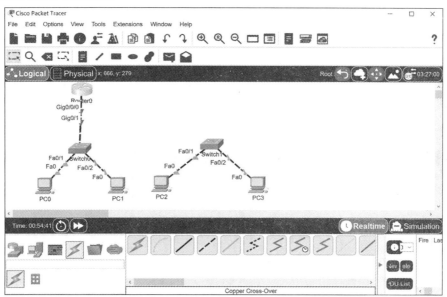

图 1-23 连接交换机 Switch0 和路由器 Router0 后的实验网络拓扑图

(9)重复步骤(7)和步骤(8),添加路由器 Router1,并连接交换机 Switch1 和路由器 Router1,完成连接后的实验拓扑图如图 1-24 所示。

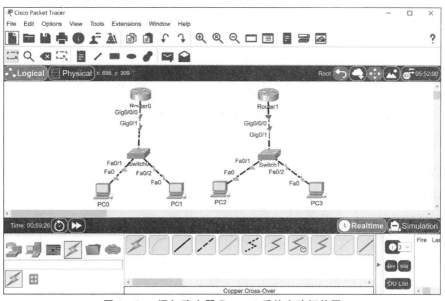

图 1-24 添加路由器 Router1 后的实验拓扑图

(10)将鼠标放置在路由器 Router0 上即可弹出图 1-25 所示的路由器 4311 的缺省信息。可见,在缺省情况下,路由器 4331 并未包含串行接口模块。为满足实验需求,需要路由器 Router0 和路由器 Router1 上安装串行接口模块。

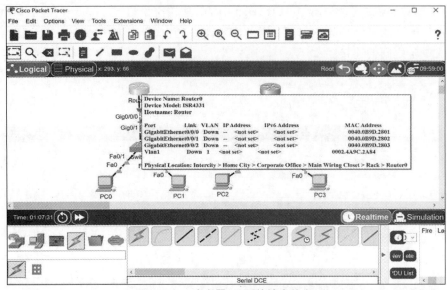

图 1-25　路由器 4331 的缺省信息

(11)点击路由器 Router0 图标,弹出图 1-26 所示配置界面。在 Physical 选项卡下,点击路由器电源开关,切断路由器电源。在左侧 MODULES 先选择 NIM-2T 模块,并拖曳至路由器的闲置插槽中,再开启路由器电源开关。完成串口模块安装后的配置界面如图 1-27 所示。注意,在安装硬件模块前必须切断电源,这与实体设备操作完全一致。

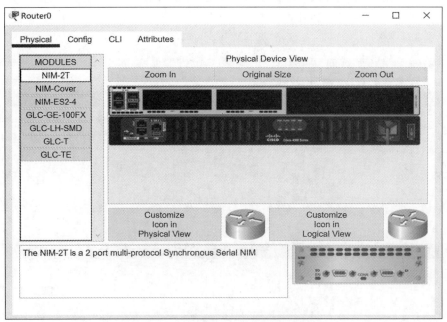

图 1-26　路由器 Router0 的配置界面

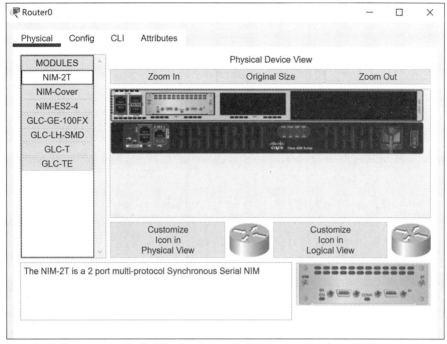

图 1-27 安装串行端口模块后的路由器 Router0 的配置界面

(12) 重复步骤(11),在路由器 Router1 上安装串行端口模块 NIM-2T。

(13) 先在网络组件框点击 Connections 图标,然后在下方的设备类型选择框点击 Connections 图标,再在右侧的设备选择框点击 Serial DCE 图标。在逻辑工作区内点击路由器 Router0 图标,在弹出的选择框中选择 Serial0/1/0,再点击路由器 Router1 图标,在端口选择框中选择 Serial0/1/0,完成路由器 Router0 和路由器 Router1 之间的连接,完成连接后如图 1-28 所示。

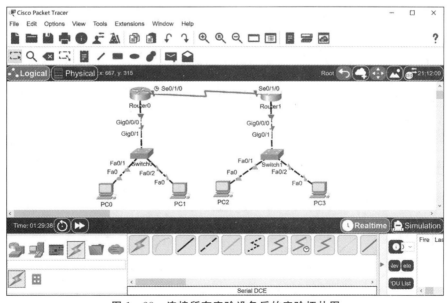

图 1-28 连接所有实验设备后的实验拓扑图

注意,在缺省情况下路由器的端口处于关闭状态,因此与路由器端口相连的链路状态均呈现关闭状态(红色倒三角▼)。

(14)上述放置和连接设备的步骤都是在逻辑工作区内进行的,在逻辑工作区中还可以完成设备配置和调试过程。逻辑工作区中的设备之间只有逻辑关系,没有物理距离的概念。当需要确定设备之间物理距离的网络实验时,就需要切换到物理工作区后进行。

(15)点击逻辑/物理工作区切换栏中的Physical图标,即可切换至物理工作区。物理工作区可以呈现四个层次的地理关系:城市间的地理关系(Intercity)、每个城市内建筑物布局(Home City)、建筑物内配线布局(Corporate Office)和配线柜(Main Wiring Closet)内物理连接。

(16)将图1-28所示逻辑拓扑图切换至物理拓扑图,按照层次关系 Intercity → Home City → Corporate Office → Main Wiring Closet 可以看到机柜内设备之间的连接关系,如图1-29所示。从图中可以看到,机柜中包含两台路由器和两台交换机,其中两台路由器之间通过 Serial 线路连接在一起,交换机和路由器通过 Copper 线路连接起来,四台主机分别通过 Copper 线路连接到交换机,这与上述步骤中的配置信息一致。

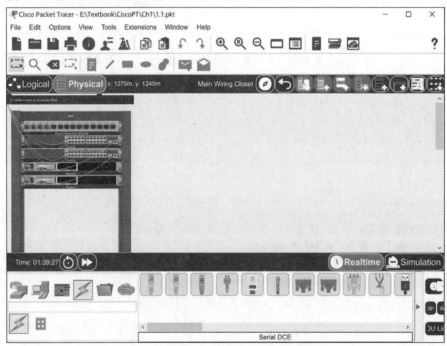

图1-29 实验网络的物理连接关系

1.3.2 配置主机

(1)单击主机PC0图标,弹出其配置和操作界面,如图1-30所示。主机配置和操作界面共有五个选项卡,分别是 Physical、Config、Desktop、Programming 和 Attributes。在Physical 选项卡下,学习者可以根据实验需求更换主机配件,可接受的配件列在左侧 MODULES 下面,比如无线网络适配器、麦克风、耳机等。在本次实验中,不需要更换任何配件。

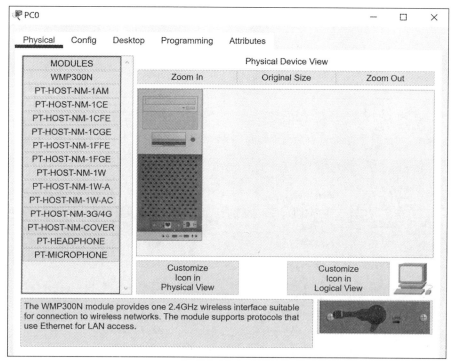

图 1-30　主机 PC0 的配置和操作界面

（2）在 Config 选项卡下设置主机名、网关/DNS。先单击 Settings(GLOBAL→Settings)，在 Gateway/DNS IPv4 选项中选择静态(Static)配置方式，然后在缺省网关(Default Gateway)栏中输入 192.168.10.100，如图 1-31 所示。

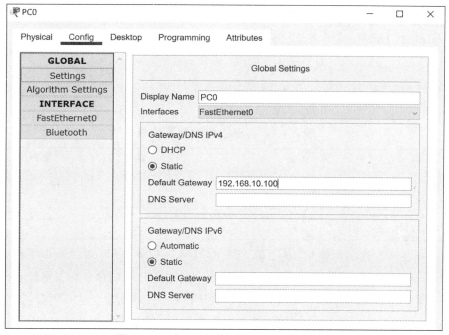

图 1-31　主机 PC0 的网关/DNS 配置界面

(3)在 Config 选项卡下单击快速以太网端口(INTERFACE→FastEthernet0),弹出图 1-32 所示的配置界面。先在 IP 配置(IP Configuration)选项中选中静态(Static)配置方式,然后在 IP 地址(IP Address)栏中输入 192.168.10.1,点击子网掩码(Subnet Mask)栏会自动出现 255.255.255.0,也可手工输入子网掩码。

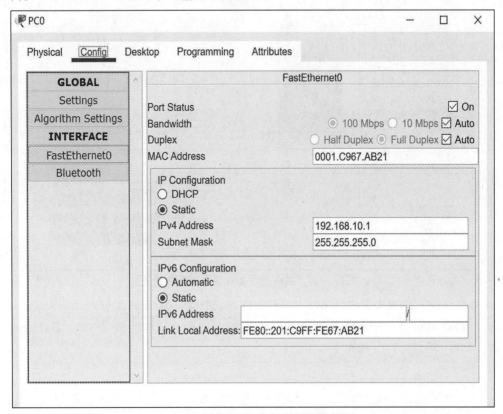

图 1-32 主机 PC0 的 IP 地址配置界面

(4)同样,按照表 1-4 所示信息,配置主机 PC1、主机 PC2 和主机 PC3 的网关、IP 地址和子网掩码。

表 1-4 各台主机的配置信息

主机	IP 地址	子网掩码	网关
PC1	192.168.10.2	255.255.255.0	192.168.10.100
PC2	192.168.20.1		192.168.20.100
PC3	192.168.20.2		

(5)完成各台主机的配置后,在主机 PC0 图形配置界面 Desktop 选项卡下单击 Command Prompt 选项,进入主机 PC0 的命令行界面。在主机 PC0 的命令行下执行 ping 命令,可以 ping 通主机 PC1,但 ping 不通其他主机,结果如图 1-33 所示。这是因为:①主机 PC0 和主机 PC1 在同一个网段上,通过交换机可以正常通信;②主机 PC0 和主机 PC2、主机 PC3 不在一个网段上,在缺少路由的情况下不能正常通信。

第 1 章 实验基础

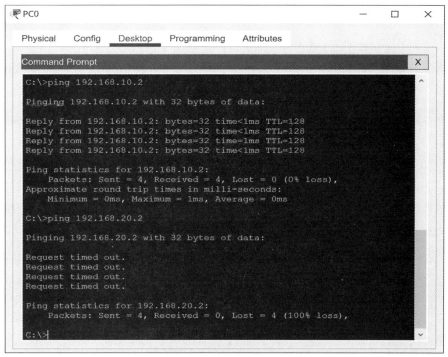

图 1-33 主机 PC0 与其他主机的连通结果

(6)在主机 PC0 的命令行界面下执行 ipconfig 命令查看配置信息,如图 1-34 所示。显示的 IP 地址、子网掩码和网关即为步骤(2)和步骤(3)所配置的信息。

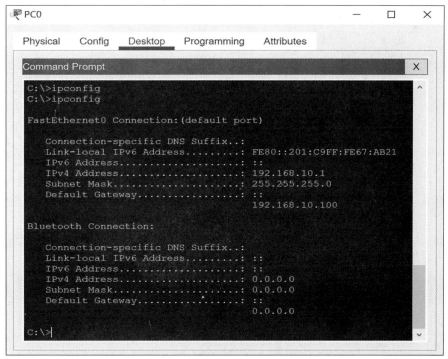

图 1-34 主机 PC0 的配置信息

(7)在其他主机上执行 ping 命令和 ipconfig 命令,可以获得图 1-33 和图 1-34 所示的类似结果。

1.3.3 配置交换机

在 Cisco Packet Tracer 8.2 中,可以通过 Console 端口配置方式、图形化配置方式和 CLI 配置方式配置交换机。为简便起见,本次实验采用图形化配置方式和 CLI 配置方式配置交换机,三种配置方式功能是等效的。

(1)单击交换机 Switch0 图标,在交换机 Switch0 图形配置界面 Config 选项卡下单击 Settings(GLOBAL → Settings),弹出图 1-35 所示的配置界面。在显示名(Display Name)栏和主机名(Hostname)栏显示了缺省值,用户可以根据需要进行修改。注意,当用户点击 Settings 时,在 Equivalent IOS Commands 栏会显示如下命令:

Switch＞ enable

Switch# configure terminal

Enter configuration commands, one per line. End with CNTL/Z.

Switch(config)#

在交换机 Switch0 上执行上述命令后,交换机的命令模式从用户模式切换至全局配置模式。在配置模式下,用户就可以修改交换机显示名和主机名了。可见,Equivalent IOS Commands 栏显示的命令就是图形化配置操作的对应命令。

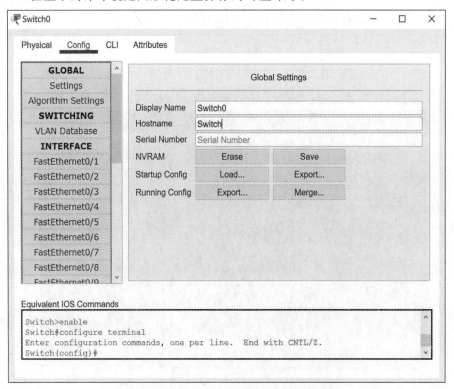

图 1-35 交换机 Switch0 的图形化配置界面

(2)单击交换机 Switch0 图形配置界面 CLI 选项卡,进入交换机 Switch0 的命令行界面,如图 1-36 所示。在此界面,用户可以直接输入交换机命令查询、配置和修改设备状态和参数。

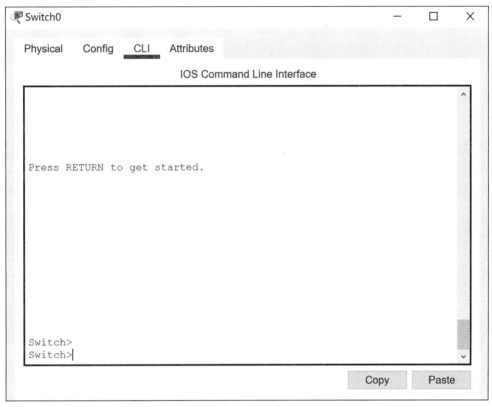

图 1-36　交换机 Switch0 的 CLI 配置界面

(3)先在主机 PC0 上分别执行 ping 主机 PC1 和主机 PC2 命令,然后在交换机 Switch0 的 CLI 界面中执行如下命令,查看交换机 Switch0 的 MAC 地址表,结果如图 1-37 所示。MAC 地址 0001.C967.AB21 是主机 PC0 的端口 FastEthernet0 的 MAC 地址,该端口与交换机 Switch0 的端口 FastEthernet0/1 相连;MAC 地址 00D0.97B5.84E2 是主机 PC1 的端口 FastEthernet0 的 MAC 地址,该端口与交换机 Switch0 的端口 FastEthernet0/2 相连,这与图 1-37 所示信息一致。

Switch> show mac-address-table
Switch> enable
Switch# show mac-address-table

命令 show mac-address-table 可以在用户模式下执行,也可以在特权模式下执行,执行结果都是显示当前交换机的 MAC 地址表。交换机 MAC 地址表具有时效性,即经过一段时间后,MAC 地址表项将被移出 MAC 地址表。因此,在查看交换机 MAC 地址表前,需要在主机上执行 ping 命令,目的是填充交换机的 MAC 地址表,否则交换机的 MAC 地址表是空的。

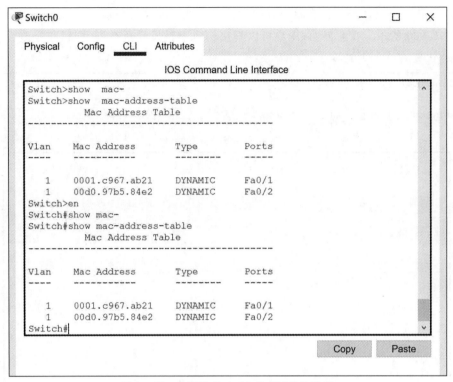

图 1-37 交换机 Switch0 的 MAC 地址表

(4)重复步骤(1)至步骤(3)配置或查看交换机 Switch1 的状态或参数。

注意,在本次实验中,交换机不改变状态和参数也可以保障实验正常运行,因此本次实验中的交换机配置相对简单些。

1.3.4 配置路由器

路由器也可以使用 Console 端口方式、图形化方式和 CLI 方式进行配置,本实验主要采用 CLI 配置方式。读者可以自行补充其他配置方式,在此不再赘述。

(1)先单击路由器 Router0 图标,打开此路由器的图形化配置界面,然后再单击 CLI 选项卡进入路由器 Router0 的 CLI 配置界面,如图 1-38 所示。在 CLI 中输入命令就可以配置路由器 Router0。

(2)在图 1-38 所示的 CLI 配置界面中输入如下命令并执行:

Router> en

Router# conf t

Router(config)# int g0/0/0

Router(config-if)# ip address 192.168.10.100 255.255.255.0

Router(config-if)# no shutdown

Router(config-if)# int s0/1/0

Router(config-if)# ip address 192.168.30.1 255.255.255.0

Router(config-if)# no shutdown

Router(config-if)# end

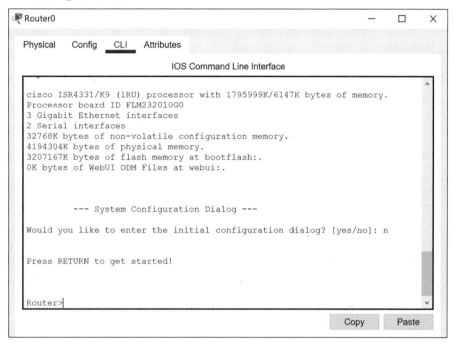

图 1-38　路由器 Router0 的 CLI 配置界面

先从用户模式切换到特权模式,然后再进入全局配置模式。执行命令 int g0/0/0,进入路由器 Router0 的端口 Gig0/0/0 的配置模式,将该端口的 IP 地址设置为 192.168.10.100,也就是主机 PC0 和主机 PC1 的网关地址,并开启端口 Gig0/0/0。同样,进入该路由器的端口 Se0/1/0 的配置模式,将该端口的 IP 地址设置为 192.168.30.1,并开启端口 Se0/1/0。配置过程及结果如图 1-39 所示。

注意,路由器 Router0 的端口 Se0/1/0 呈现开启状态需等到路由器 Router1 的端口 Se0/1/0 也开启以后。

(3)在路由器 Router1 的 CLI 配置界面中输入如下命令,配置该路由器各端口的 IP 地址并开启端口。

Router> en

Router# conf t

Router(config)# int g0/0/0

Router(config-if)# ip address 192.168.20.100 255.255.255.0

Router(config-if)# no shutdown

Router(config-if)# int s0/1/0

Router(config-if)# ip address 192.168.30.2 255.255.255.0

Router(config-if)# no shutdown

Router(config-if)# end

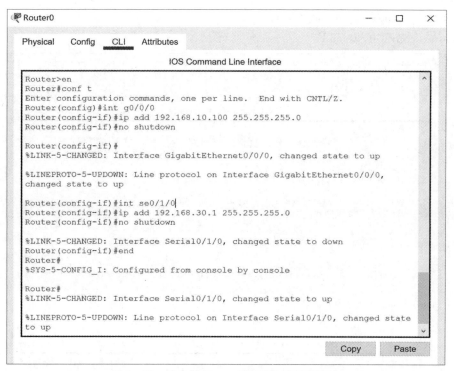

图 1-39　路由器 Router0 的配置过程及结果

路由器 Router1 的配置过程及结果如图 1-40 所示。

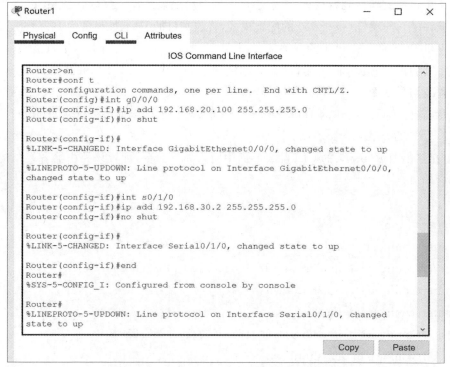

图 1-40　路由器 Router1 的配置过程及结果

(4) 观察实验网络中各设备的端口状态指示,均呈现开启状态(三角形)。先选择公共工具栏上的 Inspect 按钮,然后点击路由器 Router0,在弹出菜单(见图 1-41)中选择 Port Status Summary Table 查看路由器 Router0 的端口状态,结果如图 1-42 所示,即表明配置正确。

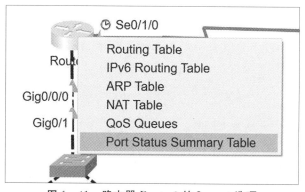

图 1-41　路由器 Router0 的 Inspect 选项

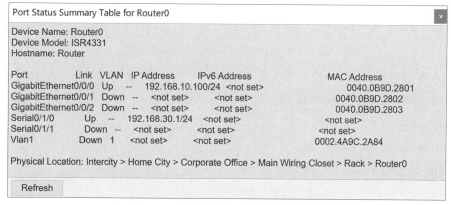

图 1-42　路由器 Router0 的端口状态

同样,查看路由器 Router1 的端口状态,结果如图 1-43 所示,即表明配置正确。

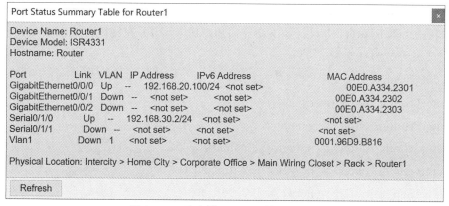

图 1-43　路由器 Router1 的端口状态

(5) 至此,主机 PC0 仍不能 ping 通主机 PC2,因为路由器 Router0 上不存在从网段

192.168.10.0/24 到网段 192.168.20.0/24 的路由表项,如图 1-44 所示。反之亦然。

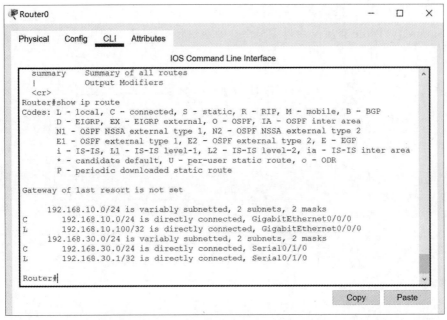

图 1-44　路由器 Router0 的路由表内容

(6)在路由器 Router0 上执行如下命令启用 RIP 协议,并在网段 192.168.10.0/24 和网段 192.168.30.0/24 上使能。

Router# conf t

Router(config)# router rip

Router(config-router)# version 2

Router(config-router)# no auto-summary

Router(config-router)# network 192.168.10.0

Router(config-router)# network 192.168.30.0

Router(config-router)# end

(7)在路由器 Router1 上执行如下命令启用 RIP 协议,并在网段 192.168.20.0/24 和网段 192.168.30.0/24 上使能。

Router# conf t

Router(config)# router rip

Router(config-router)# version 2

Router(config-router)# no auto-summary

Router(config-router)# network 192.168.20.0

Router(config-router)# network 192.168.30.0

Router(config-router)# end

(8)利用公共工具栏上的 Inspect 按钮分别查看路由器 Router0 和路由器 Router1 的路

由表,结果分别如图 1-45 和图 1-46 所示。

Routing Table for Router0

Type	Network	Port	Next Hop IP	Metric
C	192.168.10.0/24	GigabitEthernet0/0/0	---	0/0
L	192.168.10.100/32	GigabitEthernet0/0/0	---	0/0
R	192.168.20.0/24	Serial0/1/0	192.168.30.2	120/1
C	192.168.30.0/24	Serial0/1/0	---	0/0
L	192.168.30.1/32	Serial0/1/0	---	0/0

图 1-45　路由器 Router0 的路由表

Routing Table for Router1

Type	Network	Port	Next Hop IP	Metric
R	192.168.10.0/24	Serial0/1/0	192.168.30.1	120/1
C	192.168.20.0/24	GigabitEthernet0/0/0	---	0/0
L	192.168.20.100/32	GigabitEthernet0/0/0	---	0/0
C	192.168.30.0/24	Serial0/1/0	---	0/0
L	192.168.30.2/32	Serial0/1/0	---	0/0

图 1-46　路由器 Router1 的路由表

结果显示,路由器 Router0 的路由表中存在到网段 192.168.20.0/24 的路由表项,路由器 Router1 的路由表中存在到网段 192.168.10.0/24 的路由表项。

注意,利用 Inspect 工具查看路由表得到的结果和从路由器的 CLI 界面利用命令 show ip route 得到的结果是一致的。

1.3.5　运行实验

Cisco Packet Tracer 8.2 的操作模式可以分为实时(Realtime)模式和模拟(Simulation)模式。

1. 实时模式

实时模式能仿真网络实际运行过程。在此模式下,读者可以检查网络设备配置、MAC 地址表、ARP 表及路由表等信息,通过发送分组检测网络的连通性。在实时模式下,在用户完成设备配置过程后,设备自动完成相关协议执行过程。

2. 模拟模式

在模拟模式下,读者可以查看、分析分组在传输过程中每步的状态。图1-47所示是模拟面板(Simulation Panel)。其中:事件列表(Event List)列出协议数据单元(Protocol Data Unit,PDU)的每步传输过程;模拟控制(Play Controls)按钮用于控制模拟过程,按钮下面的滑动条可用于控制模拟过程的速度,后退/前进(Back/Forward)按钮用于退回上一步/推进模拟操作;编辑过滤器(Edit Filters)用于选择模拟过程中期望观察到的协议,事件列表中将只列出选中的协议所对应的PDU。

图1-47 模拟面板

单击事件列表中的每个事件就可以详细查看该事件对应PDU的内容和格式,对应段中相关设备处理该PDU的流程和结果。因此,模拟模式是定位和排除网络故障的理想工具,同时,也是初学者理解网络协议的运行过程和设备处理PDU流程的理想工具。

注意,模拟模式是实际网络环境无法提供的工作模式。

以下将从实时模式和模拟模式视角观察实验结果,在此只列出设备之间连通性的实验结果,更复杂的实验结果请读者自行补充。

(1)在实时模式下,测试主机PC0与其他主机的连通性,结果如图1-48所示。结果显示,主机PC0可以和其他主机正常通信。

实际上,在路由器上启动RIP协议后,各台主机之间都能正常通信。

注意,部分ping命令的第一个ICMP响应报文会被丢弃而产生Request timed out的结果。最可能的原因是目的IP地址对应的ARP表项不在对端设备的ARP表内,读者可以利用模拟模式分析具体原因。

第 1 章　实验基础

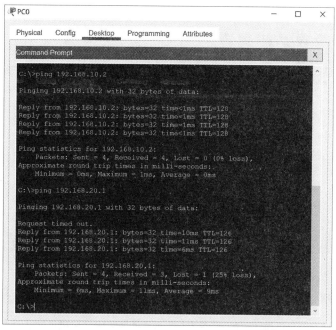

图 1-48　主机 PC0 与其他主机的连通结果

（2）在实时和模拟模式切换栏中选择模拟模式，弹出模拟面板（Simulation Panel），先点击 Show All/None 按钮取消所有协议，然后单击 Edit Filters 按钮，弹出报文类型过滤框，选中 ICMP 报文类型，返回即可，结果如图 1-49 所示。

图 1-49　模拟面板

（3）选择公共工具栏中的简单报文工具［Add Simple PDU(P)］按钮，添加一个从主机 PC0 至主机 PC2 的简单报文，如图 1-50 所示。

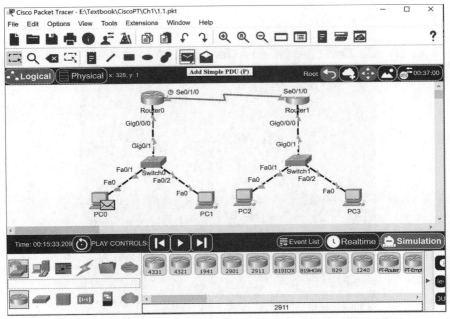

图 1-50 添加从主机 PC0 到主机 PC2 的简单报文按钮后的模拟界面

(4)单击模拟面板上的播放(Play)按钮,启动从主机 PC0 至主机 PC2 的 ICMP 报文传输过程。观察模拟面板中的事件列表(Event List),如图 1-51 所示。从主机 PC0 发到主机 PC2 的 ICMP 报文,首先到达交换机 Switch0,再到路由器 Router0,再转发给路由器 Router1,然后发给交换机 Switch1,最后转发给主机 PC2。ICMP 响应报文的转发过程则是上述过程的逆过程。

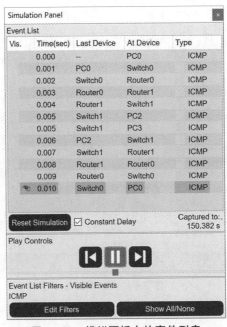

图 1-51 模拟面板中的事件列表

(5)点击图 1-51 所示事件列表中的第三条事件,弹出图 1-52 所示的界面,展示路由器 Router0 从端口 Gig0/0/0 接收到的 PDU 内容和格式以及处理完该 PDU 后从端口 Se0/1/0 发出的 PDU 内容和格式。

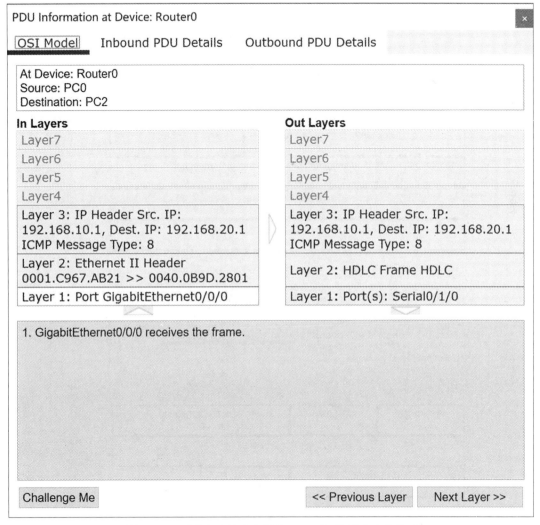

图 1-52 到达和离开路由器 Router0 的 PDU 内容和格式

(6)进一步分析 Inbound PDU Details 和 Outbound PDU Details,会发现进入路由器 Router0 的 PDU 的链路层封装格式是 Ethernet II,而离开路由器 Router0 的 PDU 的链路层封装格式是高级数据链路控制(High-level Data Link Control,HDLC)帧,分别如图 1-53 和图 1-54 所示。这就显示了 PDU 经过路由器 Router0 时的处理流程。

注意,在默认情况下,串行端口启用的协议是 HDLC 协议。

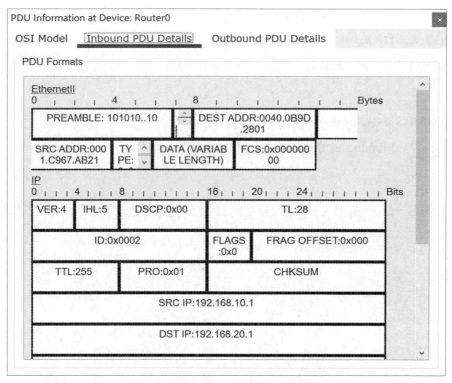

图 1-53 进入路由器 Router0 的 PDU 内容和格式

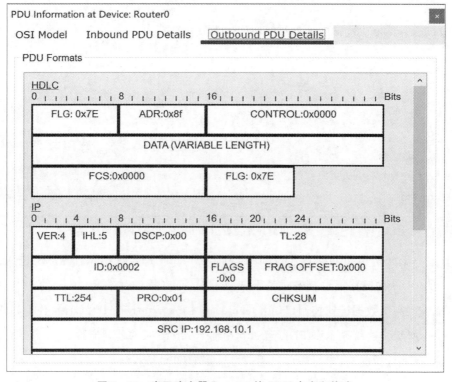

图 1-54 离开路由器 Router0 的 PDU 内容和格式

1.3.6 保存实验

点击工具栏中的 Save 图标或从菜单 File 中选择 Save,即可保存上述实验内容,包括实验网络拓扑布局和网络设备配置信息,如图 1-55 所示。

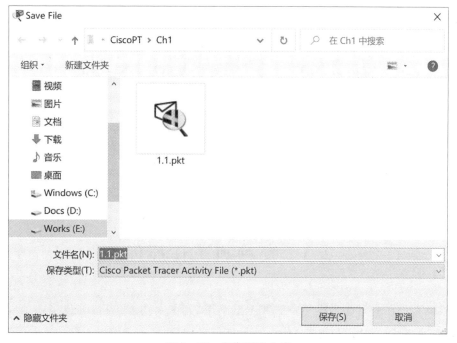

图 1-55 保存实验内容

1.4 思考与练习

(1)熟悉 Cisco Packet Tracer 8.2 使用方法,配置图 1-16 所示的实验网络拓扑,保证各台主机之间能正常通信。在模拟模式下,捕获 PDU 经过各台网络设备的事件,分析每台设备处理 PDU 的流程。

(2)在图 1-16 所示实验中,请读者在实时模式下利用 ping 命令测试各台主机之间的连通性,复现第一个报文出现 Request Timed Out 的情形,分析产生此情形的原因。

第2章 交换机端口实验

交换机是构建计算机网络的基本设备,可用于连接家庭、办公室、楼宇或园区内同一网络中的计算机、无线接入点、打印机等设备。通过交换机端口,互联设备能够共享信息并相互通信。交换机在同一时刻可进行多个端口对之间的数据传输,连接在其上的设备独享带宽,无须同其他设备竞争。本章主要讲述交换机端口技术实验。

2.1 交换机工作原理

交换机工作在OSI参考模型中的数据链路层,其主要功能包括:①连接多个以太网物理段,隔离冲突域;②学习和维护MAC地址表信息;③交换和转发以太网帧。

2.1.1 冲突域隔离

冲突域是指同一时间内只能有一台设备发送数据的范围。在此范围内,如果有多台设备同时发送数据,就会产生冲突。图2-1显示了一个由三台集线器(Hub)级联多台主机组成的计算机网络。在该计算机网络中,所有主机处于一个冲突域中,当主机A向主机B发送数据时,主机E不能向主机D发送数据。

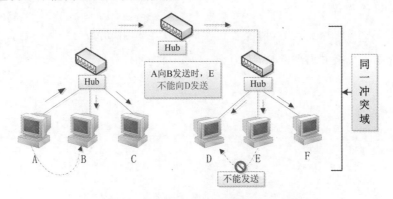

图2-1 计算机网络中的冲突域示例(集线器)

与集线器不同,交换机可以隔离冲突域。交换机每个端口形成一个单独冲突域,如图 2-2 所示。当主机 A 向主机 B 发送数据时,不影响主机 E 向主机 D 发送数据,四台主机分属不同冲突域。

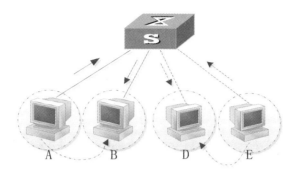

图 2-2 计算机网络中的冲突域示例(交换机)

广播域也是计算机网络中一组设备的集合,把同一广播数据帧能到达的所有设备的集合称为一个广播域。集线器既不能隔离冲突域,也不能隔离广播域。交换机可以隔离冲突域,但不能隔离广播域,即同一个交换机连接的设备属于一个广播域。

2.1.2 MAC 地址表维护

交换机转发数据依赖设备维护的 MAC 地址表。当交换机刚启动时,MAC 地址表项是空的,如图 2-3 所示。从图中可以看出,表中并没有任何表项。当设备(如主机)通过交换机发送数据时,交换机开始学习 MAC 地址。

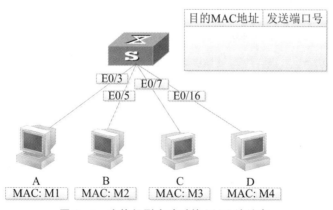

图 2-3 交换机刚启动时的 MAC 地址表

交换机学习 MAC 地址的方式是基于源地址学习的机制。假设主机 A 向主机 D 发送数据,在从端口 E0/3 接收的数据帧到达交换机后,交换机解析该数据帧并获取源 MAC 地址 M1。在 MAC 地址表中添加一条相应表项,如图 2-4 所示。同理,在交换机收到主机 B、C、D 的数据后也学习到它们的 MAC 地址,然后写入 MAC 地址表中。最终,交换机学习到连接的所有设备的 MAC 地址,从而构建出完整的地址表,如图 2-5 所示。

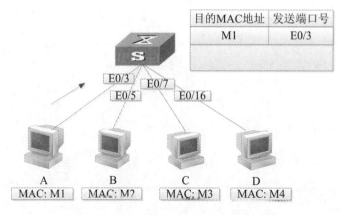

图 2-4　交换机学习主机 A 的 MAC 地址

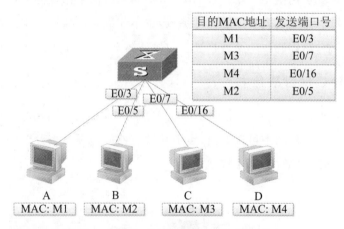

图 2-5　交换机学习到完整的 MAC 地址表

随着接入交换机设备的更迭，MAC 地址也是动态变化的，这类 MAC 地址有老化的时间。MAC 地址的老化时间越短，说明交换机对周边的网络变化越敏感，越适合网络拓扑变化比较快的环境；MAC 地址的老化时间越长，越适合网络拓扑比较稳定的环境。

2.1.3　数据帧转发

如图 2-5 所示，假设主机 A 向主机 D 发送单播数据帧。交换机在收到该单播数据帧后，先解析数据帧并获取目的 MAC 地址 M4，再查询 MAC 地址表，发现 MAC 地址 M4 对应的端口是 E0/16，然后会把数据帧转发到端口 E0/16，不在交换机的其他端口上进行转发。假设交换机查询 MAC 地址表，未发现 M4 对应的表项，则该数据帧将被转发到除端口 E0/3 外的所有端口上，这样也能保证主机 D 收到数据帧。

当收到广播数据帧时，交换机向除发送端口外的所有其他端口进行转发。假设主机 A 发送的是广播数据帧，交换机收到广播帧后，分别向端口 E0/7、E0/16 和 E0/5 转发。

2.2 交换机端口绑定实验

假设某公司财务经理经常需要处理和发布一些涉及公司商业机密的财务信息,为保证发布内容的安全性,需要限定发布信息的位置,端口和 MAC 地址绑定技术可以满足上述需求。端口与 MAC 地址绑定是交换机端口安全的功能之一,目的是防止未经允许的设备访问网络,增强安全性。其基本原理是,通过在 MAC 地址表中记录连接到交换机端口的设备 MAC 地址,只允许被记录 MAC 地址的设备通过该端口通信,从而实现端口和 MAC 地址的绑定。当其他设备通过此端口通信时,就会触发安全策略(如保护、限制或关闭端口等),从而拒绝未绑定设备的访问请求。

2.2.1 实验内容

交换机端口与 MAC 地址绑定的网络实验拓扑图如图 2-6 所示,此实验可以验证交换机端口与 MAC 地址绑定后的数据帧传输过程,在此过程中观察 MAC 地址表变化。

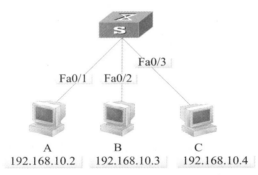

图 2-6 交换机端口与 MAC 绑定实验拓扑

按照实验拓扑配置实验环境,保证主机 A、B 和 C 之间可以相互 ping 通,观察交换机 MAC 地址表。

通过配置,绑定主机 A 的 MAC 地址和对应端口,如图 2-6 所示的 Fa0/1 端口。测试主机 A、B 和 C 之间的连通情况,观察交换机的 MAC 地址表。

将主机 A、B 的连接端口互换,以实验图 2-6 为例,主机 A 连接端口 Fa0/2,主机 B 连接端口 Fa0/1。测试主机 A、B 和 C 之间的连通情况,观察交换机 MAC 地址表。

2.2.2 实验目的

(1) 了解交换机的端口绑定技术;
(2) 理解端口和 MAC 地址绑定后,对交换机各端口间通信的影响;
(3) 掌握交换机端口和 MAC 地址绑定方法。

2.2.3 关键指令解析

1. 显示 MAC 地址表

Switch> show mac-address-table

或

Switch# show mac-address-table

show mac-address-table 是用户模式和特权模式下的命令,用来显示交换机的 MAC 地址表的表项。

2. 设置交换机端口的工作模式

Switch(config-if)# switchport mode access

switchport mode access 是端口配置模式下的命令,用来将当前端口的工作模式设置为 Access 模式。交换机端口除了可以工作在 Access 模式外,还可以工作在 Trunk 和 Dynamic 模式。

3. 取消设置的交换机端口工作模式

Switch(config-if)# no switchport mode access

no switchport mode access 是端口配置模式下的命令,用来撤销命令 switchport mode access。

4. 启用安全端口或配置端口动态绑定

Switch(config-if)# switchport port-security

switchport port-security 是端口配置模式下的命令,用来开启安全端口或设置动态端口绑定。在动态端口绑定过程中,MAC 地址是动态获取的,并仅存储在 MAC 地址表中。因此,动态绑定的 MAC 地址在交换机重新启动时将被移除。

5. 配置端口静态绑定

Switch(config-if)# switchport port-security mac-address 00E0.A3A2.CA17

switchport port-security mac-address 00E0.A3A2.CA17 是端口配置模式下的命令,用来将 MAC 地址 00E0.A3A2.CA17 与当前端口手动绑定。以此方法配置的 MAC 地址不仅存储在 MAC 地址表中,而且添加到交换机的运行配置(running configuration)中。静态绑定不适用于绑定端口数量比较多的场景。

6. 配置端口黏滞绑定

Switch(config-if)# switchport port-security mac-address sticky

Switch(config-if)# switchport port-security mac-address sticky 00E0.A3A2.CA17

switchport port-security mac-address sticky 和 switchport port-security mac-address sticky 00E0.A3A2.CA17 均是端口配置模式下的命令,用来配置端口黏滞绑定。在此方法中,MAC 地址是动态获得的,并将绑定结果保存到运行配置中。switchport port-security mac-address sticky 命令用于将所有动态获取的 MAC 地址（包括在启用黏滞绑定前的动态获取的 MAC 地址）转换为黏滞绑定。switchport port-security mac-address sticky 00E0.A3A2.CA17 命令用于将当前端口和 MAC 地址 00E0.A3A2.CA17 黏滞绑定在一起，并添加到地址表和运行配置中。

7．查看端口绑定的地址

Switch# show port-security address

show port-security address 是特权模式下的命令，用于显示所有端口绑定的 MAC 地址。

8．清除所有端口绑定的 MAC 地址

Switch# clear port-security all

clear port-security all 是特权模式下的命令，用于清除所有端口绑定的 MAC 地址。

2.2.4 实验步骤

（1）启动 Cisco Packet Tracer，按照图 2-6 所示实验拓扑连接设备后启动所有设备，Cisco Packet Tracer 的逻辑工作区如图 2-7 所示。

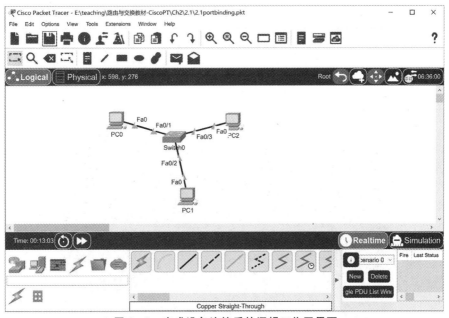

图 2-7　完成设备连接后的逻辑工作区界面

（2）按照实验拓扑所示，配置主机 PC0 的 IP 地址和子网掩码。单击主机 PC0 图标，在主机 PC0 图形配置界面 Config 选项卡下单击快速以太网端口（INTERFACE→FastEthernet0），弹出图 2-8 所示的配置界面。在 IP 配置（IP Configuration）选项中选中静态（Static）配置方式，然后在 IP 地址（IP Address）栏中输入 192.168.10.2，点击子网掩码（Subnet Mask）栏会自动出现 255.255.255.0，也可根据配置信息输入子网掩码。同样，配置主机 PC1 和主机 PC2 的 IP 地址/子网掩码，分别为 192.168.10.3/255.255.255.0，192.

168.10.4/255.255.255.0。

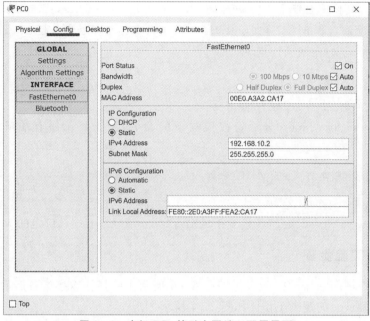

图2-8 主机 PC0 的以太网端口配置界面

（3）配置完成后，在主机 PC0 图形配置界面 Desktop 选项卡下单击 Command Prompt 选项，进入主机 PC0 的命令行界面。在主机 PC0 的命令行下执行 ping 命令，可以 ping 通主机 PC1 和主机 PC2，结果如图 2-9 所示。在主机 PC1 和主机 PC2 上执行 ping 命令的结果类似。

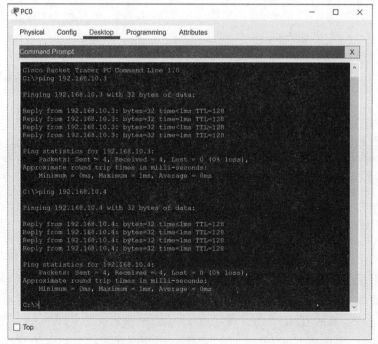

图2-9 在主机 PC0 上 ping 主机 PC1 和主机 PC2 的结果

(4)成功执行步骤(3)以后,交换机中的 MAC 地址表就建立起来了。查看交换机的 MAC 地址表有两种方式:一是在公共工具栏(Common Tools Bar)中选择查看(Inspect)工具,然后选择交换机 Switch0 并单击,弹出图 2-10 所示的查看菜单,再选择"MAC Table"菜单项,即可弹出交换机的 MAC 地址表内容,如图 2-11 所示;二是单击交换机 Switch0 图标,在交换机 Switch0 图形配置界面 CLI 选项卡下输入查看 MAC 地址表的命令 show mac-address-table,结果如图 2-12 所示。两种查询结果是一致的:主机 PC0 的 MAC 地址为 00E0.A3A2.CA17,连接到端口 Fa0/1;主机 PC1 的 MAC 地址为 0006.2A1A.423B,连接到端口 Fa0/2;主机 PC2 的 MAC 地址为 00E0.F93E.43C4,连接到端口 Fa0/3。

需要注意的是,交换机的 MAC 地址表项具有时效性。如果执行步骤(3)和步骤(4)的时间间隔较长(超过 MAC 地址老化时间),交换机 Switch0 的 MAC 地址表会被清空。

在配置实际网络设备时,多采用配置命令的方式。因此,在本书的下文中,将选择命令配置方式展示网络设备配置过程。

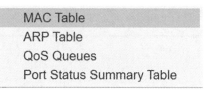

图 2-10 交换机上的查看菜单

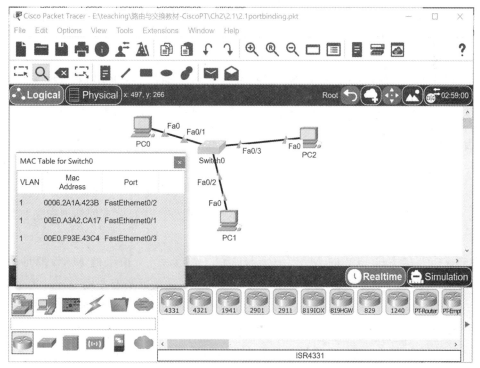

图 2-11 通过查询工具获得的交换机 Switch0 的 MAC 地址表

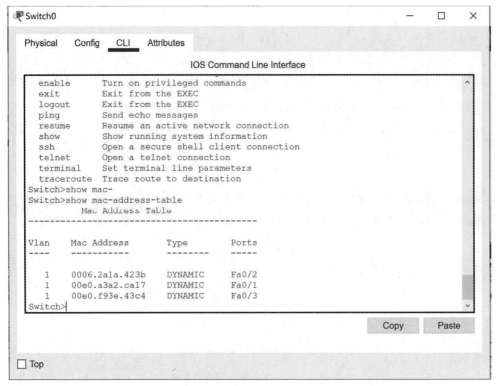

图 2-12 通过查询命令获得的交换机 Switch0 的 MAC 地址表

(5) 交换机端口和 MAC 地址绑定有动态绑定、静态绑定和黏滞绑定三种方式,本实验采用静态绑定方式。建议学习者参考实验步骤,自行练习其他两种绑定方式,充分理解三种绑定方式的差异。

交换机的端口绑定命令是端口配置模式下的命令,通常分三步执行:先将待绑定端口的工作模式设置为 Access,然后启用端口安全,再将主机 MAC 地址与交换机待绑定端口绑定在一起。欲将主机 PC0 的 MAC 地址 00E0.A3A2.CA17 与端口 Fa0/1 绑定在一起,先进入端口 Fa0/1 的配置模式,执行命令 switchport mode access 将端口 Fa0/1 的工作模式设置为 Access,然后执行命令 switchport port-security 启用端口安全,再执行命令 switchport port-security mac-address 00E0.A3A2.CA17 将主机 PC0 的 MAC 地址和交换机的端口 Fa0/1 绑定在一起,命令执行界面如图 2-13 所示。需要声明的是,不同类型交换机的指令可能存在差异。

(6) 成功绑定主机 PC0 的 MAC 地址与端口 Fa0/1 后,交换机的 MAC 地址表如图 2-14 所示。此时,主机 PC0 的 MAC 地址与端口 Fa0/1 的关系类型变成 static,其他未变。

(7) 在主机 PC0 上 ping 主机 PC1 和主机 PC2,均可成功执行,反之亦然。

(8) 删除主机 PC0 和端口 Fa0/1 之间连线以及主机 PC1 与端口 Fa0/2 之间连线。建立主机 PC0 和端口 Fa0/2 之间连线以及主机 PC1 与端口 Fa0/1 之间连线,完成配置后的逻辑工作区如图 2-15 所示。

第 2 章 交换机端口实验

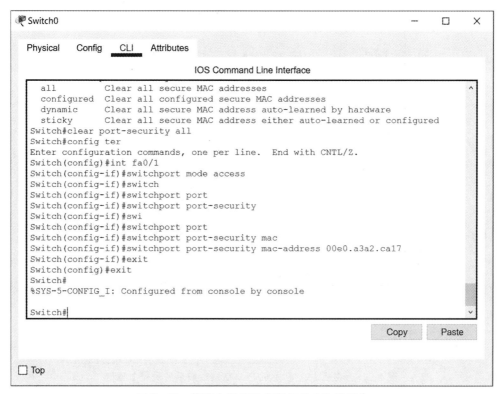

图 2-13 绑定主机 PC0 与端口 Fa0/1 的指令

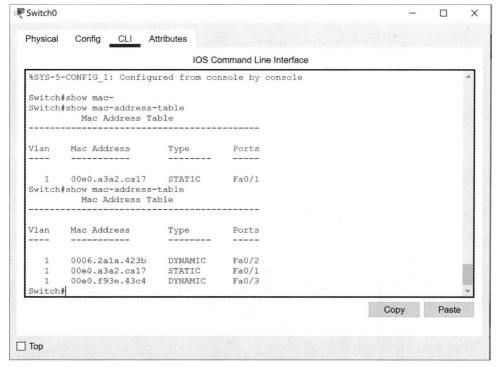

图 2-14 主机 PC0 与端口 Fa0/1 绑定后的 MAC 地址表

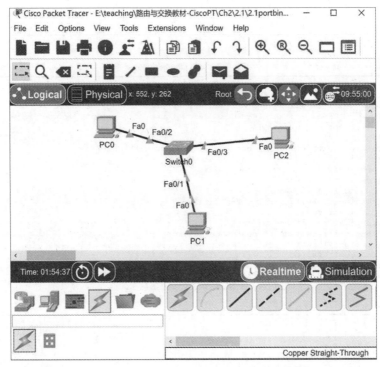

图 2-15　主机 PC0 和主机 PC1 交换端口后的逻辑工作区

（9）在主机 PC0 上分别 ping 主机 PC1 和主机 PC2，结果如图 2-16 所示。主机 PC0 不能和主机 PC1 通信，而能与主机 PC3 通信，这是因为端口 Fa0/1 绑定了主机 PC0 的 MAC 地址，而其他两个端口未绑定任何 MAC 地址。

图 2-16　交换端口后，在主机 PC0 上执行 ping 指令的结果

(10)在主机 PC1 上 ping 主机 PC0 和主机 PC2,均不通,结果如图 2-17 所示。因为端口 Fa0/1 绑定的 MAC 地址不是主机 PC1 的 MAC 地址。

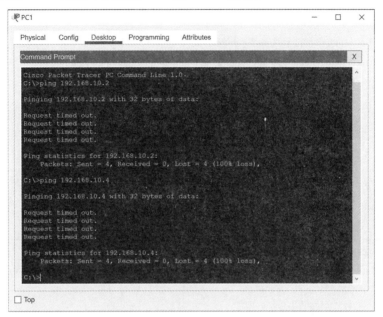

图 2-17 交换端口后,在主机 PC1 上执行 ping 指令的结果

(11)在主机 PC2 上 ping 主机 PC0 和主机 PC1,结果如图 2-18 所示。主机 PC2 可以 ping 通主机 PC0,但不能 ping 通主机 PC1。

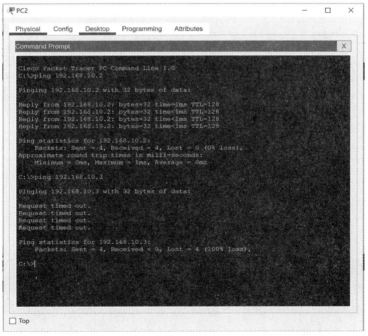

图 2-18 交换端口后,在主机 PC2 上执行 ping 指令的结果

(12)显示交换机 Switch0 的 MAC 表如图 2-19 所示。从表中可以发现,主机 PC0 的 MAC 地址与端口 Fa0/2 绑定在一起,主机 PC2 的 MAC 地址与端口 Fa0/3 绑定在一起,关系类型均为 Dynamic;而主机 PC1 的 MAC 地址未出现在 MAC 地址表中,原因是主机 PC1 连接到端口 Fa0/1,而该端口与主机 PC0 的 MAC 地址被静态地绑定在一起。执行命令 show port-security address 可以显示安全端口的绑定信息,执行命令 show port-security 可以显示端口 Fa0/1 被关闭,如图 2-19 所示。因为在前面的实验步骤中,执行 ping 命令时,违反了绑定规则,触发安全策略,默认动作就是关闭端口。从 Cisco Packet Tracer 的逻辑工作区中展示的实验拓扑中也可以发现,连接主机 PC1 和端口 Fa0/1 的状态指示均为红色倒三角(▼)。

图 2-19 交换端口后的交换机 MAC 地址表

(13)恢复图 2-7 所示的设备连线,但主机 PC0 和端口 Fa0/1 之间连线状态异常(端口状态指示灯为红色倒三角▼),其他连线状态正常,如图 2-20 所示。究其原因是端口Fa0/1 仍处于关闭状态。此时,即使主机 PC0 的 MAC 地址和端口 Fa0/1 绑定在一起,但主机 PC0 不能 ping 通主机 PC1 和主机 PC2,主机 PC1 和 PC2 之间可以正常通信。要想恢复主机 PC0 和其他主机之间的正常通信,就要在交换机的端口 Fa0/1 的端口配置模式下执行命令

no shut,如图 2-21 所示。命令成功执行后,稍等片刻后,主机 PC0 和端口 Fa0/1 之间连线状态就显示正常。此时,主机 PC0 能 ping 通主机 PC1 和主机 PC2。

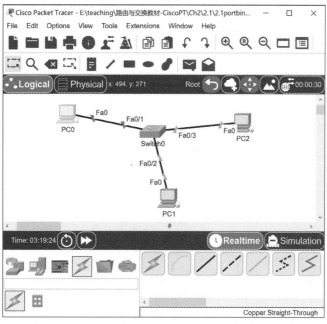

图 2-20 恢复设备间最初连线后的逻辑工作区界面

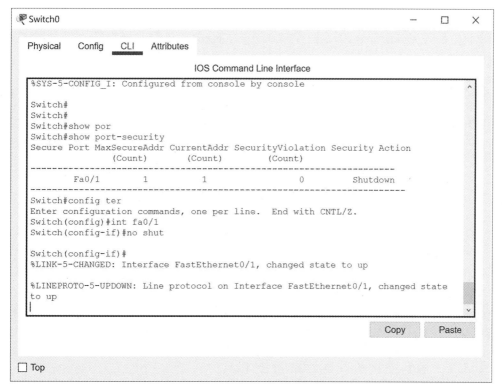

图 2-21 启动交换机的端口 Fa0/1

2.2.5 设备配置指令

1. 交换机上的配置指令

Switch＞ en
Switch# config ter
Switch(config)# int fa0/1
Switch(config-if)# switchport mode access
Switch(config-if)# switchport port-security
Switch(config-if)# switchport port-security mac-address 00E0.A3A2.CA17
Switch(config-if)# exit
Switch(config)# exit
Switch# show mac-address-table
Switch# show port-security address
Switch# show port-security
Switch# config ter
Switch(config)# int fa0/1
Switch(config-if)# no shut

2. 主机 PC0、主机 PC1 和主机 PC2 上的配置指令

主机上的配置分两部分：①在配置窗口配置主机 IP 地址和子网掩码；②在命令窗口执行 ping 指令。

2.2.6 思考与创新

(1) 分别设计 MAC 地址与端口动态绑定和黏滞绑定的实验。
(2) 设计在一个交换机端口上绑定多个 MAC 地址的实验，并验证设备之间的连通性。

2.3 交换机链路聚合实验

在解决了限定发布信息的位置后，财务经理仍面临一个带宽问题。因为财务部门交换机带宽较低，所以每月汇总数据时带宽总是捉襟见肘。交换机的链路聚合技术可以解决上述带宽问题。链路聚合技术可以将多条物理链路汇聚在一起形成一条逻辑链路。多条物理链路的带宽之和就是逻辑链路的带宽。链路聚合技术还能提高逻辑链路的可靠性。因此，链路聚合技术可以提高交换机的逻辑链路的带宽，满足财务经理的需求。

2.3.1 思科交换机间链路聚合技术

链路聚合技术可以将多条物理链路聚合为一条逻辑链路，在交换机间提供容错的高速

链路,也称 EtherChannel。当一条物理链路发生故障时,EtherChannel 自动在剩余的物理链路上重新分配负载,将流量从故障链路重定向到聚合组中的其余链路,而无须干预。多条物理链路对应的多对交换机端口被聚合为一对逻辑端口,也称 Port-Channel 端口。思科交换机支持端口聚合协议(Port Aggregation Protocol,PAgP)和链路聚合控制协议(Link Aggregation Control Protocol,LACP)两种聚合协议。

PAgP 是一个思科特有的协议,只运行在思科交换机和被授权支持 PAgP 的交换机上。PAgP 通过在以太网端口之间交换 PAgP 数据报自动创建 EtherChannel。利用 PAgP,交换机可获知通信另一方支持 PAgP 的情况及其端口的配置。然后,将具有相同配置的链路(端口),比如相同带宽、工作模式等,聚合为一条(个)逻辑链路(端口)。

运行 PAgP 的交换机端口有 auto 和 desirable 两种模式。处于 desirable 模式的端口是主动发起 PAgP 协商的一方,可以与另一个处于 desirable 或 auto 模式的端口组成一个 EtherChannel;而处于 auto 模式的端口则是被动等待 PAgP 协商的一方,可以与另一个处于 desirable 模式的端口组成一个 EtherChannel。需要注意的是,双方均处于 auto 模式的端口不能组成一个 EtherChannel,因为这两个端口都不主动发起 PAgP 协商。

LACP 是一个 IEEE 标准,通过在以太网端口之间交换 LACP 数据报自动创建 Ether-Channel。在 LACP 中,以太网端口模式分别称为 active 和 passive,其作用分别与 PAgP 中的 desirable 和 auto 作用一样。

与 PAgP 不同,LACP 中的物理链路可分为活动链路和备份链路,又称为 $m:n$ 模式,即 m 条活动链路与 n 条备份链路。当聚合的物理链路数量超过设定的数值 m 以后,其余 n 条物理链路被视为备份链路。如图 2-22 所示,两台交换机间有 2+1 条链路,聚合链路的流量分担在 2 条活动链路上,不通过备份链路转发。逻辑链路的实际带宽为 2 条活动链路的和,但能提供的最大带宽为 3 条链路带宽的总和。当 m 条链路中有 1 条出现故障时,n 条备份链路中优先级高的那条可用链路将替换故障链路。此时逻辑链路的实际带宽还是 m 条链路的总和,但能提供的最大带宽变为 $m+n-1$ 条链路的带宽总和。

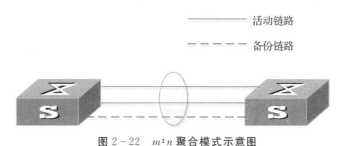

图 2-22 $m:n$ 聚合模式示意图

2.3.2 实验内容

链路聚合实验网络拓扑图如图 2-23 所示,交换机 Switch0 和交换机 Switch1 通过三条物理链路相连。利用 LACP 将三条物理链路聚合成一条逻辑链路。在交换数据时,逻辑端口和物理端口具有相同功能。

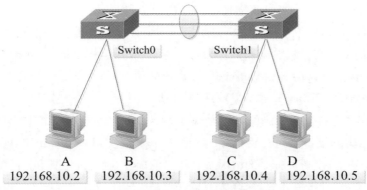

图 2-23 链路聚合实验网络拓扑图

2.3.3 实验目的

(1) 了解 PAgP 和 LACP；
(2) 理解 LACP 中的 $m:n$ 链路聚合模式；
(3) 掌握链路聚合配置方式。

2.3.4 关键指令解析

1. 将端口配置为 Trunk 模式

Switch(config-if-range)# switchport mode trunk

switchport mode trunk 是端口配置模式下的命令，用于将端口或一组端口设置为 Trunk 模式。此外，也可以将端口或一组端口设置为 Access 模式，要求端口需要在同一个虚拟局域网中。

2. 配置聚合端口组和工作模式

Switch(config)# interface range ethernet 0/0-1

Switch(config-if-range)# channel-group 1 mode desirable

interface range ethernet 0/0-1 是全局配置模式下的命令，用于指定一组端口，并进入该组端口的配置模式。

channel-group 1 mode desirable 是端口配置模式下的命令，用于将端口或一组端口配置成聚合组 1，并将工作模式设置为 desirable 模式，也就是交换机采用 LACP 聚合物理链路。聚合组的编号可以设置为 1~26。模式(mode)的取值除本例中的 desirable 外，还包括 auto、active、passive 和 on 等。其中，on 模式用于手动配置 EtherChannel，强制端口不需协商加入一个 EtherChannel，主要用于通信一方不支持 PAgP 和 LACP 的场景。

3. 查看 EtherChannel 信息

Switch# show etherchannel summary

show etherchannel summary 是特权模式下的命令，用于显示 EtherChannel 的简要信息。

4. 显示 Port-Channel 信息

Switch# show etherchannel port-channel

show etherchannel port-channel 是特权模式下的命令,用于显示 Port-Channel 的信息。

5. 配置负载均衡方式

Switch(config)# port-channel load-balance src-dst-mac

port-channel load-balance src-dst-mac 是全局配置模式下的命令,将负载均衡方式指定为 src-dst-mac,该方式根据数据帧的源和目的 MAC 地址来分配传输数据帧的物理链路。常见的负载均衡方式见表 2-1。

表 2-1 负载均衡方式及其含义

负载均衡	含义描述
dst-ip	根据目的 IP 地址分配
dst-mac	根据目的 MAC 地址分配
src-dst-ip	根据源和目的 IP 地址分配
src-dst-mac	根据源和目的 MAC 地址分配
src-ip	根据源 IP 地址分配
src-mac	根据源 MAC 地址分配

2.3.5 实验步骤

(1)启动 Cisco Packet Tracer,按照图 2-23 所示实验拓扑连接设备后启动所有设备,Cisco Packet Tracer 的逻辑工作区如图 2-24 所示。需要注意的是,交换机 Switch0 上的端口 Fa0/4 和 Fa0/5 是被阻塞的,防止在交换机 Switch0 和 Switch1 之间形成环路。

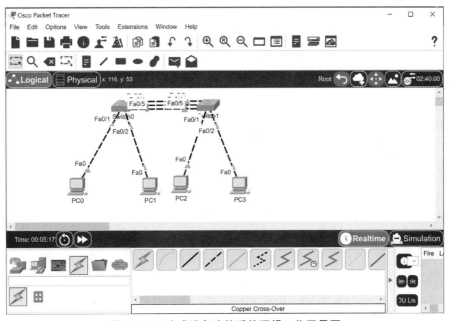

图 2-24 完成设备连接后的逻辑工作区界面

(2)按照实验拓扑所示,配置主机 PC0 的 IP 地址和子网掩码。单击主机 PC0 图标,在主机 PC0 图形配置界面 Config 选项卡下单击快速以太网端口(INTERFACE→FastEthernet0),弹出如图 2-25 所示的配置界面。在 IP 配置(IP Configuration)选项中选中静态(Static)配置方式,然后在 IP 地址(IP Address)栏中输入 192.168.10.2,点击子网掩码(Subnet Mask)栏会自动出现 255.255.255.0,也可根据配置信息输入子网掩码。同样,配置主机 PC1、PC2、PC3 和 PC4 的 IP 地址/子网掩码,分别为 192.168.10.3/255.255.255.0、192.168.10.4/255.255.255.0、192.168.10.3/255.255.255.0 和 192.168.10.4/255.255.255.0。

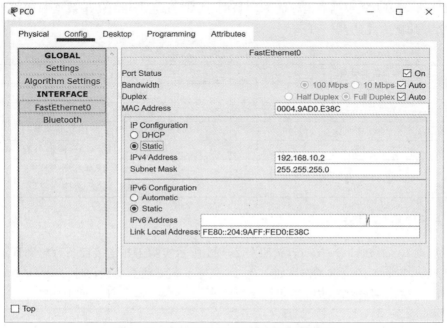

图 2-25　主机 PC0 的以太网端口配置界面

(3)配置完成后,在主机 PC0 图形配置界面 Desktop 选项卡下单击 Command Prompt 选项,进入主机 PC0 的命令行界面。在主机 PC0 的命令行下执行 ping 命令,结果如图 2-26 所示,PC0 可以 ping 通主机 PC1 和 PC2。在主机 PC1、PC2 和 PC3 上执行 ping 命令的结果类似。

(4)在交换机 Switch0 上执行如下指令,创建 EtherChannel。

Switch> en

Switch# configure terminal

Enter configuration commands, one per line. End with CNTL/Z.

Switch(config)# interface range fa0/3-5

Switch(config-if-range)# switchport mode trunk

Switch(config-if-range)# channel-group 1 mode active

在交换机 Switch0 的特权模式(Switch#)下执行如下命令:

Switch# show etherchannel summary

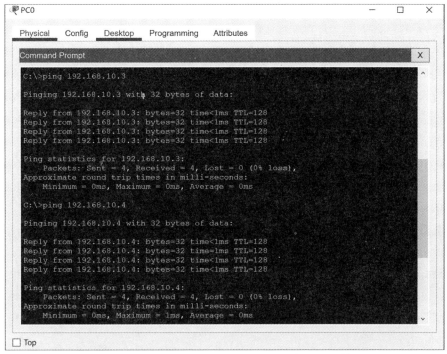

图 2-26　在主机 PC0 上 ping 主机 PC1 和主机 PC2 的结果

显示创建的 EtherChannel 信息,结果如图 2-27 所示。EtherChannel 由协议 LACP 创建,包括 Fa0/3、Fa0/4 和 Fa0/5 三个物理端口,状态均为 stand-alone。这是因为交换机 Switch1 还未配置。

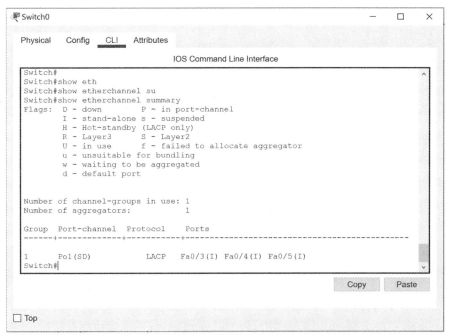

图 2-27　交换机 Switch0 上的 EtherChannel 信息

(5)同样,在交换机 Switch1 上执行类似指令,创建逻辑端口。

Switch＞ en

Switch＃ configure terminal

Enter configuration commands, one per line. End with CNTL/Z.

Switch(config)＃ interface range fa0/3-5

Switch(config-if-range)＃ switchport mode trunk

Switch(config-if-range)＃ channel-group 1 mode passive

(6)在交换机 Switch1 上成功执行上述指令后,经过短暂时间后,交换机 Switch0 和 Switch1 上的端口均变成正常状态(绿色上三角▲)。

(7)在交换机 Switch0 的特权模式下(Switch＃)执行以下命令:

Switch＃ show etherchannel summary

再次显示创建的 EtherChannel 信息,结果如图 2-28 所示。EtherChannel 由协议 LACP 创建,包括 Fa0/3、Fa0/4 和 Fa0/5 三个物理端口,状态均为 in port-channel。结果表明链路聚合成功。同样,可以显示交换机 Switch1 上创建的 EtherChannel 信息,结果也如图 2-28 所示。

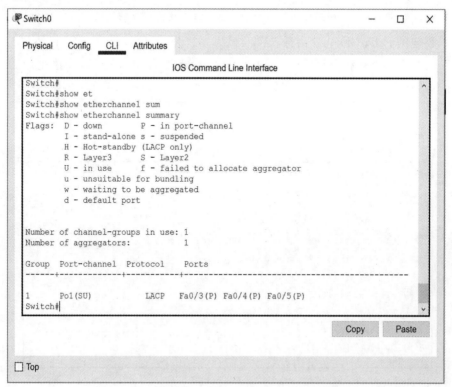

图 2-28 交换机 Switch0 上的 EtherChannel 信息

(8)从主机 PC0 分别 ping 其他主机,均可以 ping 通,说明聚合物理链路后,交换机之间通信正常。

2.3.6 设备配置指令

(1)交换机 Switch0 的配置命令如下:

Switch> en

Switch# configure terminal

Enter configuration commands, one per line. End with CNTL/Z.

Switch(config)# interface range fa0/3-5

Switch(config-if-range)# switchport mode trunk

Switch(config-if-range)# channel-group 1 mode active

Switch(config-if-range)# end

Switch# show etherchannel summary

(2)交换机 Switch1 的配置命令如下:

Switch> en

Switch# configure terminal

Enter configuration commands, one per line. End with CNTL/Z.

Switch(config)# interface range fa0/3-5

Switch(config-if-range)# switchport mode trunk

Switch(config-if-range)# channel-group 1 mode passive

Switch(config-if-range)# end

Switch# show etherchannel summary

(3)主机上的配置命令主要是配置每台主机的 IP 地址和子网掩码。

2.3.7 思考与创新

(1)设计一个利用 PAgP 协议创建 EtheChannel 的实验。

(2)设计一个实验,利用 LACP 协议创建超过 8 个物理端口的 EtheChannel,验证 LACP 中的 $m:n$ 模式。

2.4 交换机端口隔离实验

假设某财务经理需要在其部门内实现部分主机之间的隔离,以保证数据安全。虽然可将需要隔离的主机加入不同的 VLAN,但这样会浪费 VLAN 资源。交换机的端口隔离技术也可满足上述需求。只需将端口加入隔离组中,就可实现组内端口之间数据的隔离。端口隔离功能可为用户提供更安全、更灵活的组网方案。

2.4.1 实验内容

端口隔离实验拓扑如图 2-29 所示,设备包括一台交换机和三台主机。

本次实验要求隔离主机 A 和主机 B,但主机 A 和主机 C、主机 B 和主机 C 可以相互通信。

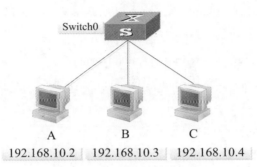

图 2-29 端口隔离实验拓扑

2.4.2 实验目的

(1)了解端口隔离技术;
(2)掌握端口隔离配置方法。

2.4.3 关键指令解析

1. 指定被隔离的端口范围

Switch(config)# interface range f0/1-2

interface range f0/1-2 是全局配置模式下的命令,用于指定被隔离的端口范围。命令成功执行后,进入端口配置模式。

2. 设置交换机端口隔离

Switch(config-if-range)# switchport protected

switchport protected 是端口配置模式下的命令,用于将指定范围内的端口进行二层隔离。所有被隔离的端口不能进行通信,如果要通信必须经过路由。被隔离端口与非隔离端口之间的通信不受影响。

2.4.4 实验步骤

(1)启动 Cisco Packet Tracer,按照图 2-29 所示实验拓扑连接设备后启动所有设备,Cisco Packet Tracer 的逻辑工作区如图 2-30 所示。

第 2 章 交换机端口实验

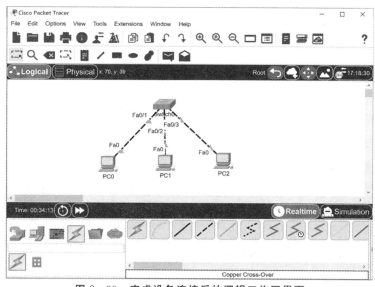

图 2-30 完成设备连接后的逻辑工作区界面

(2)按照实验拓扑所示,配置主机 PC0 的 IP 地址和子网掩码。单击主机 PC0 图标,在主机 PC0 图形配置界面 Config 选项卡下单击快速以太网端口(INTERFACE→FastEthernet0),弹出图 2-31 所示的配置界面。在 IP 配置(IP Configuration)选项中选中静态(Static)配置方式,然后在 IP 地址(IP Address)栏中输入 192.168.10.2,点击子网掩码(Subnet Mask)栏会自动出现 255.255.255.0,也可根据配置信息输入子网掩码。同样,配置主机 PC1 和 PC2 的 IP 地址/子网掩码,分别为 192.168.10.3/255.255.255.0 和 192.168.10.4/255.255.255.0。

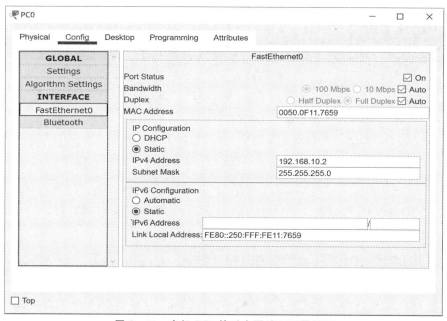

图 2-31 主机 PC0 的以太网端口配置界面

(3) 配置完成后,在主机 PC0 图形配置界面 Desktop 选项卡下单击 Command Prompt 选项,进入主机 PC0 的命令行界面。在主机 PC0 的命令行下执行 ping 命令,结果如图 2-32 所示,PC0 可以 ping 通主机 PC1 和 PC2。在主机 PC1 和 PC2 上执行 ping 命令的结果类似。

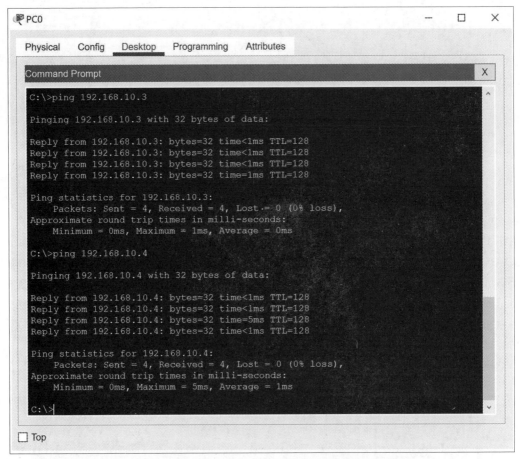

图 2-32 在主机 PC0 上 ping 主机 PC1 和主机 PC2 的结果

(4) 在交换机 Switch0 上执行如下指令,隔离端口 Fa0/1 和 Fa0/2。

Switch＞ en

Switch# config ter

Enter configuration commands, one per line. End with CNTL/Z.

Switch(config)# int range fa0/1-2

Switch(config-if-range)# switchport protected

(5) 在主机 PC0 的命令行下执行 ping 命令,结果如图 2-33 所示,PC0 ping 不通主机 PC1,但可 ping 通主机 PC2。说明交换机 Switch0 的端口 Fa0/1 和 Fa0/2 被成功隔离。

(6) 在交换机 Switch0 上执行如下指令,取消端口 Fa0/1 和端口 Fa0/2 之间的隔离。

第 2 章 交换机端口实验

Switch＞en

Switch# config ter

Enter configuration commands, one per line. End with CNTL/Z.

Switch(config)# int range fa0/1 - 2

Switch(config-if-range)# no switchport protected

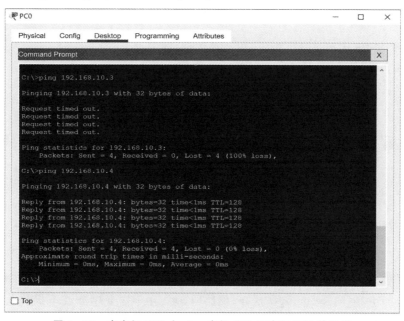

图 2 - 33 在主机 PC0 上 ping 主机 PC1 和主机 PC2 的结果

(7)在主机 PC0 的命令行下执行 ping 命令,结果如图 2 - 34 所示,PC0 可以 ping 通主机 PC1 和主机 PC2。说明交换机 Switch0 的端口隔离被取消。

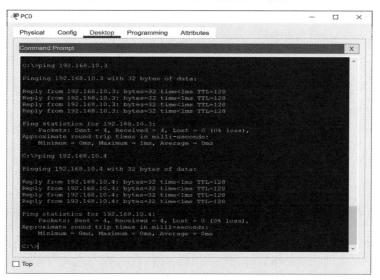

图 2 - 34 在主机 PC0 上 ping 主机 PC1 和主机 PC2 的结果

2.4.5 设备配置指令

交换机 Switch0 上的配置指令如下：

Switch＞en

Switch#config ter

Switch(config)# int range fa0/1-2

Switch(config-if-range)# switchport protected

Switch(config-if-range)# no switchport protected

2.4.6 思考与创新

如图 2-29 所示实验，在 Simulation 模式下，观察从端口 Fa0/1 发送到端口 Fa0/2 的报文经过路径。

2.5 交换机端口镜像实验

为了方便对交换机进行故障诊断，网络管理员经常对交换机上部分端口进行镜像，有时也被称为 mirroring 或 spanning。这样，网络管理员在不需要中断或干扰其他端口正常通信的情况下，就可以分析流经被镜像端口的数据，发现潜在问题或故障。实际上，镜像是将交换机某个端口的流量拷贝到另一端口（镜像端口），进行分析和监测。

2.5.1 实验内容

镜像端口和监测端口可以位于一台交换机上，也可以处于不同交换机上。当镜像端口和监测端口处于不同交换机上时，需要配置虚拟局域网，内容超出本章实验范围。待学习者熟悉虚拟局域网配置后，可自行设计远程端口镜像实验。本次实验设备包括一台交换机和三台主机，其实验拓扑如图 2-35 所示。

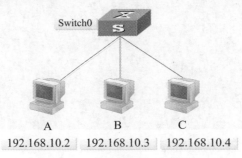

图 2-35 端口镜像实验拓扑

本次实验要求主机 A 对应的端口是镜像端口，主机 C 对应的端口是监测端口。从主机 A 发送数据到主机 B，在主机 C 上观察收到的数据情况。

2.5.2 实验目的

(1)了解端口镜像技术；
(2)掌握端口镜像配置方法。

2.5.3 关键指令解析

1. 配置镜像端口

Switch(config)# monitor session 1 source interface Fa0/1 rx

monitor session 1 source interface Fa0/1 rx 是全局配置模式下的命令，用于指定镜像端口或端口范围。命令最后一个参数 rx 表示仅镜像该端口接收的数据。除此以外，该参数还可以取以下值：tx，表示仅镜像该端口发送的数据；both，表示镜像该端口发送和接收的数据。

2. 配置监测端口

Switch(config)# monitor session 1 destination interface Fa0/3

monitor session 1 destination interface Fa0/3 是全局配置模式下的命令，用于指定监测端口。

3. 查看镜像配置

Switch# show monitor

show monitor 是特权模式下的命令，用于查看端口镜像的结果。

4. 取消镜像配置

Switch(config)# no monitor session 1

no monitor session 1 是全局配置模式下的命令，用于取消端口镜像配置。

2.5.4 实验步骤

(1)启动 Cisco Packet Tracer，按照图 2-35 所示实验拓扑连接设备后启动所有设备，Cisco Packet Tracer 的逻辑工作区如图 2-36 所示。

(2)按照实验拓扑所示，配置主机 PC0 的 IP 地址和子网掩码。单击主机 PC0 图标，在主机 PC0 图形配置界面 Config 选项卡下单击快速以太网端口(INTERFACE→FastEthernet0)，弹出图 2-37 所示的配置界面。在 IP 配置(IP Configuration)选项中选中静态(Static)配置方式，然后在 IP 地址(IP Address)栏中输入 192.168.10.2，点击子网掩码(Subnet

Mask)栏会自动出现255.255.255.0,也可根据配置信息输入子网掩码。同样,配置主机PC1和PC2的IP地址/子网掩码,分别为192.168.10.3/255.255.255.0和192.168.10.4/255.255.255.0。

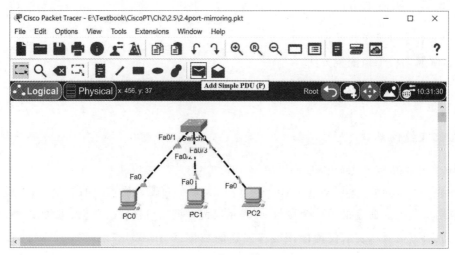

图2-36 完成设备连接后的逻辑工作区界面

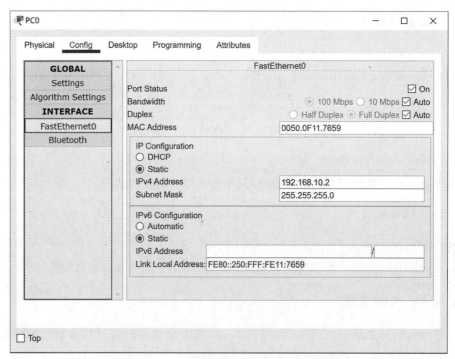

图2-37 主机PC0的以太网端口配置界面

(3)配置完成后,在主机PC0图形配置界面Desktop选项卡下单击Command Prompt选项,进入主机PC0的命令行界面。在主机PC0的命令行下执行ping命令,结果如图2-38所示,PC0可以ping通主机PC1和PC2。在主机PC1和PC2上执行ping命令的结果类似。

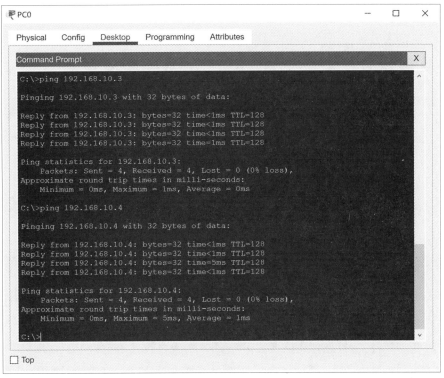

图 2-38 在主机 PC0 上 ping 主机 PC1 和主机 PC2 的结果

(4) 先选择 Simulation 模式,弹出模拟面板(Simulation Panel),然后单击 Edit Filters 按钮,弹出报文类型过滤框,选中 ICMP 报文类型,返回即可,结果如图 2-39 所示。

图 2-39 模拟面板

(5)选择公共工具栏中的添加简单报文(Add Simple PDU(P))工具按钮,如图2-40所示,添加一个从主机PC0至主机PC1的简单报文。

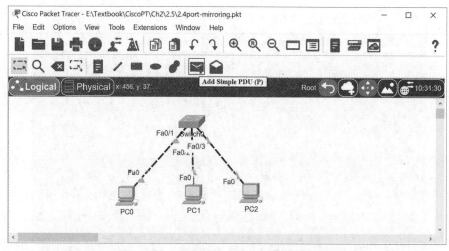

图2-40 公共工具栏上的添加简单报文按钮

(6)单击模拟面板上的播放(Play)按钮,启动从主机PC0至主机PC1的ICMP报文传输过程。观察模拟面板中的事件列表(Event List),如图2-41所示。从主机PC0发到主机PC1的ICMP报文,首先到达交换机Switch0,然后再转发给主机PC1。ICMP响应报文则从主机PC1先到达交换机Switch0,然后再转发给主机PC0。在这个过程中,主机PC2未收到主机PC0的ICMP报文。

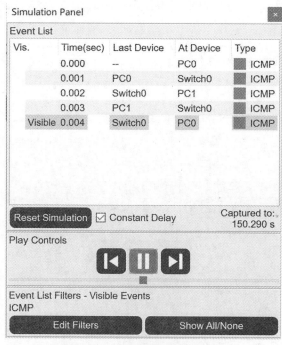

图2-41 模拟面板中的事件列表

需要注意的是,当交换机的 MAC 地址表为空时,从主机 PC0 发出的 ICMP 报文也会被交换机 Switch0 转发到主机 PC2。这种情况不是由于端口镜像引起的。

(7)在交换机 Switch0 上执行如下指令,配置镜像端口 Fa0/1 和监测端口 Fa0/3。

Switch＞en

Switch# config t

Switch(config)# monitor session 1 source interface fa0/1

Switch(config)# monitor session 1 destination interface fa0/3

Switch(config)# exit

(8)显示端口镜像的配置信息,结果如图 2-42 所示。端口 Fa0/1 的双向数据均被镜像,端口 Fa0/3 是监测端口。

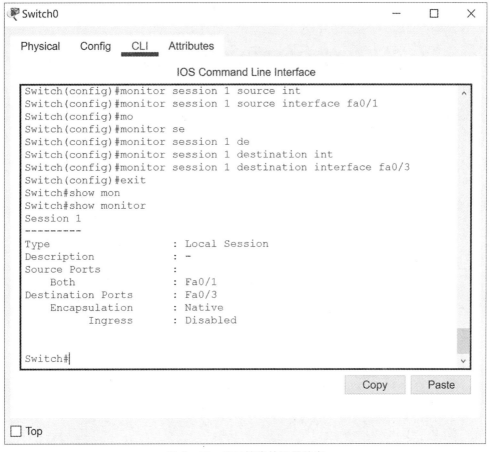

图 2-42　端口镜像的配置信息

(9)重复步骤(6),查看事件列表,结果如图 2-43 所示。从主机 PC0 发出的 ICMP 报文,先到交换机 Switch0,然后被转发到主机 PC1 和主机 PC2。从主机 PC1 发出的 ICMP 响应报文,先到交换机 Switch0,然后被转发到主机 PC0 和主机 PC2。结果表明端口 Fa0/1 的双向数据均被镜像到端口 Fa0/3。

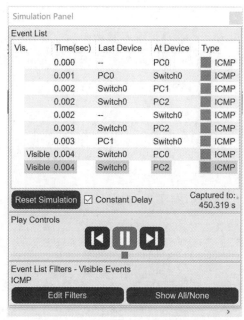

图2-43 模拟面板中的事件列表

(10)在交换机Switch0上执行如下指令,即可取消端口镜像。

Switch> en

Switch# config t

Switch(config)# no monitor session 1

Switch(config)# end

(11)查看交换机Switch0上的端口镜像配置,结果如图2-44所示。

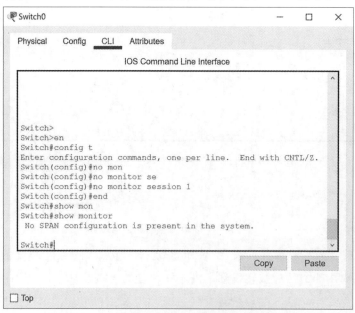

图2-44 交换机Switch0上的端口镜像信息

结果显示交换机 Switch0 上不存在端口镜像配置信息。

2.5.5 设备配置指令

交换机 Switch0 上的配置指令如下：

Switch＞en
Switch♯config t
Switch(config)♯monitor session 1 source interface fa0/1
Switch(config)♯monitor session 1 destination interface fa0/3
Switch(config)♯exit
Switch♯show monitor
Switch♯config t
Switch(config)♯no monitor session 1
Switch(config)♯end
Switch♯show monitor

2.5.6 思考与创新

设计一个实验，将本章交换机端口实验涉及的四项技术融合到一起。

第3章 虚拟局域网实验

虚拟局域网(Virtual Local Area Network,VLAN)是将一个物理局域网(Local Area Network,LAN)划分成多个逻辑广播域的通信技术。每个 VLAN 是一个广播域,VLAN 内的设备之间可以直接通信,而 VLAN 间的设备则不能。设置 VLAN 的方法分为基于设备 MAC 地址的方法、基于交换机端口的方法、基于设备 IP 地址的方法等。VLAN 可提高网络的通信性能、安全性、健壮性和组网灵活性。

3.1 虚拟局域网工作原理

3.1.1 VLAN 简介

以太网中的基于带碰撞检测的载波监听多路访问(CSMA/CD)的数据网络通信技术是一种争用型的介质访问控制协议。当设备数目较多时,会导致冲突严重、广播泛滥、性能下降等问题。虽然利用局域网络技术可以解决冲突严重的问题,但仍然不能隔离广播报文和提升网络性能。因此,VLAN 技术应运而生。该技术能把一个 LAN 划分成多个逻辑 VLAN,每个 VLAN 是一个广播域,VLAN 内的设备间的通信与在一个 LAN 内一样,而 VLAN 间则不能直接通信,广播报文被限制在一个 VLAN 内。如图 3-1 所示,在划分 VLAN 前,通过交换机连接起来的所有主机处于一个广播域中。在交换机没有学习到主机 PC5 的 MAC 地址前,主机 PC6 要向主机 PC5 发送数据帧,该数据帧就会被广播到所有设备。在图 3-1 所示的网络被划分为两个 VLAN 后,主机 PC6 发出的数据帧仅在 VLAN20 范围内进行广播,可明显缩小数据帧被无效广播的范围,从而提升网络性能。

因此,VLAN 具备许多优点,包括以下几个方面:

(1)限制广播域:广播报文被限制在一个 VLAN 内,可节省带宽,提高网络性能。

(2)增强网络安全性:不同 VLAN 间的设备相互隔离,即一个 VLAN 内的设备不能和其他 VLAN 内的设备直接通信。

(3)提高网络健壮性:故障被限制在一个 VLAN 内,VLAN 内的故障不会影响其他 VLAN 的正常工作。

(4) 组网和维护更灵活:用 VLAN 能把用户划分到不同的工作组,同一组的用户也不必局限于某一固定的物理范围,网络构建和维护更方便和灵活。

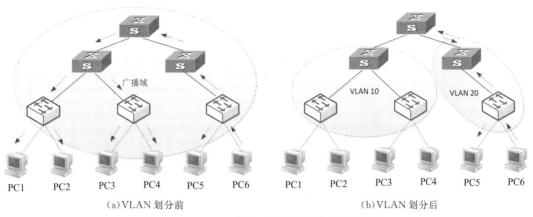

图 3-1 VLAN 划分前后的数据传输范围对比

3.1.2 VLAN 设置

常见 VLAN 划分方法包括基于端口的方法、基于 MAC 地址的方法和基于 IP 地址的方法等。

基于端口的 VLAN 划分方法,顾名思义,就是指明每个端口所属 VLAN 的设置方法,如图 3-2 所示。

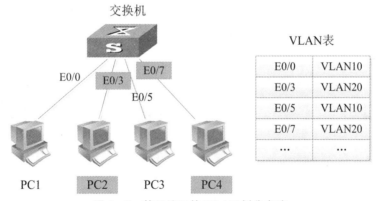

图 3-2 基于端口的 VLAN 划分方法

因需要逐个端口地设置,所以当网络中的设备数目较多时(比如数百台),设置操作就会变得繁杂。当设备变更连接端口时,必须更改设备所连接新端口的 VLAN。显然,该方法不适合拓扑结构变化频繁的场景。

基于 MAC 地址的 VLAN 划分就是通过查询并记录端口所连设备的 MAC 地址来决定端口的所属 VLAN,如图 3-3 所示。假定地址 MAC1 被交换机划分为 VLAN10,那么不论地址 MAC1 对应的设备连接哪个端口,该端口都会被划分到 VLAN10 中去。当设备连接端口 E0/1 时,端口 E0/1 属于 VLAN10;而当设备连接端口 E0/2 时,端口 E0/2 属于 VLAN10。

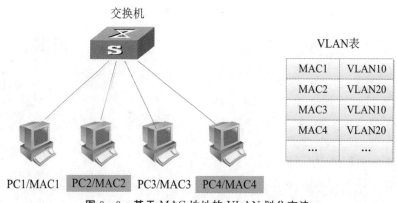

图 3-3 基于 MAC 地址的 VLAN 划分方法

由于划分 VLAN 是基于设备 MAC 地址的,所以在划分前必须知道所有设备的 MAC 地址。如果设备更换网络适配器,则需要变更 VLAN 设置。

基于 IP 地址的 VLAN 划分方法通过所连设备的 IP 地址,决定端口所属的 VLAN。即使设备更换了网络适配器或连接端口,只要其 IP 地址不变,仍可加入原先设定的 VLAN,如图 3-4 所示。假设主机 PC2 的 IP 地址不变,无论它更换网络适配器还是更换连接的端口,PC2 始终属于 VLAN20。因此,与基于 MAC 地址或端口的 VLAN 划分方法相比,更容易改变网络结构。

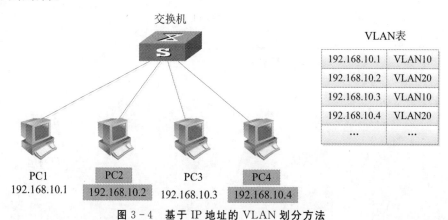

图 3-4 基于 IP 地址的 VLAN 划分方法

总之,决定端口所属 VLAN 时利用的信息在 OSI 中的层次越高,则越适用于网络结构易变的场景。

3.1.3　VLAN 通信原理

为使交换机能够分辨不同 VLAN 的报文,需要在报文中添加标识 VLAN 的字段。IEEE 802.1Q 协议,即 Virtual Bridged Local Area Networks 协议,规定在以太网数据帧中的源地址之后加入 4 个字节的 VLAN 标签,又称 VLAN Tag,用以标识 VLAN 信息,如图 3-5 所示。

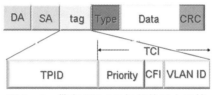

图 3-5 带有 802.1Q 标签的以太网帧

802.1Q 标签包含了 2 个字节的标签协议标识(Tag Protocol Identifier,TPID)和 2 个字节的标签控制信息(Tag Control Information,TCI)。TPID 是 IEEE 定义的新类型,表明这是一个加了 802.1Q 标签的数据帧。在 TCI 中,Priority 字段指明帧的优先级,主要用于当交换机阻塞时,优先发送的数据帧。CFI 是标准格式指示位,表示 MAC 地址在不同的传输介质中是否以标准格式进行封装。在以太网中,CFI 的值为 0。VLAN ID 表示该数据帧所属 VLAN 的编号。

图 3-6 展示了一个典型的 VLAN 通信示例,在 VLAN 网络中,数据帧包括:无标签帧,即不含 VLAN 标签的帧;有标签帧,即含 VLAN 标签的帧。交换机处理的数据帧均带 VLAN 标签,而交换机连接的部分终端只处理不带 VLAN 标签的数据帧。因此,要与这些终端交互,需要交换机能够识别不带 VLAN 标签的数据帧,并在收发时给数据帧添加/剥除 VLAN 标签。

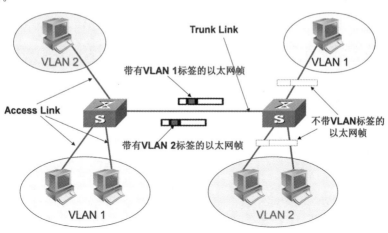

图 3-6 VLAN 通信机制图例

在实际组网时,属于同一个 VLAN 的设备可能会被连接到不同交换机上,且跨越交换机的 VLAN 可能不止一个。如果要保证设备之间相互通信,就需要交换机能够处理多个 VLAN 的数据帧。根据端口连接对象以及对收发数据帧的处理不同,交换机端口可分为 Access 端口、Trunk 端口和 Dynamic 端口。需要注意的是,不同厂商对交换机端口类型的定义存在差异。

1. Access 端口

Access 端口一般连接不能识别 VLAN 标签的终端设备,如图 3-6 中处于网络边缘的主机,或者连接不需要区分 VLAN 成员的设备。当该类端口收到无 VLAN 标签的数据帧时,需要给数据帧添加端口所属 VLAN 的标签。当收到带有标签的帧,并且数据帧中的 VLAN ID 与端口所属 VLAN 的 ID 相同时,该端口才会接收此数据帧。在向网络边缘设备转发该帧前,Access 端口会剥离 VLAN 标签。

2. Trunk 端口

Trunk 端口一般用于连接网络中间设备,如交换机、路由器等,可收发带有标签的帧和不带标签的帧,允许多个 VLAN 的数据帧通过。当 Trunk 端口收到不带 VLAN 标签的数据帧时,将为该数据帧添加缺省 VLAN 的标签。

3. Dynamic 端口

对 Dynamic 端口来讲,需要与通信对方协商一致后,才将端口设置为 Access 端口或 Trunk 端口。

3.2 单交换机 VLAN 配置实验

假设某公司的财务部位于一个楼层,计算机数量有限,只需要一台交换机即可满足网络建设需求。财务部门内部有多个独立的工作小组,为保证工作组内部发布内容的安全性,需要限定发布信息的范围,在工作组之间进行信息隔离。把不同工作组的计算机划分到不同 VLAN 内可以满足需求,VLAN 之间是广播数据隔离的,也就隔离了 VLAN 之间的通信。

3.2.1 实验内容

单交换机 VLAN 配置实验拓扑图如图 3-7 所示,验证交换机 VLAN 配置前后,各主机之间的通信情况变化。

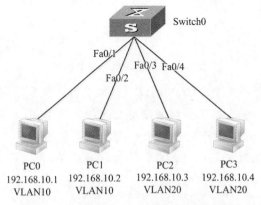

图 3-7 单交换机 VLAN 配置实验拓扑图

按照实验拓扑图配置实验环境,保证主机 PC1、PC2、PC3、PC4 之间可以相互 ping 通,观察交换机 MAC 地址表。

通过配置 VLAN,将主机 PC1 和主机 PC2 划分到 VLAN 10,将主机 PC3 和主机 PC4 划分到 VLAN 20。测试主机 PC1、PC2、PC3、PC4 之间的连通情况,观察交换机 MAC 地址表。

3.2.2 实验目的

(1)了解 VLAN 的工作原理;
(2)理解划分 VLAN 后对交换机各端口间通信的影响;
(3)掌握单交换机 VLAN 配置方法。

3.2.3 关键命令解析

1. 创建 VLAN

Switch(config)# vlan 10

vlan 10 是全局配置模式下的命令,用于在交换机上创建编号为 10 的 VLAN。

2. 将端口设置为 Access 类型

Switch(config)# int fa0/1
Switch(config-if)# switchport mode access

int fa0/1 是全局配置模式下的命令,用于从全局配置模式切换到端口 Fa0/1 的配置模式。

switchport mode access 是端口配置模式下的命令,用于将端口(本例中为端口 Fa0/1)设置为 Access 类型。

3. 将端口加入 VLAN

Switch(config-if)# switchport access vlan 10

switchport access vlan 10 是端口配置模式下的命令,用于将当前 Access 端口加入 VLAN10 中。

3.2.4 实验步骤

(1)启动 Cisco Packet Tracer,按照图 3-7 所示实验拓扑连接设备后启动所有设备,Cisco Packet Tracer 的逻辑工作区如图 3-8 所示。

(2)按照实验拓扑所示,配置主机 PC0 的 IP 地址和子网掩码。单击主机 PC0 图标,在主机 PC0 图形配置界面 Config 选项卡下单击快速以太网端口(INTERFACE→FastEthernet0),弹出图 3-9 所示的配置界面。先在 IP 配置(IP Configuration)选项中选中静态(Static)配置方式,然后在 IP 地址(IP Address)栏中输入 192.168.10.1,点击子网掩码(Subnet Mask)栏会自动出现 255.255.255.0,也可根据配置信息输入子网掩码。同样,配置主机 PC1~主机 PC3 的 IP 地址分别为 192.168.10.2、192.168.10.3 和 192.168.10.4,子网掩码均为 255.255.255.0。

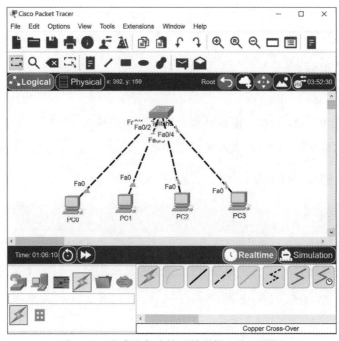

图 3-8　完成设备连接后的逻辑工作区界面

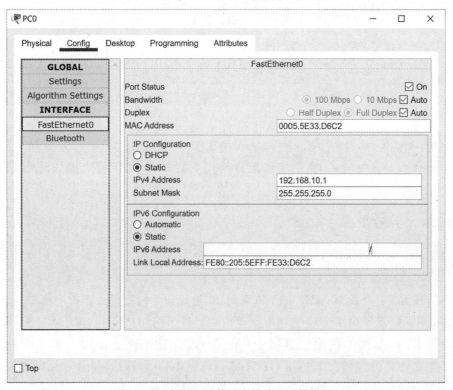

图 3-9　主机 PC0 的以太网端口配置界面

（3）配置完成后，在主机 PC0 图形配置界面 Desktop 选项卡下单击 Command Prompt

选项,进入主机 PC0 的命令行界面。在主机 PC0 上执行 ping 命令,可以 ping 通主机 PC1～主机 PC3,结果如图 3-10 所示。在其他主机上执行 ping 命令的结果类似。

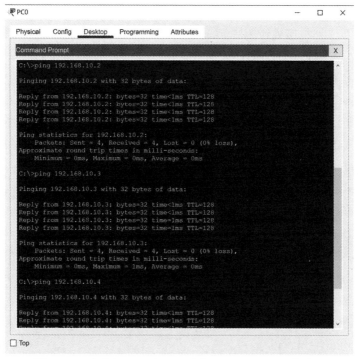

图 3-10　在主机 PC0 上 ping 主机 PC1、PC2、PC3 的结果

(4)成功执行步骤(3)以后,交换机中的 MAC 地址就建立起来了。在交换机特权模式下执行如下命令即可查看 MAC 地址表,结果如图 3-11 所示。

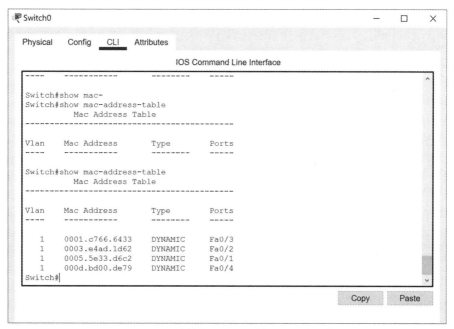

图 3-11　交换机 Switch0 的 MAC 地址表

Switch# show mac-address-table

主机 PC0 的 MAC 地址为 0005.5E33.D6C2,连接到端口 Fa0/1;主机 PC1 的 MAC 地址为 0003.E4AD.1D62,连接到端口 Fa0/2;主机 PC2 的 MAC 地址为 0001.C766.6433,连接到端口 Fa0/3;主机 PC3 的 MAC 地址为 000D.BD00.DE79,连接到端口 Fa0/4。

(5)单击交换机 Switch0 图标,在其图形配置界面 CLI 选项卡下输入如下命令建立 VLAN10 和 VLAN20。

Switch> en
Switch# conf t
Switch(config)# vlan 10
Switch(config-vlan)# exit
Switch(config)# vlan 20
Switch(config-vlan)# end

(6)在交换机 Switch0 上执行如下命令,分别将端口 Fa0/1 和端口 Fa0/2 加入 VLAN10 中,将端口 Fa0/3 和端口 Fa0/4 加入 VLAN20 中。在本次实验中,在将端口加入 VLAN 之前,需要先将端口类型设置为 Access。

Switch# conf t
Switch(config)# int fa0/1
Switch(config-if)# switchport mode access
Switch(config-if)# switchport access vlan 10
Switch(config-if)# int fa0/2
Switch(config-if)# switchport mode access
Switch(config-if)# switchport access vlan 10
Switch(config-if)# int fa0/3
Switch(config-if)# switchport mode access
Switch(config-if)# switchport access vlan 20
Switch(config-if)# int fa0/4
Switch(config-if)# switchport mode access
Switch(config-if)# switchport access vlan 20
Switch(config-if)# end

配置完成后,在交换机 Switch0 执行如下命令,可以查看 VLAN 配置情况,结果如图 3-12 所示。结果显示端口 Fa0/1 和端口 Fa0/2 属于 VLAN10,端口 Fa0/3 和端口 Fa0/4 属于 VLAN20,其余端口属于缺省 VLAN1。

Switch# show vlan brief

(7)在主机 PC0 上执行 ping 命令,查看与主机 PC1 和主机 PC2 的连通情况,结果如图 3-13 所示。

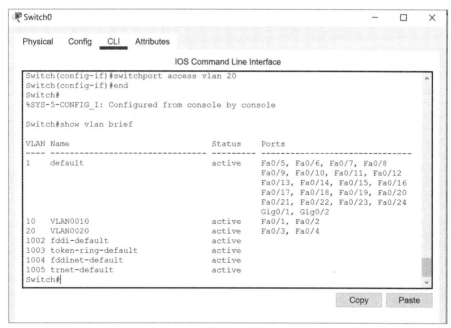

图 3-12　交换机 Switch0 上的 VLAN 配置信息

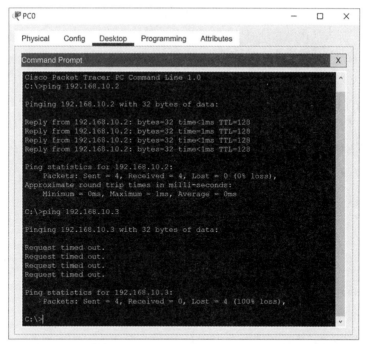

图 3-13　从主机 PC0 上 ping 主机 PC1 和主机 PC2 的结果

主机 PC0 与主机 PC1 都属于 VLAN10，因此从主机 PC0 可以 ping 通主机 PC1；而主机 PC0 与主机 PC2 分属不同 VLAN，从主机 PC0 不能 ping 通主机 PC2。在其他主机上执行 ping 命令，可取得相同结果：同一个 VLAN 内的主机能正常通信，而跨 VLAN 的主机则不能互通。

(8)查看交换机 Switch0 上的 MAC 地址表,结果如图 3-14 所示。

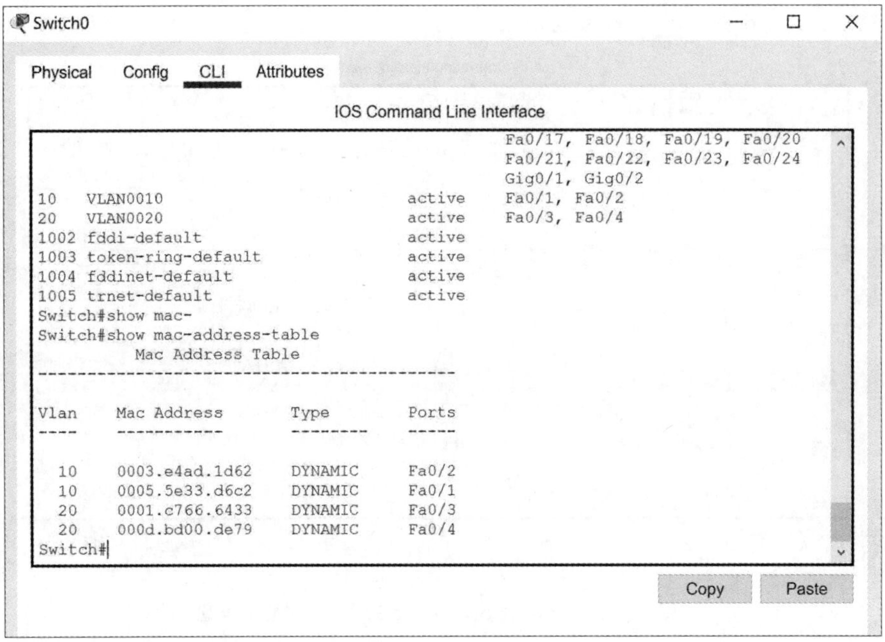
Switch0
Physical
Config
CLI
Attributes
IOS Command Line Interface
Fa0/17, Fa0/18, Fa0/19, Fa0/20
Fa0/21, Fa0/22, Fa0/23, Fa0/24
Gig0/1, Gig0/2
10 VLAN0010 active Fa0/1, Fa0/2
20 VLAN0020 active Fa0/3, Fa0/4
1002 fddi-default active
1003 token-ring-default active
1004 fddinet-default active
1005 trnet-default active
Switch#show mac-
Switch#show mac-address-table
Mac Address Table
Vlan Mac Address Type Ports
10 0003.e4ad.1d62 DYNAMIC Fa0/2
10 0005.5e33.d6c2 DYNAMIC Fa0/1
20 0001.c766.6433 DYNAMIC Fa0/3
20 000d.bd00.de79 DYNAMIC Fa0/4
Switch#
Copy
Paste

图 3-14 交换机 Switch0 的 MAC 地址表

与图 3-11 所示的 MAC 地址表相比,MAC 地址和端口的对应关系未发生变化,只是端口所属 VLAN 发生了变换。端口 Fa0/1 和端口 Fa0/2 属于 VLAN10,端口 Fa0/3 和端口 Fa0/4 属于 VLAN20,这与步骤(6)的配置一致。

(9)如果执行显示 MAC 地址表命令后,地址表显示为空,因为 MAC 地址是动态学习的,所以长时间不进行通信,MAC 地址表的表项老化,被从 MAC 地址表中删除。主机 PC0 仍可以 ping 通主机 PC1,因为从主机 PC0 发出的 ICMP 报文被广播到所在 VLAN 所有端口,所以主机 PC1 可以收到 ICMP 报文。

3.2.5 设备配置命令

1. 交换机上的配置命令

```
Switch> en
Switch# show mac-address-table
Switch# conf t
Switch(config)# vlan 10
Switch(config-vlan)# exit
Switch(config)# vlan 20
Switch(config-vlan)# exit
Switch(config)# int fa0/1
Switch(config-if)# switchport mode access
```

Switch(config-if)# switchport access vlan 10
Switch(config-if)# int fa0/2
Switch(config-if)# switchport mode access
Switch(config-if)# switchport access vlan 10
Switch(config-if)# int fa0/3
Switch(config-if)# switchport mode access
Switch(config-if)# switchport access vlan 20
Switch(config-if)# int fa0/4
Switch(config-if)# switchport mode access
Switch(config-if)# switchport access vlan 20
Switch(config-if)# end
Switch# showvlan brief
Switch# show mac-address-table

2．主机 PC0～主机 PC3 上的配置命令

主机上的配置分两部分：①配置主机 IP 地址和子网掩码；②在 CLI 窗口执行 ping 命令。

3.2.6 思考与创新

(1)简述 VLAN 产生的原因以及作用。

(2)拓展本次实验，成功设置 VLAN10 和 VLAN20 后，进入 Simulation 模式，捕获主机之间的通信事件序列并进行分析。

3.3 跨交换机 VLAN 内的互通实验

假设某公司财务部的两个工作组混杂于两个楼层，要求工作组内部可以正常通信，工作组之间需要进行信息隔离。先将同一楼层的计算机接入同一台交换机，并在此交换机上设置两个 VLAN，把不同工作组的计算机划分到不同 VLAN 内，然后在另一楼层作相同的设置，最后将两台交换机连接起来就可以满足需求。

3.3.1 实验内容

跨交换机 VLAN 内的互通实验拓扑图如图 3-15 所示，验证跨交换机的 VLAN 配置完成前后，主机之间的通信情况变化。

按照实验拓扑图配置实验环境，确保主机 PC0～主机 PC3 之间可以相互 ping 通，观察交换机 MAC 地址表。

通过配置VLAN,将主机PC0和主机PC2划分到VLAN10,将主机PC1和主机PC3划分到VLAN20,将连接交换机的端口设置为Trunk类型并允许VLAN10和VLAN20的数据帧通过。测试主机PC0～主机PC3之间的连通情况,观察交换机MAC地址表。

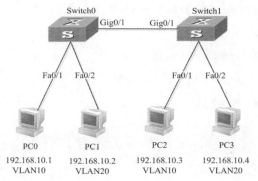

图3-15 跨交换机VLAN内的互通实验拓扑图

3.3.2 实验目的

(1)了解交换机端口类型对VLAN的影响;
(2)掌握交换机之间VLAN连通配置方法。

3.3.3 关键命令解析

1.将端口设置为Trunk类型

Switch(config)# int g0/1

Switch(config-if)# switchport mode trunk

switchport mode trunk 是端口配置模式下的命令,用于将端口(本例中为端口g0/1)设置为Trunk类型。

2.将端口加入多VLAN

Switch(config-if)# switchport trunk allowed vlan 10,20

switchport trunk allowed vlan 10,20 是端口配置模式下的命令,用于允许VLAN10、VLAN20的数据帧通过当前的Trunk端口。

3.3.4 实验步骤

(1)启动Cisco Packet Tracer,按照图3-15所示实验拓扑连接设备后启动所有设备,Cisco Packet Tracer的逻辑工作区如图3-16所示。

(2)按照实验拓扑所示,配置主机PC0的IP地址和子网掩码。单击主机PC0图标,在主机PC0图形配置界面Config选项卡下单击快速以太网端口(INTERFACE→FastEthernet0)配置主机IP地址和子网掩码,配置完成后的界面如图3-17所示。同样,配置主机PC1～主机 PC3 的 IP 地址分别为 192.168.10.2、192.168.10.3 和 192.168.10.4，子网掩码均为 255.255.255.0。

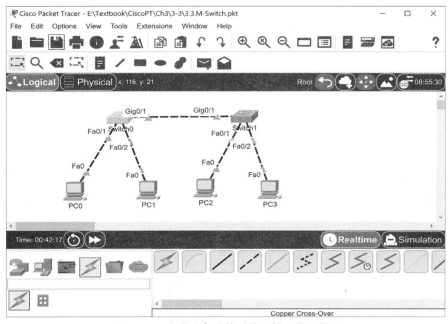

图 3-16　完成设备连接后的逻辑工作区界面

图 3-17　主机 PC0 配置完成后的界面

（3）配置完成后，在主机 PC0 上执行 ping 命令，可以 ping 通主机 PC1～主机 PC3。在其他主机上执行 ping 命令的结果类似。

（4）成功执行步骤（3）以后，交换机 Switch0 和 Switch1 中的 MAC 地址就建立起来了。

在交换机特权模式下执行如下命令即可查看交换机的 MAC 地址表,结果分别如图 3-18 和图 3-19 所示。

Switch# show mac-address-table

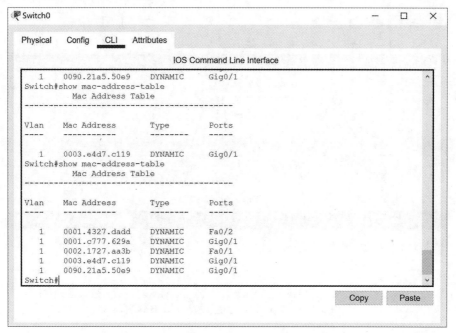

图 3-18 交换机 Switch0 的 MAC 地址表

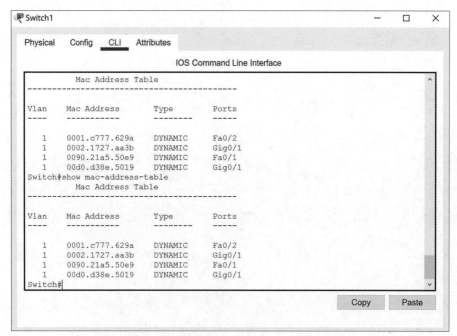

图 3-19 交换机 Switch1 的 MAC 地址表

在交换机 Switch0 的地址表中,主机 PC0 的 MAC 地址为 0002.1727.AA3B,连接到端口 Fa0/1；主机 PC1 的 MAC 地址为 0001.4327.DADD，连接到端口 Fa0/2；主机 PC2 的 MAC 地址为 0090.21A5.50E9，主机 PC3 的 MAC 地址为 0001.C777.629A，交换机 Switch1 的端口 Gig0/1 的 MAC 地址为 0003.E4D7.C119，源自这三台设备的 ICMP 报文都是通过端口 Gig0/1 进入交换机 Switch0 的，因此三台设备的 MAC 地址均显示连接到端口 Gig0/1。

在交换机 Switch1 的地址表中，主机 PC2 连接到端口 Fa0/1；主机 PC3 连接到端口 Fa0/2；主机 PC0 和交换机 Switch0 的端口 Gib0/1 连接到端口 Gig0/1。主机 PC1 的 MAC 地址未出现在交换机 Switch1 的 MAC 地址表中，这是因为在上述通信过程中，交换机 Switch0 先学习到了主机 PC0 的 MAC 地址，源自主机 PC1 的 ICMP 响应报文直接通过交换机 Switch0 到达主机 PC0，未经过交换机 Switch1。

(5) 分别在交换机 Switch0 和交换机 Switch1 的图形配置界面 CLI 选项卡下，输入如下命令建立 VLAN10 和 VLAN20。

Switch> en
Switch# conf t
Switch(config)# vlan 10
Switch(config-vlan)# exit
Switch(config)# vlan 20
Switch(config-vlan)# end

(6) 在交换机 Switch0 上执行如下命令，先将端口 Fa0/1 和端口 Fa0/2 设置为 Access 类型；再将端口 Fa0/1 加入 VLAN10 中，将端口 Fa0/2 加入 VLAN20 中；最后，将端口 Gig0/1 设置为 Trunk 类型，并允许 VLAN10 和 VLAN20 的报文通过端口 Gig0/1。

Switch# conf t
Switch(config)# int fa0/1
Switch(config-if)# switchport mode access
Switch(config-if)# switchport access vlan 10
Switch(config-if)# int fa0/2
Switch(config-if)# switchport mode access
Switch(config-if)# switchport access vlan 20
Switch(config-if)# int g0/1
Switch(config-if)# switchport mode trunk
Switch(config-if)# switchport trunk allowed vlan 10,20
Switch(config-if)# end

(7) 在交换机 Switch1 上执行步骤(6)中的命令。配置完成后，在交换机 Switch0 和交换机 Switch1 上分别执行如下命令，可以查看 VLAN 配置情况，结果如图 3-20 和图 3-21 所示。在交换机 Switch0 上，端口 Fa0/1 属于 VLAN10，端口 Fa0/2 属于 VLAN20，其余端口属于缺省 VLAN1。交换机 Switch1 上的 VLAN 信息也是如此。结果表明交换机

Switch0 和交换机 Switch1 上的 VLAN 配置正确。

Switch# show vlan brief

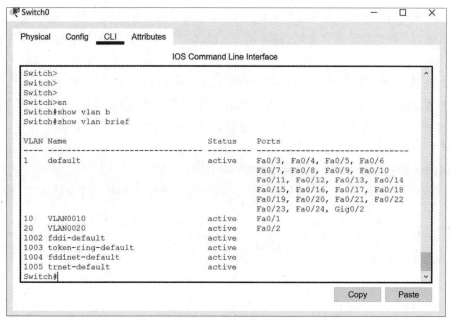

图 3-20　交换机 Switch0 上的 VLAN 配置信息

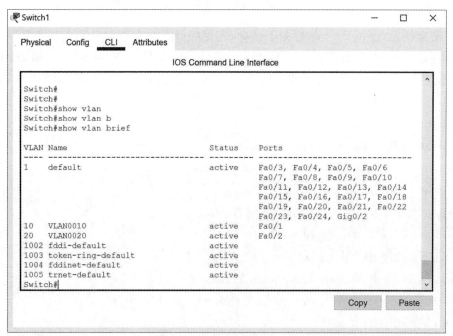

图 3-21　交换机 Switch1 上的 VLAN 配置信息

(8)在主机 PC0 上执行 ping 命令,查看与主机 PC1 和主机 PC2 的连通情况,结果如图 3-22 所示。主机 PC0 与主机 PC1 属于不同 VLAN,因此主机 PC0 ping 不通主机 PC1;而主机 PC0 与主机 PC2 同属 VLAN10,主机 PC0 就可以 ping 通主机 PC2。

第 3 章 虚拟局域网实验

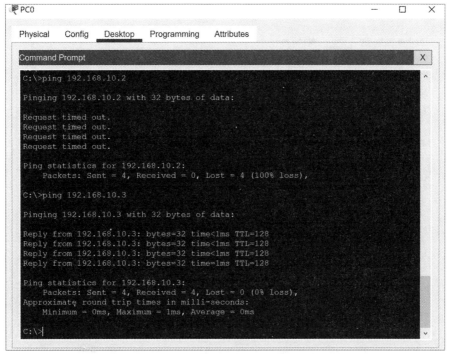

图 3-22　从主机 PC0 上 ping 主机 PC1 和主机 PC2 的结果

(9) 分别查看交换机 Switch0 和交换机 Switch1 上的 MAC 地址表,结果如图 3-23 和图 3-24 所示。

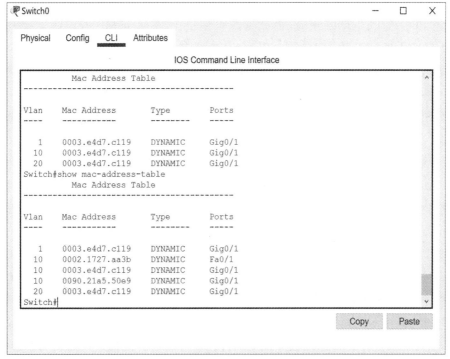

图 3-23　交换机 Switch0 的 MAC 地址表

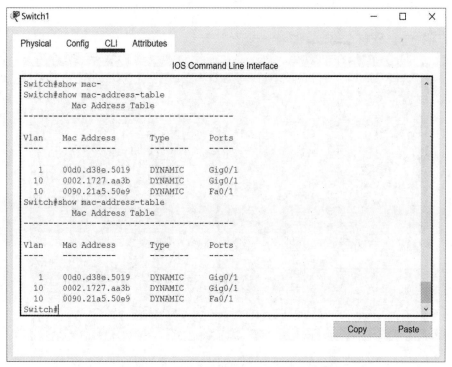

图 3-24 交换机 Switch1 的 MAC 地址表

在图 3-23 所示的交换机 Switch0 的 MAC 地址表中，交换机 Switch1 的端口 Gig0/1 的 MAC 地址 0003.E4d7.C119 出现三次，分别属于不同 VLAN，因为该端口是 Trunk 端口。主机 PC0 和主机 PC2 可以互通，也就是源自主机 PC2 的 ICMP 响应报文能到交换机 Switch0，因此主机 PC2 的 MAC 也出现 MAC 地址表中。主机 PC3 与主机 PC0 不能互通，因此其 MAC 地址未出现在 MAC 地址表中。在实验步骤(8)中，未测试主机 PC2 与其他主机的连通性，所以其 MAC 也未出现 MAC 地址表中。

在如图 3-24 所示的交换机 Switch1 的 MAC 地址表中，因源自主机 PC0 的报文通过端口 Gig0/1 到达交换机 Switch1，所以主机 PC0 的 MAC 地址对应端口是 Gig0/1。在步骤(8)的互通测试中，未涉及 VLAN20 内的设备，所以地址表中未出现属于 VLAN20 的设备。

(10) 如果执行显示 MAC 地址表命令后，表项显示为空，因为 MAC 地址是动态学习的，长时间不进行通信，MAC 地址表的表项老化，被从 MAC 地址表中删除。主机 PC0 仍可以 ping 通主机 PC2，因为从主机 PC0 发出的 ICMP 报文被广播到所在 VLAN 所有端口，所以主机 PC2 可以收到 ICMP 报文。

(11) 进入 Simulation 模式，启动从主机 PC0 发送 ICMP 报文到主机 PC2 的模拟过程，获取事件序列，结果如图 3-25 所示。

从图 3-25 所示的模拟过程中可以清晰地看到，从主机 PC0 发出的 ICMP 报文到达主机 PC2，然后再从主机 PC2 返回响应报文的过程。可以查看模拟过程中的每个事件，分析通信协议或定位通信错误等。

第 3 章 虚拟局域网实验

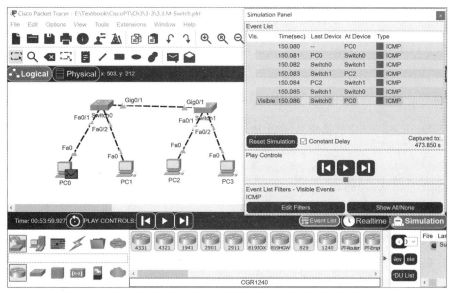

图 3-25 在主机 PC0 上 ping 主机 PC2 的模拟过程的事件序列

3.3.5 设备配置命令

1. 交换机 Switch0/Switch1 上的配置命令

Switch＞ en

Switch# show mac-address-table

Switch# conf t

Switch(config)# vlan 10

Switch(config-vlan)# exit

Switch(config)# vlan 20

Switch(config-vlan)# exit

Switch(config)# int fa0/1

Switch(config-if)# switchport mode access

Switch(config-if)# switchport access vlan 10

Switch(config-if)# int fa0/2

Switch(config-if)# switchport mode access

Switch(config-if)# switchport access vlan 20

Switch(config-if)# int g0/1

Switch(config-if)# switchport mode trunk

Switch(config-if)# switchport trunk allowed vlan 10,20

Switch(config-if)# end

Switch# show vlan brief

2. 主机 PC0～主机 PC3 上的配置命令

主机上的配置分两部分：①在配置窗口配置主机 IP 地址和子网掩码；②在命令行窗口执行 ping 命令。

3. 图形化操作命令

进入 Simulation 模式，捕获从主机 PC0 向主机 PC2 发送 ICMP 报文的模拟过程的事件序列。

3.3.6 思考与创新

(1) 设计一个跨越四台交换机的 VLAN 内互通实验，需要四台交换机和 12 台 PC。

(2) 在 Simulation 模式下，捕获从主机 PC0 向主机 PC1（或主机 PC3）发送 ICMP 报文的模拟过程的事件序列，并分析通信过程。

3.4 交换机之间的 VLAN 互通实验

假设某公司的财务部和销售部分别处于两个楼层，要求部门内部可以通信，部门之间需要进行广播信息隔离，但是可以通信且需要高带宽连接。先将同一楼层的计算机接入同一台交换机，在此交换机上设置一个 VLAN，然后在另一楼层作相同设置，最后将两台交换机通过两条链路连接起来，设置聚合链路可满足高带宽需求。

3.4.1 实验内容

交换机之间的 VLAN 互通实验拓扑图如图 3-26 所示，验证交换机上 VLAN 配置完成前后，主机之间的通信情况变化。

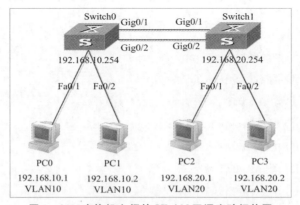

图 3-26 交换机之间的 VLAN 互通实验拓扑图

按照实验拓扑配置实验环境。将连接主机 PC1 和主机 PC2 的端口划分到 VLAN 10，将连接主机 PC3 和主机 PC4 的端口划分到 VLAN 20，将连接两台交换机的端口划分到

VLAN 30。聚合每台交换机上的端口 Gig0/1 和端口 Gig0/2 并允许所有 VLAN 数据帧通过。测试主机 PC0～主机 PC3 之间的连通情况,观察交换机 MAC 地址表。观察三层交换机路由表。

3.4.2 实验目的

(1)了解三层交换机的工作原理;
(2)掌握 VLAN 间互通的配置方法。

3.4.3 关键命令解析

1.配置聚合端口组

Switch(config)# interface range ethernet 0/0-1

Switch(config-if-range)# channel-group 1 mode active

interface range ethernet 0/0-1 是全局配置模式下的命令,用于指定一组端口,并进入该组端口的配置模式。在该模式下,执行命令 channel-group 1 mode active 即可将该交换机端口组(ethernet 0/0-1)加入编号为 1 的聚合组中。

2.启动 RIP 协议

Switch(config)# ip routing

Switch(config)# router rip

Switch(config-router)# version 2

Switch(config-router)# no auto-summary

Switch(config-router)# network 192.168.10.0

Switch(config-router)# network 192.168.30.0

ip routing 是全局配置模式下的命令,用于在交换机上开启 IP 分组路由功能。如果不在交换机上执行此命令,执行命令 router rip 启用 RIP 协议将会失败。

router rip 是全局配置模式下的命令,用于在交换机上启用 RIP 协议。

version 2 是 RIP 协议配置模式下的命令,用于启用 RIPv2。Cisco Packet Tracer 支持 RIPv1 和 RIPv2,RIPv2 支持无分类编址。

no auto-summary 是 RIP 协议配置模式下的命令,用于取消路由聚合功能。

network 192.168.10.0 是 RIP 协议配置模式下的命令,用于在网段 192.168.10.0 上使 RIP 协议生效。

3.4.4 实验步骤

(1)启动 Cisco Packet Tracer,按照图 3-26 所示实验拓扑连接设备后启动所有设备,Cisco Packet Tracer 的逻辑工作区如图 3-27 所示。

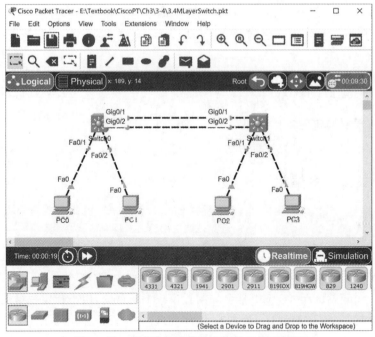

图 3-27 完成设备连接后的逻辑工作区界面

(2)按照图 3-26 所示实验拓扑信息,配置主机 PC0~主机 PC3 的 IP 地址分别为 192.168.10.1、192.168.10.2、192.168.20.1 和 192.168.20.2,子网掩码均为 255.255.255.0,主机 PC0 和主机 PC1 的网关为 192.168.10.254,主机 PC2 和主机 PC3 的网关为 192.168.20.254。

(3)配置完成后,主机 PC0 和主机 PC1 可以相互 ping 通,同样主机 PC2 和主机 PC3 可以相互 ping 通。其余主机对之间则不能 ping 通,因为处于不同网段的设备之间在没有路由的情况下无法通信。

在主机 PC1 上分别 ping 主机 PC2 和 PC3。在主机 PC2 上分别 ping 主机 PC0 和 PC1。在主机 PC3 上分别 ping 主机 PC0 和 PC1。这样做的目的是使这些主机的 MAC 地址都能出现在交换机的 MAC 地址表中。

(4)成功执行步骤(3)后,交换机中的 MAC 地址就建立起来了。在交换机 Switch0 和 Switch1 的全局配置模式下执行如下命令,查看交换机的 MAC 地址表,结果如图 3-28 和图 3-29 所示。

Switch# show mac address-table

在交换机 Switch0 的 MAC 地址表中,主机 PC0 的 MAC 地址为 0060.5C64.A3D5,连接到端口 Fa0/1;主机 PC1 的 MAC 地址为 00E0.8F25.39C5,连接到端口 Fa0/2。主机 PC2 和 PC3 的 MAC 地址对应端口 Gig0/1,是从与交换机 Switch1 连接端口 Gig0/1 学习到的。MAC 地址 000a.F393.7819 是交换机 Switch1 的端口 Gig0/1 的 MAC 地址。在设备启动后,两台交换机会自动运行生成树协议,阻塞交换机 Switch0 的端口 Gig0/2,目的是消除实验网络中的环路。因此,在交换机 Switch0 的 MAC 地址表中不存在端口 Gig0/2 的对应表项。

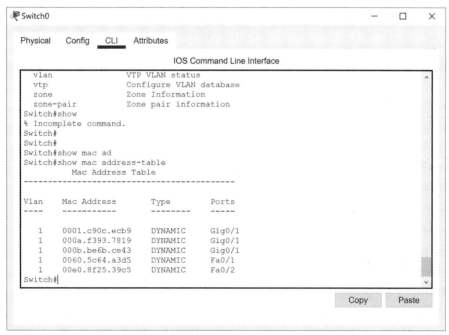

图 3-28 交换机 Switch0 的 MAC 地址表

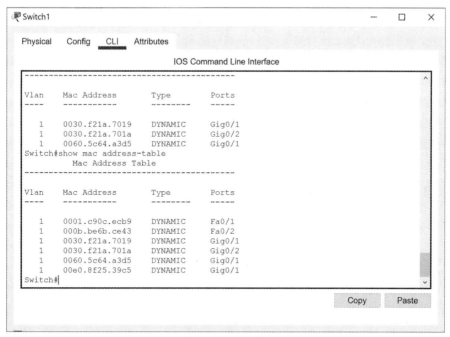

图 3-29 交换机 Switch1 的 MAC 地址表

交换机 Switch1 的 MAC 地址表与交换机 Switch0 的 MAC 地址表类似。交换机 Switch1 的 MAC 地址表多了一项端口 Gig0/2 的映射项，这是因为在运行生成树协议后，交换机 Switch1 的端口 Gig0/2 并未被阻塞，MAC 地址 0030.F21A.701A 就是端口 Gig0/2 的 MAC 地址。

(5)在交换机 Switch0 上执行如下命令，创建 VLAN10 和 VLAN30。

Switch＞ en

Switch＃ conf t

Switch(config)＃ vlan 10

Switch(config-vlan)＃ exit

Switch(config)＃ vlan 30

Switch(config-vlan)＃ end

(6)在交换机 Switch0 上执行如下命令，将端口 Fa0/1 和端口 Fa0/2 加入 VLAN10。在将端口加入 VLAN 之前，需要先指定端口类型为 Access。

Switch＃ conf t

Switch(config)＃ int fa0/1

Switch(config-if)＃ switchport mode access

Switch(config-if)＃ switchport access vlan 10

Switch(config-if)＃ exit

Switch(config)＃ int fa0/2

Switch(config-if)＃ switchport mode access

Switch(config-if)＃ switchport access vlan 10

Switch(config-if)＃ end

(7)在交换机 Switch0 上执行如下命令，创建链路聚合组，将端口 Gig0/1 和端口 Gig0/2 加入聚合组。将聚合链路设置为 Trunk 类型，允许所有 vlan 数据帧通过。

Switch＃ conf t

Switch(config)＃ int range g0/1-2

Switch(config-if-range)＃ channel-group 1 mode active

Switch(config-if-range)＃ switchport mode trunk

Switch(config-if-range)＃ switchport trunk encapsulation dot1q

Switch(config-if-range)＃ switch trunk allowed vlan all

Switch(config-if-range)＃ end

(8)在交换机 Switch0 上执行如下命令，配置 VLAN 10 和 VLAN 30 的端口 IP 地址，其中 VLAN 10 端口地址也就是主机 PC0 和 PC1 的网关地址。

Switch＃ conf t

Switch(config)＃ int vlan10

Switch(config-if)＃ ip add 192.168.10.254 255.255.255.0

Switch(config-if)＃ exit

Switch(config)＃ int vlan 30

Switch(config-if)＃ ip add 192.168.30.1 255.255.255.0

Switch(config-if)＃ end

(9)在交换机 Switch1 上执行如下命令，创建 VLAN20 和 VLAN30。

Switch＞ en

Switch♯ conf t

Switch(config)♯ vlan 20

Switch(config-vlan)♯ exit

Switch(config)♯ vlan 30

Switch(config-vlan)♯ end

(10)在交换机 Switch1 上执行如下命令,将端口 Fa0/1 和端口 Fa0/2 加入 VLAN20。在将端口加入 VLAN 之前,需要先指定端口类型为 Access。

Switch♯ conf t

Switch(config)♯ int fa0/1

Switch(config-if)♯ switchport mode access

Switch(config-if)♯ switchport access vlan 20

Switch(config-if)♯ exit

Switch(config)♯ int fa0/2

Switch(config-if)♯ switchport mode access

Switch(config-if)♯ switchport access vlan 20

Switch(config-if)♯ end

(11)在交换机 Switch1 上执行如下命令,创建链路聚合组,将端口 Gig0/1 和端口 Gig0/2 加入到聚合组。将聚合链路设置为 Trunk 类型,允许所有 vlan 数据帧通过。

Switch♯ conf t

Switch(config)♯ int range g0/1-2

Switch(config-if-range)♯ channel-group 1 mode passive

Switch(config-if-range)♯ switchport mode trunk

Switch(config-if-range)♯ switchport trunk encapsulation dot1q

Switch(config-if-range)♯ switch trunk allowed vlan all

Switch(config-if-range)♯ end

(12)在交换机 Switch0 上执行如下命令,配置 VLAN 20 和 VLAN 30 的端口 IP 地址,其中 VLAN 20 端口地址也就是主机 PC2 和 PC3 的网关地址。

Switch♯ conf t

Switch(config)♯ int vlan 20

Switch(config-if)♯ ip add 192.168.20.254 255.255.255.0

Switch(config-if)♯ exit

Switch(config)♯ int vlan 30

Switch(config-if)♯ ip add 192.168.30.2 255.255.255.0

Switch(config-if)♯ end

(13)在交换机 Switch0 上执行如下命令,开启 IP 分组路由功能,并启动 RIP 协议。

Switch(config)♯ ip routing

Switch(config)♯ router rip

Switch(config-router)♯ version 2

Switch(config-router)# no auto-summary
Switch(config-router)# network 192.168.10.0
Switch(config-router)# network 192.168.30.0
Switch(config-router)# end

(14)同样，在交换机 Switch1 上执行如下命令，开启 IP 分组路由功能，并启动 RIP 协议。

Switch(config)# ip routing
Switch(config)# router rip
Switch(config-router)# version 2
Switch(config-router)# no auto-summary
Switch(config-router)# network 192.168.20.0
Switch(config-router)# network 192.168.30.0
Switch(config-router)# end

(15)在交换机 Switch0 和交换机 Switch1 上分别执行如下命令，显示两台交换机的路由表，如图 3-30 和图 3-31 所示。交换机 Switch0 的路由表项"192.168.20.0/24 [120/1] via 192.168.30.2"的类型被标识为 R，表示该条路由是运行 RIP 协议产生的，说明路由协议启动正确。该条路由指明到 VLAN20 的分组的下一跳是交换机 Switch1 的 VLAN30 端口(IP 地址是 192.168.30.2)，这样主机 PC0 应该能 ping 通 VLAN20 内的主机 PC2 和主机 PC3。

Switch# show ip route

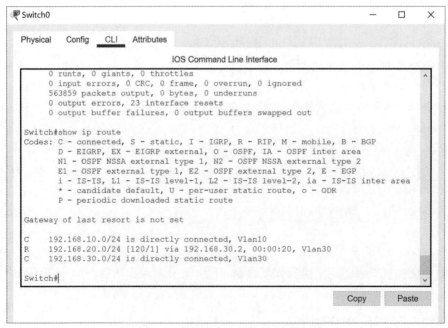

图 3-30 交换机 Switch0 的路由表信息

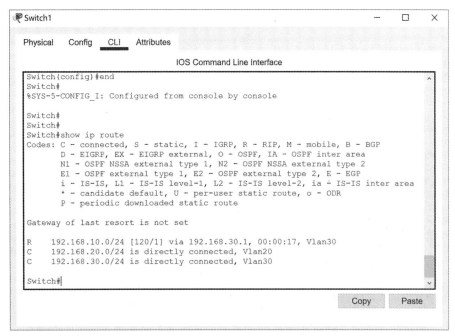

图 3-31 交换机 Switch1 的路由表信息

(16) 在主机 PC0 上执行 ping 命令,查看与主机 PC2 和主机 PC3 的连通情况。虽然主机 PC0 与主机 PC2(或主机 PC3)不在同一个 VLAN 中,但是通过三层路由仍可以实现互通,结果如图 3-32 所示。

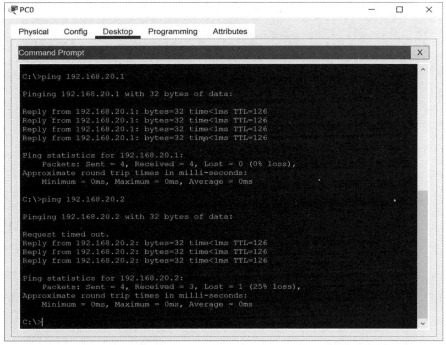

图 3-32 在主机 PC0 上 ping 主机 PC2 和主机 PC3 的结果

• 101 •

(17)同样,在主机 PC3 上执行 ping 命令,查看与主机 PC0 和主机 PC1 的连通情况,结果如图 3-33 所示。实际上随着路由协议的启动,实验网络内的所有主机之间都可以正常通信。

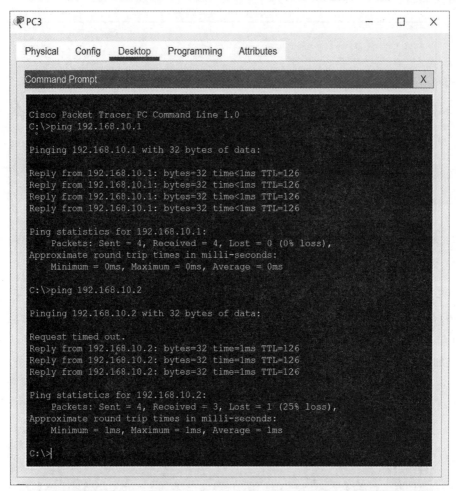

图 3-33　在主机 PC3 上 ping 主机 PC0 和主机 PC1 的结果

(18)在交换机 Switch0 和交换机 Switch1 上分别执行如下命令,查看交换机的 MAC 地址表,结果如图 3-34 和图 3-35 所示。在交换机 Switch0 的 MAC 地址表中,主机 PC0 和主机 PC1 的 MAC 地址处于 VLAN10 中,MAC 地址 0030.A355.0D02 是 VLAN30 端口的 MAC 地址,MAC 地址 0007.EC84.A2E3 是交换机 Switch1 上聚合端口的 MAC 地址,二者对应的端口是交换机 0 上的聚合端口 Po1。交换机 Switch1 的 MAC 地址表是类似情况,MAC 地址 0060.4726.EA02 是交换机 Switch0 上的 VLAN30 虚拟端口的 MAC 地址。

Switch# show mac address-table

(19)为进一步分析通信过程,进入 Simulation 模式,启动从主机 PC0 至主机 PC2 的 ICMP 报文传输的模拟过程,捕获通信过程中事件序列,结果如图 3-36 所示。

第 3 章 虚拟局域网实验

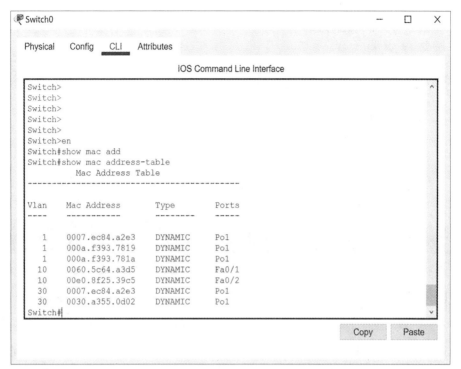

图 3-34 交换机 Switch0 的 MAC 地址表

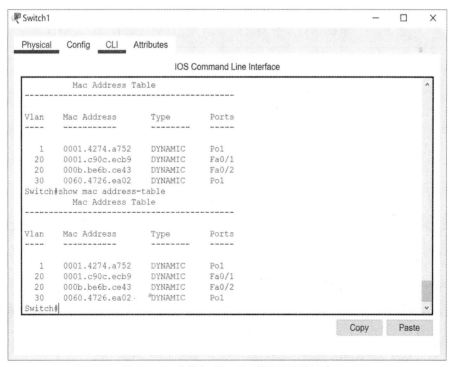

图 3-35 交换机 Switch1 的 MAC 地址表

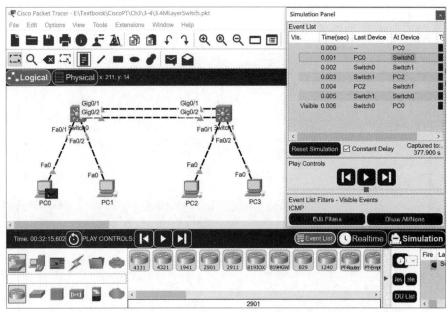

图 3-36 从主机 PC0 到主机 PC2 的 ICMP 报文传输过程的事件序列

为了更好地理解 MAC 地址表的形成过程,进一步分析捕获的事件序列中当前设备发出的数据帧的目的 MAC 地址和源 MAC 地址,见表 3-1。比如在第二条事件中,上游设备是 PC0,当前设备是交换机 Switch0,表 3-1 中所列数据帧是从交换机 Switch0 中发出的数据帧。

表 3-1 事件序列中数据帧的目的 MAC 地址和源 MAC 地址

序号	上游设备	当前设备	目的 MAC 地址	源 MAC 地址
1	—	PC0	0060.4726.EA01	0060.5C64.A3D5
2	PC0	Switch0	0030.A355.0D02	0060.4726.EA02
3	Switch0	Switch1	0001.C90C.ECB9	0030.A355.0D01
4	Switch1	PC2	0030.A355.0D01	0001.C90C.ECB9
5	PC2	Switch1	0060.4726.EA02	0030.A355.0D02
6	Switch1	Switch0	0060.5C64.A3D5	0060.4726.EA01
7	Switch0	PC0	—	—

在表 3-1 中的第一条事件中,该数据帧是准备从主机 PC0 发往交换机 Switch0 的数据帧。目的 MAC 地址 0060.4726.EA01 是交换机 Switch0 上 VLAN10 的虚拟端口地址,源地址 0060.5C64.A3D5 是主机 PC0 的 MAC 地址。

在第二条事件中,交换机 Switch0 收到从主机 PC0 发过来的数据帧,处理并重新封装后,准备发往交换机 Switch1。目的 MAC 地址 0030.A355.0D02 是交换机 Switch1 上 VLAN30 的虚拟端口地址,源 MAC 地址 0060.4726.EA02 是交换机 Switch0 上 VLAN30 的虚拟端口地址,这说明数据帧经过路由从 VLAN10 转到了 VLAN30。

在第三条事件中,交换机Switch1收到从交换机Switch0发过来的数据帧,处理并重新封装后,准备发往主机PC2。目的MAC地址0001.C90C.ECB9是主机PC2的MAC地址,源MAC地址0030.A355.0D01是交换机Switch1上VLAN20的虚拟端口地址,这说明数据帧经过路由从VLAN30转到了VLAN20。

在第四条事件中,主机PC2收到交换机Switch1发过来的数据帧,处理并重新封装后,准备再发给交换机Switch1,此数据帧是ICMP的响应数据帧。目的MAC地址0030.A355.0D01是交换机Switch1上VLAN20的虚拟端口地址,源MAC地址0001.C90C.ECB9是主机PC2的MAC地址。

可参照上述分析方法,进一步分析剩余的三条事件。通过分析发现,在ICMP报文传输过程中,用到的MAC地址除了主机的MAC地址外,其余就是VLAN的虚拟端口的MAC地址。

3.4.5 设备配置命令

1. 交换机Switch0上的配置命令

Switch＞ en
Switch＃ show mac address-table
Switch＃ conf t
Switch(config)＃ vlan 10
Switch(config-vlan)＃ exit
Switch(config)＃ vlan 30
Switch(config-vlan)＃ end
Switch＃ conf t
Switch(config)＃ int fa0/1
Switch(config-if)＃ switchport mode access
Switch(config-if)＃ switchport access vlan 10
Switch(config-if)＃ exit
Switch(config)＃ int fa0/2
Switch(config-if)＃ switchport mode access
Switch(config-if)＃ switchport access vlan 10
Switch(config-if)＃ end
Switch＃ conf t
Switch(config)＃ int range g0/1-2
Switch(config-if-range)＃ channel-group 1 mode active
Switch(config-if-range)＃ switchport mode trunk
Switch(config-if-range)＃ switchport trunk encapsulation dot1q
Switch(config-if-range)＃ switch trunk allowed vlan all

```
Switch(config-if-range)# end
Switch# conf t
Switch(config)# int vlan10
Switch(config-if)# ip add 192.168.10.254 255.255.255.0
Switch(config-if)# exit
Switch(config)# int vlan 30
Switch(config-if)# ip add 192.168.30.1 255.255.255.0
Switch(config-if)# exit
Switch(config)# ip routing
Switch(config)# router rip
Switch(config-router)# version 2
Switch(config-router)# no auto-summary
Switch(config-router)# network 192.168.10.0
Switch(config-router)# network 192.168.30.0
Switch(config-router)# end
Switch# show ip route
```

2. 交换机 Switch1 上的配置命令

```
Switch> en
Switch# show mac address-table
Switch# conf t
Switch(config)# vlan 20
Switch(config-vlan)# exit
Switch(config)# vlan 30
Switch(config-vlan)# end
Switch# conf t
Switch(config)# int fa0/1
Switch(config-if)# switchport mode access
Switch(config-if)# switchport access vlan 20
Switch(config-if)# exit
Switch(config)# int fa0/2
Switch(config-if)# switchport mode access
Switch(config-if)# switchport access vlan 20
Switch(config-if)# end
Switch# conf t
Switch(config)# int range g0/1-2
Switch(config-if-range)# channel-group 1 mode passive
```

```
Switch(config-if-range)# switchport mode trunk
Switch(config-if-range)# switchport trunk encapsulation dot1q
Switch(config-if-range)# switch trunk allowed vlan all
Switch(config-if-range)# end
Switch# conf t
Switch(config)# int vlan 20
Switch(config-if)# ip add 192.168.20.254 255.255.255.0
Switch(config-if)# exit
Switch(config)# int vlan 30
Switch(config-if)# ip add 192.168.30.1 255.255.255.0
Switch(config-if)# exit
Switch(config)# ip routing
Switch(config)# router rip
Switch(config-router)# version 2
Switch(config-router)# no auto-summary
Switch(config-router)# network 192.168.10.0
Switch(config-router)# network 192.168.30.0
Switch(config-router)# end
Switch# show ip route
```

3. 主机 PC0、PC1、PC2 和 PC3 上的配置命令

主机上的配置分两部分：①在配置窗口配置主机 IP 地址和子网掩码；②在命令行窗口执行 ping 命令。

4. 图形化操作命令

进入 Simulation 模式，启动从主机 PC0 到主机 PC2 的 ICMP 报文传输的模拟过程，捕获通信过程中的事件序列。

3.4.6 思考与创新

(1) 设计跨多个部门的 VLAN 间互通实验，要求 VLAN 之间的主机可以通信，能隔离广播数据。

(2) 除了利用 VLAN 以外，还可以采用什么实验方案达到题(1)中的要求。

第4章 生成树协议实验

在网络建设时,为提高网络可靠性,通常在交换机之间建立多条冗余链路,但这种组建网络的方式会产生一个严重问题,也就是交换机之间存在物理环路。然而,以太网的转发机制不能适应存在环路的网络,因为一旦网络存在环路,就会产生广播风暴和 MAC 地址震荡,广播帧或被广播的单播帧等就会被无休止在环路上传播,从而降低交换机性能,甚至不能提供正常的交换服务。生成树协议(Spanning Tree Protocol,STP)可应用于存在环路的计算机网络中,通过阻塞端口消除环路,建立树形拓扑结构,并达到链路备份的目的。

4.1 生成树协议工作原理

生成树协议解决物理环路问题的基本思路是通过将部分冗余端口设置为阻塞状态,将环形网络结构修剪成树形网络结构,消除逻辑环路。当处于转发状态的端口不可用时,生成树协议可重新配置网络,激活备用端口,恢复网络连通性。

广义的生成树协议包括 IEEE 802.1d 定义的 STP、IEEE 802.1w 定义的快速生成树协议(Rapid Spanning Tree Protocol,RSTP)以及 IEEE 802.1s 定义的多生成树协议(Multiple Spanning Tree Protocol,MSTP)。

4.1.1 生成树协议

在理解 STP 前,需要掌握协议中涉及的基本概念:根桥、根端口、指定桥和指定端口。需要注意的是,网桥是交换机的前身,STP 是基于网桥开发的,目前以交换机为主的网络中仍沿用了已有术语,因此此处网桥也被视为交换机。

桥接协议数据单元(Bridge Protocol Data Unit,BPDU):是互连冗余局域网内的交换机之间交换的信息单元。

根桥:在 STP 中,只有一个设备是根桥,它是整个网络拓扑的逻辑中心,也就是生成树的根。在选择根桥时,通常选择性能高的交换设备作为根桥。根桥会随着网络拓扑变化而改变。

根端口:是非根桥上的一个端口,负责向根桥方向转发数据。在一台交换设备上所有使能 STP 的端口中,去往根桥路径开销最小的被选为根端口。一个非根桥设备有且只有一个根端口。

指定桥:与本设备(如主机)直接相连并且负责向本设备转发配置消息的交换设备。

指定端口:指定桥向本网段设备(如主机)转发配置消息的端口。在网段上抑制其他端口发送BPDU报文。根桥的所有端口都是指定端口。

STP基本概念示意图如图4-1所示,图中展示了一个由三台交换机组成的网络拓扑图。假设交换机Switch1被选定为根桥,其分别通过端口E1/0/1和E1/0/2与交换机Switch2和Switch3相连。Switch1对Switch2和Switch3来讲就是指定桥,端口E1/0/1和E1/0/2分别是对应的指定端口。交换机Switch2通过端口E2/0/1与根桥Switch1转发数据且无其他路径,则端口E2/0/1是交换机Switch2的根端口。同理,端口E3/0/1是交换机Switch3的根端口。从主机PC1到根桥Switch1存在冗余链路,假设通过Switch2的代价较小,则Switch2是主机PC1的指定桥,端口E2/0/2是指定端口,而E3/0/2是主机PC1的非指定端口(阻塞端口)。

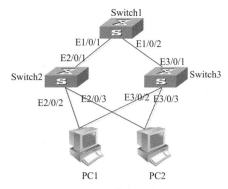

图4-1 STP基本概念示意图

STP协议细节比较复杂,详细步骤可参考IEEE 802.1d,但其过程可归纳为以下三个步骤。

(1)选择根桥。选择根桥的依据是交换设备的ID,设备ID由16位的设备优先级和48位的MAC地址组成。设备优先级是可以配置的,取值范围是0~65 535,默认值为32 768。按照协议规定,值越小优先级越高。因此,在选择根桥时,先比较交换设备的优先级,优先级小的被选为根桥;如果优先级相同,选择MAC地址小的为根桥。

交换设备启动后就进入创建生成树的过程。最初,每台设备均默认自己是根桥,BPDU报文通过所有端口转发出去。对端设备收到BPDU报文后,会比较BPDU中的根桥ID和自己的桥ID。假设收到的桥ID优先级低,接收者会继续通告自己的配置BPDU报文给邻居设备。假设收到的桥ID优先级高,则修改自己的BPDU报文的根桥ID,宣告新的根桥。

(2)在非根桥上选择根端口。STP在非根桥上选择根端口时,考虑该端口的根路径开销、对端的设备ID(Bridge ID,BID)、对端的端口ID(Port ID,PID)和本地的端口PID等因素。

交换设备的每个端口有一个端口开销,默认情况下与其带宽有关,带宽越高,开销越小。通常,从一个非根桥有多条到根桥的路径,每条路径有个总开销,此值是该路径上所有端口的开销总和,称其为路径开销。非根桥对比多条路径的开销,选出到达根桥的最短路径,该路径的开销称为根路径开销(Root Path Cost,RPC)。根桥的根路径开销是0。

交换设备的每个端口有一个端口ID,该值由优先级和端口号组成。端口优先级取值范围是 0～240,步长为 16,也就是说取值必须是 16 的倍数。在缺省情况下,端口优先级是 128。

在选择根端口时,先比较设备端口的 RPC,开销小的为根端口。当 RPC 相同时,比较对端 BID,BID 小的作为根端口。当对端 BID 也相同时,选择对端 PID 小的作为根端口。如果对端 PID(两个端口通过 Hub 连接到同一台交换机的同一个端口上)也相同,则选择本地 PID 值小的作为根端口。

(3)选择指定端口。选择指定端口的方法与选择根端口方法类似。首先,在一个网段上,选择根路径开销最小的为指定端口;当根路径开销相同时,选择比较端口所在设备的 BID,选择 BID 小的为指定端口;当 BID 相同时,选择 PID 值小的为指定端口。

成功选择根桥、根端口和指定端口后,树形拓扑就建立完毕了,逻辑环路也就消除了。在拓扑稳定后,只有根端口和指定端口转发流量。非根、非指定端口处于阻塞状态,只接收协议报文而不转发用户报文。

运行 STP 前后的网络拓扑对比图如图 4-2 所示,图中说明了 STP 的实现过程。在未运行 STP 前,网络中三台交换机组成环路,三台交换机的 ID 分别为 1、2 和 3,三条链路的路径代价分别为 4、6 和 11。

运行 STP 后,首先,三台交换机通过交换信息,选举 ID 最小的 Switch1 为根桥。然后,交换机 Switch2 发现通过端口 E2/0/1 到根桥的路径代价最小,因此选端口 E2/0/1 为根端口。同理,Switch3 选择端口 E3/0/3 为根端口。根桥 Switch1 的端口均为指定端口,与Switch3 相连的 Switch2 的端口 E2/0/3 为 Switch3 的指定端口,Switch3 的端口 E3/0/1 为阻塞端口。至此,网络的环路即被清除。假设交换机 Switch1 的端口 E1/0/1 出现问题,则会激活链路 E1/0/2 和 E3/0/1 之间的链路,保持网络的连通。

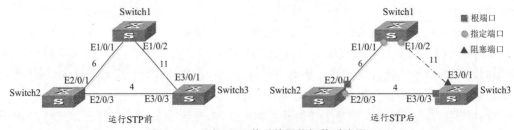

图 4-2 运行 STP 前后的网络拓扑对比图

4.1.2 RSTP、MSTP 与 STP 差异

STP 是基础的生成树协议,能解决环路的问题,但其缺点也很明显,即拓扑收敛速度慢。

(1)在 STP 中,交换设备从初始状态到收敛状态至少需要等待两个转发延时(forward delay)。第一个等待转发延时是,为避免路由环路,必须等待足够长的时间,确保 BPDU 能同步到各个设备。第二个等待转发延时是,在进入转发状态前,交换设备要根据收到的用户数据构建 MAC 地址表,等待计时器超时后才可进入转发状态。

(2)阻塞端口进入转发状态等待时间较长。假设失能链路的一端与阻塞端口在同一台设备上,阻塞端口先从阻塞状态(Blocking)转为学习状态(Learning),再转为转发状态(Forwarding),需要等待两个转发延时。假设失能链路的任何一段均不与阻塞端口在同一台设备上,则需再多等待一个 BPDU 老化时间。

(3)在 STP 中,交换设备上连接终端设备(如主机)的端口进入转发状态也需等待两个转发延时。通常,从交换设备到终端的链路是不会出现环路的,这类端口不用参与 STP 计算,可直接进入转发状态。

(4)当网络拓扑发生变化时,下游设备会不间断地向上游设备发送拓扑变化通知(Topology Change Notification,TCN)报文。STP 中的一个拓扑变更示例如图 4-3 所示。假设交换机 Switch3 和 Switch7 之间链路出现故障,Switch3 向 Switch1 发送 TCN 报文。上游设备(如图 4-3 中的 Switch1)收到 TCN 报文后,指定端口处理 TCN 报文,把报文中的 TCA(Topology Change Acknowledgment)位置 1,发送给下游设备(Switch3),告知停发 TCN 报文,并复制一份 TCN 报文,发向根桥方向设备。重复上述步骤,直到根桥收到 TCN 报文。根桥把 TCN 报文中的 TC 位置 1 后发送给下游设备,通知删除 MAC 地址表项。

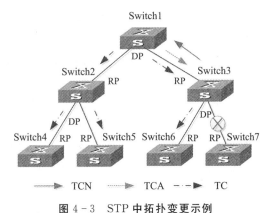

图 4-3 STP 中拓扑变更示例

针对上述问题,RSTP 改进了 STP,体现在以下方面:

(1)RSTP 定义两种新的端口,备份端口(Backup Port,BP)和预备端口(Alternate Port,AP)。备份端口是指定端口的备份,提供了一条从指定桥到当前设备的备份路径;而预备端口是根端口的备份,提供了从根桥到当前设备的一条备份路径。此外,将 STP 中的状态 Disabled、Blocking 和 Listening 合并为状态 Discarding。端口状态由五种精简为三种。

(2)引入 Proposal/Agreement(P/A)机制,使一个指定端口尽快进入 Forwarding 状态。事实上,STP 选择指定端口也可很快完成,但为避免环路,须等待全网的端口状态确定后,端口才能进行转发。

针对 STP 启动时收敛速度慢的问题,以图 4-4 为例阐明 RSTP 解决方法。假设设备优先级顺序是 Switch1 > Switch2 > Switch3。当设备启动时,三台设备均自认为是根桥,向其他设备发送 P 置位的 BPDU 报文,发送 P 消息端口置为指定端口,状态为 Discarding。当收到低优先级 Switch2 或 Switch3 的 P 消息时,Switch1 会放弃该消息。Switch2 和 Switch3 收到 Switch1 的 P 消息后,认同 Switch1 是根桥,并回复 A 消息,发送端口变成根端口,状态为 Forwarding。根据 P/A 协商机制,Switch1 与 Switch2、Switch1 与 Switch3 的协商不需等待两个转发延时。在确定根桥后,Switch2 和 Switch3 的 P/A 协商就切换为

STP协商模式,但由于链路一端处于Discarding状态,不会影响数据业务转发。

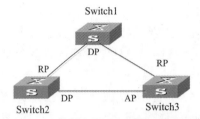

图4-4 一个存在物理环路的局域网示例

(3)引入替换端口快速切换机制,使一个替换端口尽快进入Forwarding状态。如图4-4所示,当Switch1和Switch3之间的链路出现故障时,RSTP可使Switch3上的替换端口(AP)迅速切换为根端口(RP)并进入Forwarding状态。当Switch1和Switch2之间的链路出现故障时,RSTP可使Switch3上的替换端口(AP)迅速切换为指定端口(DP)并进入Forwarding状态。

(4)引入边缘端口机制,交换设备上连接终端设备的端口被设置为边缘端口后,可不参与生成树的计算,立即进入Forwarding状态。

(5)RSTP优化了拓扑变更机制。在感知到拓扑变化后,交换设备的所有非边缘指定端口启动一个TC While计时器。在该时间段内,清空状态发生变化的端口上学习到的MAC地址。同时,由这些端口向外发送TC置位的RST BPDU报文。在定时器超时后,停止发送RST BPDU报文。在其他设备接收到RST BPDU报文后,清空除收到RST BPDU端口外的其他端口学习到MAC地址。然后,为自己所有的非边缘指定端口和根端口启动TC While定时器,重复上述过程。局域网内就会产生RST BPDU泛洪,拓扑变更消息被快速扩散和更新。

虽然RSTP可以实现网络拓扑的快速收敛,但还面临着另一个问题:所有VLAN共享一棵生成树,不能按VLAN阻塞冗余链路。如图4-5所示,假设在网络中存在两个VLAN。左边展示了物理拓扑,右边则是STP或RSTP创建的一个生成树,两个VLAN共享一个生成树。当Switch1和Switch3、Switch1和Switch4之间链路出现故障时,会导致VLAN内部不能正常通信。

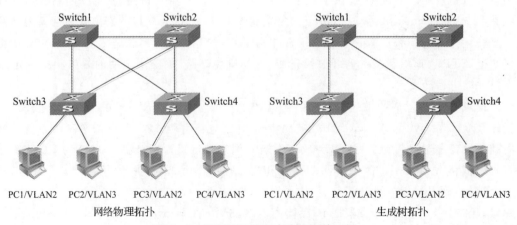

图4-5 RSTP和STP存在问题的示例

为解决此问题,MSTP 把 VLAN 和生成树实例联系起来,设置了 VLAN 和生成树实例的对应关系表。在一个网络内可创建多棵彼此独立的生成树实例。在数据转发过程中,MSTP 可提供冗余路径,实现 VLAN 数据的负载均衡。如图 4-6 所示,MSTP 为 VLAN2 和 VLAN3 创建各自的生成树,其中虚线是备份链路。可见,一个生成树的链路可以是另外一个生成树的备份链路,当某条链路出现故障时,备份链路被激活,保证网络的连通性。

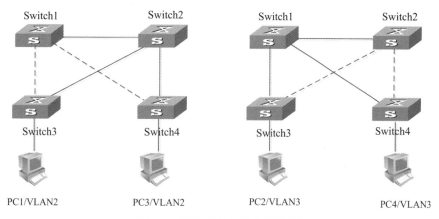

图 4-6 MSTP 创建的生成树示例

在三种生成树协议中,MSTP 兼容 RSTP、STP,RSTP 兼容 STP。详细 MSTP 和 RSTP 实现细节可参考 IEEE 802.1s 和 IEEE 802.1w。

4.1.3 PVST、RPVST 与 MSTP 差异

Cisco 增强了 STP 和 RSTP,为每个 VLAN 创建一个单独的生成树实例,提出了专供 Cisco 交换机使用的 STP 和 RSTP 协议。

(1)PVST(Per VLAN Spanning Tree)协议是 Cisco 对 IEEE 802.1d STP 的增强,它是 Cisco 交换机的默认生成树版本。PVST 为每个 VLAN 创建一个 IEEE 802.1d 生成树实例。PVST+(Per VLAN Spanning Tree Plus)协议是 PVST 协议的升级版本。

(2)RPVST(Rapid Per VLAN Spanning Tree)协议是 Cisco 对 IEEE 802.1w RSTP 的增强。类似于 PVST,RPVST 为每个 VLAN 创建一个 IEEE 802.1w 生成树实例。运行 RPVST 协议的交换机收敛速度更快。同样,RPVST+(Rapid Per VLAN Spanning Tree Plus)协议是 RPVST 协议的升级版本。

由于 Cisco 增强的生成树协议可以为每个 VLAN 创建一个生成树实例,协议 PVST 和 RPVST 修改了设备优先级的定义。在 Cisco 交换机中,设备优先级由两部分组成:一是指定 VLAN 内的设备优先级,也就是说同一个设备在不同 VLAN 中的优先级可以不同;二是 VLAN 的编号。假设一台交换机中存在 VLAN10 和 VLAN20 两个 VLAN,且该交换机在两个 VLAN 中的优先级均为 32 768,则该交换机在 VLAN10 中的优先级为 32 778,而在 VLAN20 中的优先级为 32 788。同一台设备在不同 VLAN 中的优先级可以按需调整。这样可以实现同一台交换机在不同生成树实例中担任不同的角色。

虽然 PVST、RPVST 和 MSTP 都可以为不同 VLAN 创建不同的生成树实例,但三者之间还存在一些差异。PVST 和 RPVST 协议是为每个 VLAN 创建一个单独的生成树实例;而 MSTP 在为 VLAN 创建生成树实例时,允许多个 VLAN 共享一个生成树。准确地讲,MSTP 可以为一组 VLAN 创建一个生成树实例。与 MSTP 相比,运行 PVST 和 RPVST 协议需要的资源更多。

不同类型 Cisco 交换机支持的生成树模型可能不同,有些交换机支持 PVST、RPVST 和 MSTP,而有些仅支持 PVST 和 RPVST。在交换机的全局配置模式下,利用命令 spanning-tree mode？可以查询交换机支持的模式。图 4-7 显示了交换机 Cisco 2960 IOS 15 仅支持 PVST 和 RPVST 两种协议。

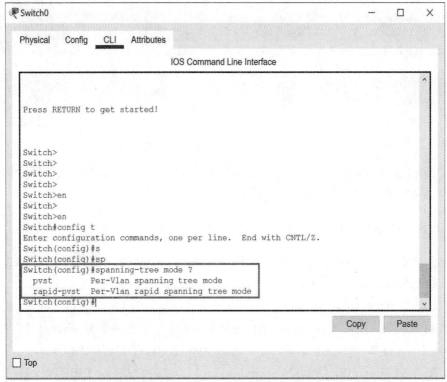

图 4-7　交换机 Cisco 2960 IOS 15 支持生成树协议的查询结果

4.2　基本生成树协议实验

假设某公司的财务部在组建部门网络时,为提高网络可用性,计划在交换机之间建立备份链路,目的是当交换机之间的一条链路出现故障时,备份链路可以保障网络连通。然而,在交换机间建立多条物理冗余链路并启动设备后,发现交换机端口的指示灯不停闪烁,网络几乎处于瘫痪状态。其实,在交换机间建立冗余链路后,在网络拓扑中就形成了逻辑环路,产生 MAC 震荡和广播风暴,导致交换机不能正常工作。生成树协议可以消除逻辑环路,保证交换机在存在物理环路情形下也可以正常工作。

4.2.1 实验内容

STP 实验网络拓扑图如图 4-8 所示,两台交换机用三条链路连接起来,每台交换机再各连接一台主机。

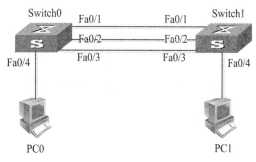

图 4-8 STP 实验网络拓扑图

按图 4-8 所示网络拓扑连接并启动设备,用主机 PC0 ping 主机 PC1,观察通信状态,观察交换机 Switch0 的 MAC 地址表和各个端口状态。

先在交换机上启动 PVST 协议,再用主机 PC1 ping 主机 PC2,观察通信状态,观察交换机 Switch0 的端口状态。

4.2.2 实验目的

(1) 了解 STP/PVST 的作用;
(2) 理解 STP/PVST 工作原理;
(3) 掌握 STP/PVST 配置方法。

4.2.3 关键命令解析

1. Switch(config)# spanning-tree vlan 1

spanning-tree vlan 1 是全局配置模式下的命令,用于启用 VLAN1 上的生成树协议。

2. Switch(config)# no spanning-tree vlan 1

no spanning-tree vlan 1 是全局配置模式下的命令,用于停用 VLAN1 上的生成树协议。

3. Switch# show spanning-tree

show spanning-tree 是特权模式下的命令,用于显示生成树的拓扑。

4.2.4 实验步骤

(1) 启动 Cisco Packet Tracer,按照图 4-8 所示实验拓扑连接设备后启动所有设备,Cisco Packet Tracer 的逻辑工作区如图 4-9 所示。

(2) 按照实验拓扑所示,配置主机 PC0 的 IP 地址和子网掩码。单击主机 PC0 图标,在主机 PC0 图形配置界面 Config 选项卡下单击快速以太网端口(INTERFACE→FastEthernet0),弹出如图 4-10 所示的配置界面。先在 IP 配置(IP Configuration)选项中选中静态(Static)配置方式,然后在 IP 地址(IP Address)栏中输入 192.168.10.2,点击子网掩码(Subnet Mask)栏会自动出现 255.255.255.0,也可根据配置信息输入子网掩码。同样,配置主机 PC1 的 IP 地址/子网掩码,为 192.168.10.3/255.255.255.0。

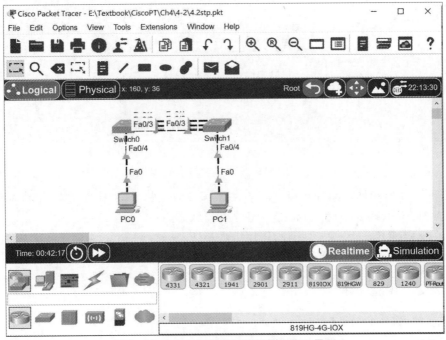

图 4-9　完成设备连接后的逻辑工作区界面

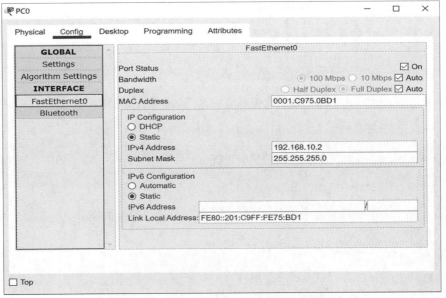

图 4-10　主机 PC0 的以太网端口配置界面

(3)配置完成后,主机 PC0 和主机 PC1 可以相互 ping 通。

第 4 章　生成树协议实验

(4)在创建实验拓扑时,交换机选用的是 Cisco 2960。在 Cisco Packet Tracer 中,该型号交换机默认启用 STP 协议。在交换机 Switch0 和 Switch1 上分别执行如下命令,结果分别如图 4-11 和图 4-12 所示。结果可以验证两台交换机上启用了 STP。

Switch> en
Switch# show spanning-tree

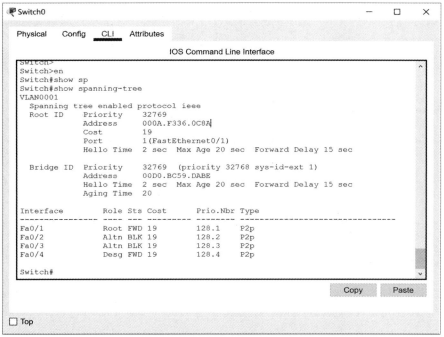

图 4-11　交换机 Switch0 上的生成树信息

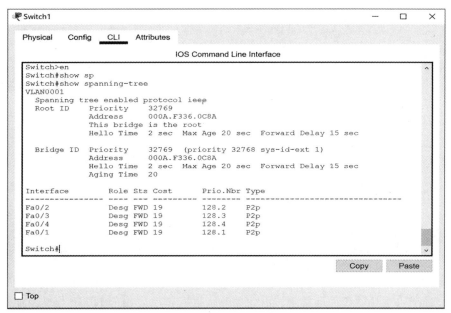

图 4-12　交换机 Switch1 上的生成树信息

(5)为验证逻辑环路带来的严重问题,需要在交换机 Switch0 和 Switch1 上执行如下命令,停止交换机上的 STP 协议,如图 4-13 所示。

Switch＞ en
Switch# config t
Switch(config)# no spanning-tree vlan 1

(6)显示交换机 Switch0 上的生成树信息,结果如图 4-13 所示。确认交换机 Switch0 上的 STP 被停用。在交换机 Switch1 上停止 STP 后的结果类似。

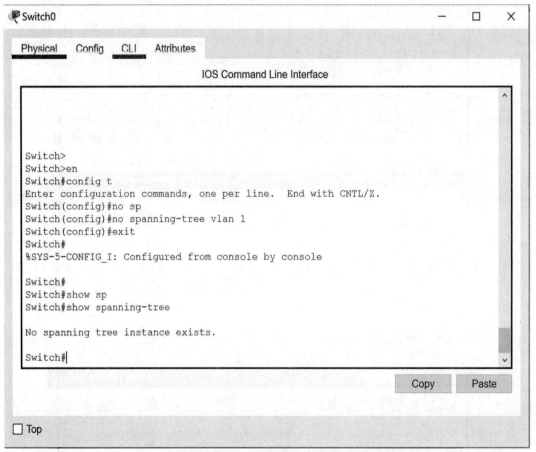

图 4-13　在交换机 Switch0 上停止 STP 协议后的结果

(7)在主机 PC0 上 ping 主机 PC1,结果如图 4-14 所示,表明主机 PC0 和 PC1 之间通信异常。

(8)显示交换机 Switch0 的 MAC 地址表,如图 4-15 所示。虽然主机 PC2 的 MAC 地址 0030.F283.49A6 出现在 Switch0 的 MAC 地址表中,但是其对应端口并不固定。图 4-15 显示 0030.F283.49A6 开始对应端口是 Fa0/3,而后对应端口变为 Fa0/2,这说明由于广播风暴而产生了 MAC 地址震荡。由此导致从主机 PC0 发出的 ICMP 报文不能及时得到响应。

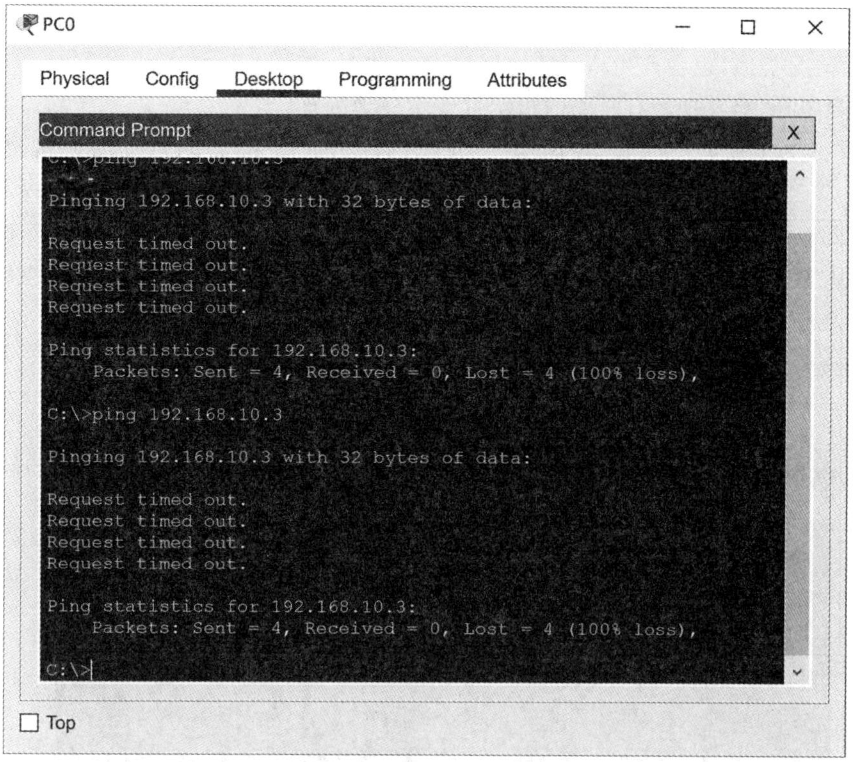

第 4 章 生成树协议实验

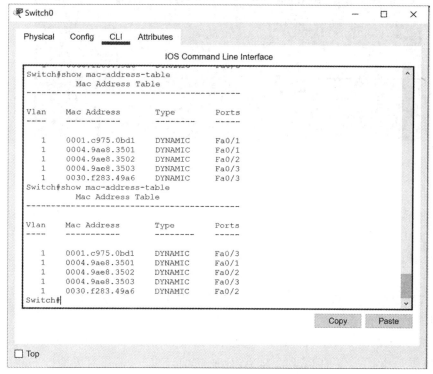

图 4-14 在主机 PC0 上 ping 主机 PC1 的结果

图 4-15 交换机 Switch0 的 MAC 地址表

(9) 从主机 PC1 ping 主机 PC0，通信结果相同。交换机 Switch1 的 MAC 地址与图 4-15 所示情况类似，也会产生 MAC 地址震荡。此时，查看 Cisco Packet Tracer 逻辑工作区中的实验拓扑，会发现所有链路的指示灯在不停地闪烁。

(10) 在交换机 Switch0 和 Switch1 上分别执行如下命令，重新启动交换机，恢复默认配置。

Switch# reload

(11) 从 PC0 上 ping 主机 PC1，结果如图 4-16 所示。在启动 STP 协议后，主机 PC0 和主机 PC1 之间就可以正常通信。

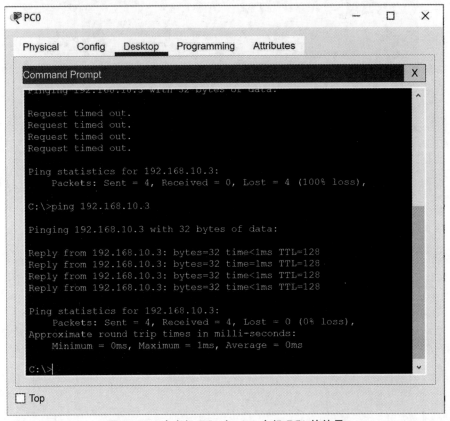

图 4-16　在主机 PC0 上 ping 主机 PC1 的结果

(12) 显示交换机 Switch0 和 Switch1 上的生成树信息，结果分别如图 4-11 和图 4-12 所示。交换机 Switch0 和 Switch1 具有相同优先级，而 Switch1 因 MAC 地址小而被选为根桥，其所有端口均为指定端口。交换机 Switch0 的端口 Fa0/1 因编号小被选为根端口（Root），处于转发状态（FWD）；而端口 Fa0/2 和 Fa0/3 则被选为预备端口（Altn），作为端口 Fa0/1 的备份端口，处于阻塞状态（BLK）。也就是交换机 Switch0 和 Switch1 之间的冗余链路在逻辑上仅保留了一条。

(13) 显示交换机 Switch0 的 MAC 地址表，结果如图 4-17 所示。交换机 Switch0 的 MAC 地址表是稳定的，其中 PC0 的 MAC 地址 0001.C975.0BD1 对应端口 Fa0/4，PC1 的 MAC 地址 0030.F283.49A6 对应端口 Fa0/1，另外一个 MAC 地址 0004.9AE8.3501 是交

换机 Switch1 的端口 Fa0/1 的 MAC 地址。MAC 地址表的对应关系与生成树的拓扑信息保持一致。

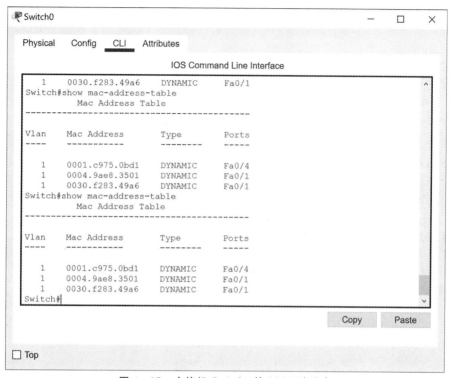

图 4-17　交换机 Switch0 的 MAC 地址表

4.2.5　设备配置命令

1. 交换机 Switch0 和 Switch1 上的配置命令

Switch＞ en

Switch♯ show spanning-tree

Switch♯ config t

Switch(config)♯ no spanning-tree vlan 1

Switch(config)♯ exit

Switch♯ show mac-address-table

Switch♯ reload

Switch♯ show spanning-tree

Switch♯ show mac-address-table

2. 主机 PC0 和主机 PC1 上的配置命令

主机上的配置分两部分：①在配置窗口配置主机 IP 地址和子网掩码；②在命令窗口执行 ping 命令。

4.2.6 思考与创新

按照图4-8所示实验拓扑先执行链路聚合实验,还会导致广播风暴吗?如果会,请思考原因。如果不会,请考虑在什么情况下,可以利用链路聚合解决逻辑环路问题?

4.3 指定根桥的生成树协议实验

假设某公司的财务部在利用STP消除网络拓扑中的逻辑环路时,发现充当根桥角色的交换机并非本部门性能最优的交换机,影响了财务部门网络的整体性能。为此,网络管理员想指定性能最优的交换机为根桥,性能次优的交换机作为根桥的备份。为验证网络管理员想法的可行性,设计了指定根桥的STP实验。

4.3.1 实验内容

指定根桥的STP实验网络拓扑图如图4-18所示,把四台交换机用五条链路连接起来,交换机Switch2和Switch3再分别连接主机PC1和PC2。

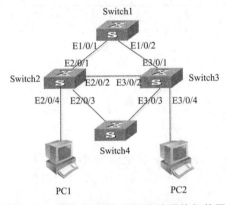

图4-18 指定根桥的STP实验网络拓扑图

按图4-18所示网络拓扑图连接并启动设备,用主机PC1 ping主机PC2,观察通信状态,观察各个交换机的生成树信息。

指定交换机Switch1为根桥,交换机Switch2为备份根桥,再用主机PC1 ping主机PC2,观察通信状态,观察各个交换机的生成树信息。

停止交换机Switch1,用主机PC1 ping主机PC2,观察通信状态,观察各个交换机的生成树信息。

4.3.2 实验目的

(1)了解STP/PVST的作用;
(2)掌握指定根桥的STP/PVST配置方法。

4.3.3 关键命令解析

1. 设置根桥

Switch(config)# spanning-tree vlan 1 root primary

spanning-tree vlan 1 root primary 是全局配置模式下的命令,用于指定运行该命令的设备为根桥。

2. 设置备份根桥

Switch(config)# spanning-tree vlan 1 root secondary

spanning-tree vlan 1 root secondary 是全局配置模式下的命令,用于指定运行该命令的设备为备份根桥。

3. 设置设备优先级

Switch(config)# spanning-tree vlan 1 priority 36864

spanning-tree vlan 1 priority 36864 是全局配置模式下的命令,用于设置运行该命令的设备在 VLAN1 中的优先级为 36 864。

4.3.4 实验步骤

(1)启动 Cisco Packet Tracer,按照图 4-18 所示实验拓扑图连接设备后启动所有设备,Cisco Packet Tracer 的逻辑工作区如图 4-19 所示。

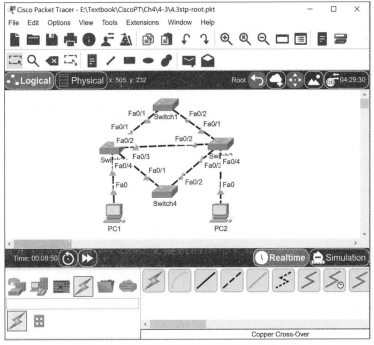

图 4-19 完成设备连接后的逻辑工作区界面

(2)按照实验拓扑图所示,配置主机 PC1 的 IP 地址和子网掩码。单击主机 PC1 图标,在主机 PC1 图形配置界面 Config 选项卡下单击快速以太网端口(INTERFACE→FastEthernet0),弹出图 4-20 所示的配置界面。在 IP 配置(IP Configuration)选项中选中静态(Static)配置方式,然后在 IP 地址(IP Address)栏中输入 192.168.10.2,点击子网掩码(Subnet Mask)栏会自动出现 255.255.255.0,也可根据配置信息输入子网掩码。同样,配置主机 PC2 的 IP 地址/子网掩码,为 192.168.10.3/255.255.255.0。

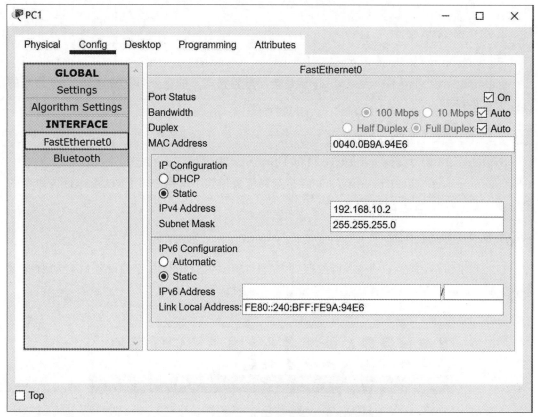

图 4-20 主机 PC1 的以太网端口配置界面

(3)配置完成后,主机 PC1 和主机 PC2 可以相互 ping 通。

(4)在交换机 Switch1、Switch2、Switch3 和 Switch4 上分别执行如下命令,查看各个交换机的生成树信息,结果如图 4-21~图 4-24 所示。

Switch# show spanning-tree

仔细分析各个交换机上的生成树信息可以发现,所有交换机处于同一个 VLAN 中,并且设备优先级均为 32 769。在四台交换机中,交换机 Switch4 的 MAC 地址 0002.1732.0999 的数值最小,因此交换机 Switch4 被选为根桥,其两个端口均为指定端口。交换机 Switch2 因编号较小,在选择中具有优势,其端口 Fa0/3 被选为根端口,其余三个端口为指定端口;而交换机 Switch3 在选择中处于劣势,端口 Fa0/3 被选为根端口,端口 Fa0/2 被阻塞,其余两个端口为指定端口。交换机 Switch1 的端口 Fa0/1 为根端口,端口 Fa0/2 被阻塞。综合上述信息,四台交换机运行 STP 后构建的逻辑拓扑图如图 4-25 所示。

第 4 章　生成树协议实验

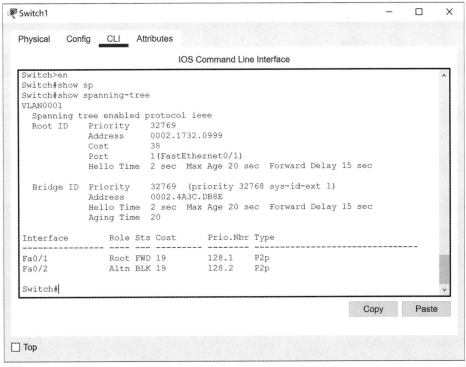

图 4-21　交换机 Switch1 上的生成树信息

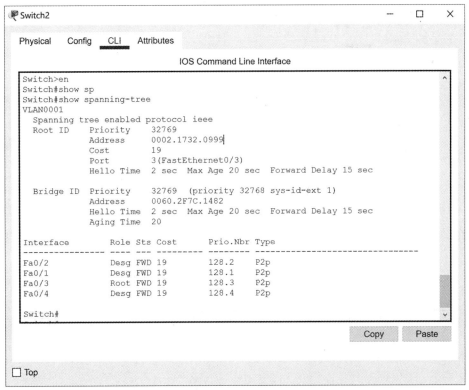

图 4-22　交换机 Switch2 上的生成树信息

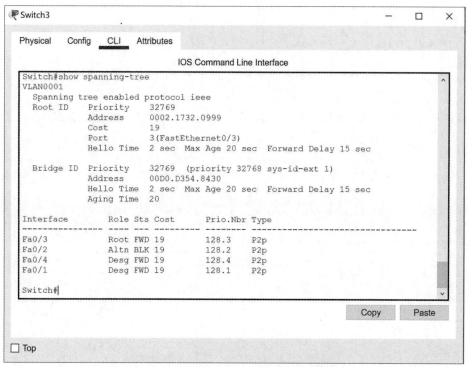

图 4 - 23　交换机 Switch3 上的生成树信息

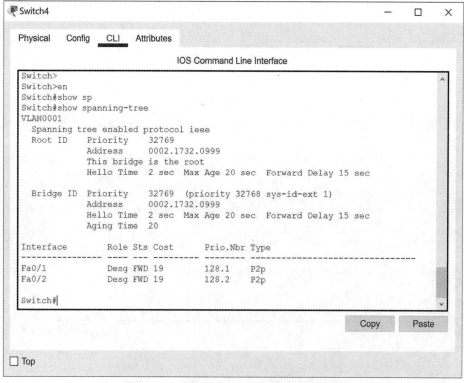

图 4 - 24　交换机 Switch4 上的生成树信息

第 4 章 生成树协议实验

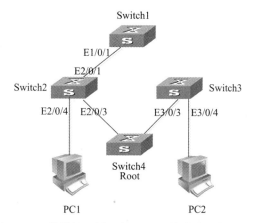

图 4-25 按默认配置运行 STP 后构建的逻辑拓扑图

(5)为将交换机 Switch1 指定为根桥,需要执行如下命令:

Switch(config)# spanning-tree vlan 1 root primary

命令成功执行后,查看交换机 Switch1 的生成树信息,结果如图 4-26 所示。与图 4-21相比发现,交换机 Switch1 的优先级数值由 32 769 变为 24 577,其优先级被提升了。因此,交换机 Switch1 被选为根桥。

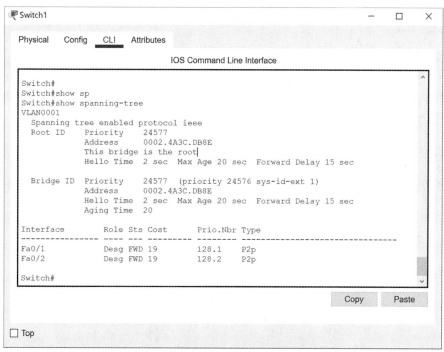

图 4-26 交换机 Switch1 上的生成树信息

(6)为将交换机 Switch2 指定为备份根桥,需要执行如下命令:

Switch(config)# spanning-tree vlan 1 root secondary

命令成功执行后,查看交换机 Switch2 的生成树信息,结果如图 4-27 所示。与图4-22相比发现,交换机 Switch2 的优先级数值由 32 769 变为 28 673,其优先级也被提升了,但其优先级仍低于交换机 Switch1 的优先级。

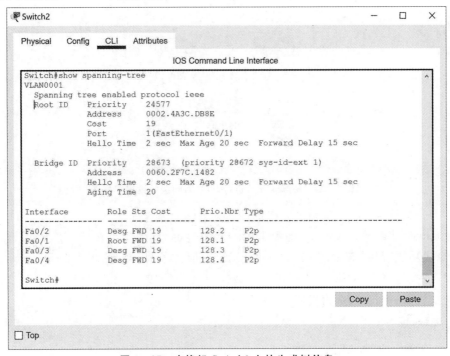

图 4-27 交换机 Switch2 上的生成树信息

(7)查看交换机 Switch3 和交换机 Switch4 上的生成树信息,两台设备的优先级未变化,端口状态发生了变化。综合四台交换机上的生成树信息,在指定根桥后的实验逻辑拓扑图如图 4-28 所示。

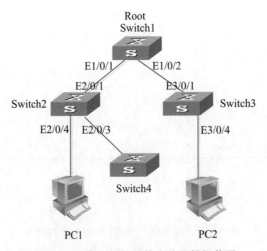

图 4-28 指定根桥后的实验逻辑拓扑图

(8)进入 Simulation 模式,设置事件列表过滤器(Event List Filters),选择 ICMP 协议。添加从主机 PC1 到主机 PC2 的简单 ICMP 报文传输,启动 ICMP 报文传输的模拟过程,获得的事件序列如图 4-29 所示。

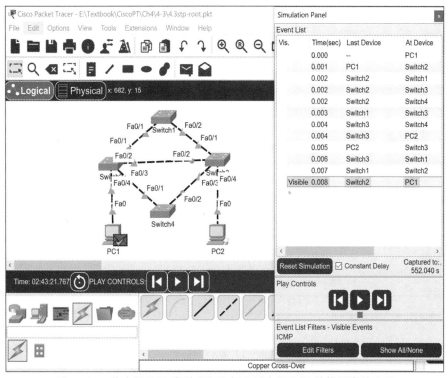

图 4-29 从主机 PC1 发送 ICMP 报文到主机 PC2 的模拟事件序列

从图 4-29 所示事件序列中不难发现,ICMP 报文首先到达了交换机 Switch2,然后此报文再被 Switch2 分别送往 Switch1、Switch3 和 Switch4,交换机 Switch3 和 Switch4 未继续转发收到的 ICMP 报文,交换机 Switch1 把收到 ICMP 报文转发给交换机 Switch3,此时交换机 Switch3 转发收到的 ICMP 报文给交换机 Switch4 和主机 PC2,但交换机 Switch4 未继续转发报文。主机 PC2 在收到 ICMP 报文后,产生 ICMP 的响应报文,发送给交换机 Switch3,此响应报文依次被交换机 Switch1 和交换机 Switch2 转发,最后到达主机 PC1。由此可见,ICMP 报文的流经路径与图 4-28 所示的网络拓扑是一致的。

(9)执行如下命令,关闭交换机 Switch1 上的端口 Fa0/1 和 Fa0/2。

Switch> en
Switch# config t
Switch(config)# int range fa0/1-2
Switch(config-if-range)# shutdown

(10)等待一段时间,从主机 PC1 ping 主机 PC2,发现可以正常通信。这说明剩余三台交换机在运行 STP 后形成新的生成树。分别查看三台交换机上的生成树信息,结果如图 4-30、图 4-31 和图 4-32 所示。从三台交换机的生成树信息中不难发现,交换机 Switch2 接替交换机 Switch1 的角色,从备份根桥变成根桥。交换机 Switch3 的端口 Fa0/2 为根端口,Fa0/3 被阻塞,Fa0/4 为指定端口。交换机 Switch4 的端口 Fa0/1 为根端口,Fa0/2 为指定端口。综合上述信息,关闭交换机 Switch1 后构建的新生成树拓扑图如图 4-33 所示。

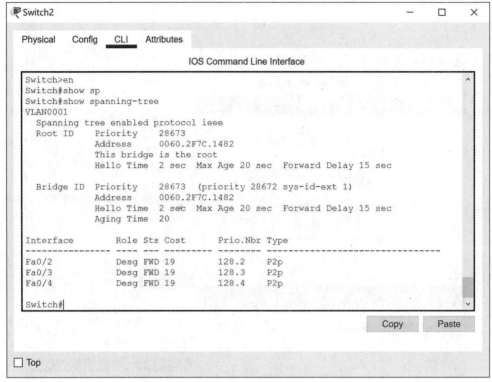

图 4-30　交换机 Switch2 上的生成树信息

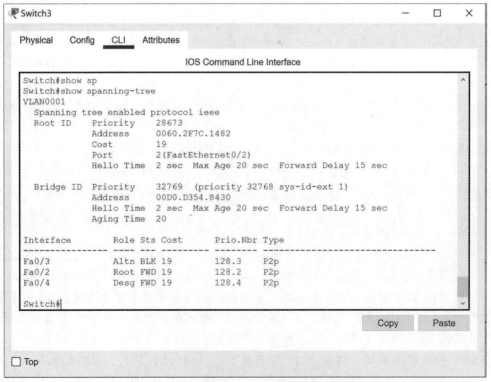

图 4-31　交换机 Switch3 上的生成树信息

第 4 章 生成树协议实验

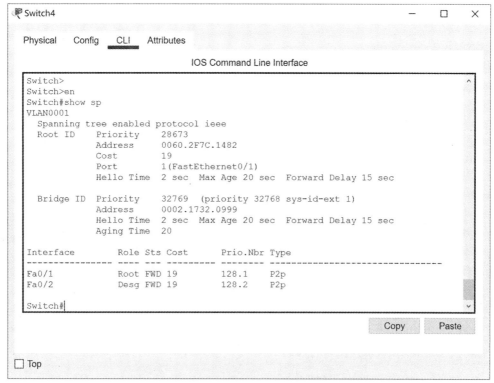

图 4-32 交换机 Switch4 上的生成树信息

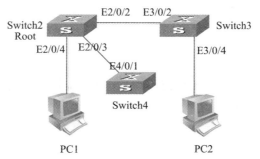

图 4-33 关闭交换机 Switch1 后形成的生成树拓扑图

4.3.5 设备配置命令

1. 交换机 Switch1 上的配置命令

Switch# en

Switch# show spanning-tree

Switch(config)# spanning-tree vlan 1 root primary

Switch(config)# int range fa0/1-2

Switch(config-if-range)# shutdown

Switch# show spanning-tree

2. 交换机 Switch2 上的配置命令

Switch# en
Switch# show spanning-tree
Switch(config)# spanning-tree vlan 1 root secondary
Switch# show spanning-tree

3. 交换机 Switch3 和 Switch4 上的配置命令

Switch# en
Switch# show spanning-tree

4. 主机 PC1 和主机 PC2 上的配置命令

主机上的配置分两部分：①在配置窗口配置主机 IP 地址和子网掩码；②在命令窗口执行 ping 命令。

5. Cisco Packet Tracer 的图形化操作

进入 Simulation 模式，设置事件列表过滤器。添加从主机 PC1 到主机 PC2 的 ICMP 报文，启动模拟过程，并获取模拟事件序列。

4.3.6 思考与创新

在图 4-18 所示实验拓扑图中，利用命令 spanning-tree vlan 1 priority ××××设置 Switch2 为根桥，Switch1 为备份根桥，重复实验过程，观察每步实验的结果变化。

4.4 快速生成树协议实验

假设某公司财务部的网络由两台汇聚交换机、两台接入交换机以及多台主机组成。为提高网络的可用性，四台交换机组成一个环形网络。为了防止网络中出现逻辑环路和加快网络收敛速度，网络管理员计划在这些交换机上运行快速生成树协议。为验证网络管理员想法的可行性，设计快速生成树协议实验。

4.4.1 实验内容

RSTP 实验网络拓扑图如图 4-34 所示，交换机 Switch0 和交换机 Switch1 是汇聚交换机，交换机 Switch2 和交换机 Switch3 是接入交换机，Hub0 是一台集线器，七台设备按图示拓扑组成一个实验网络。在实验拓扑中设置 Hub0 是为了便于观察和验证 RSTP 运行过程中的备份端口状态及作用。

连接并启动设备，在各个交换机上启动 RSTP/RPVST 协议。在主机 PC0 上 ping 主机 PC1，观察通信状态，查看各个交换机的生成树信息。

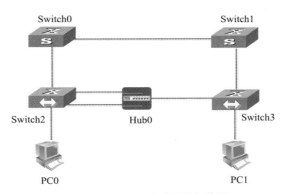

图 4-34 RSTP 实验网络拓扑图

指定交换机 Switch0 为根桥,交换机 Switch1 为备份根桥,查看各个交换机的生成树信息。

关闭交换机 Switch2 上与集线器 Hub0 连接的主端口,查看交换机 Switch2 的生成树信息。

重新启动实验,观察每个交换机上的端口状态以及转为转发状态所需的时间。在每台交换机的 Access 端口上启用 PortFast,再重新启动实验,观察每个交换机上的端口状态以及转为转发状态所需的时间。比较两次转换状态所需的时间,理解边缘端口状态快速转换过程。

4.4.2 实验目的

(1)了解 RSTP/RPVST 的原理和作用;
(2)掌握 RSTP/RPVST 配置方法;
(3)理解备份端口、替换端口和边缘端口的作用;
(4)理解拓扑更新机制。

4.4.3 关键命令解析

1. 设置生成树模式为 RSTP/RPVST

Switch(config)# spanning-tree mode rapid-pvst

spanning-tree mode rapid-pvst 是全局配置模式下的命令,用于将交换机的生成树模式改为 RSTP/RPVST。

2. 设置端口模式

Switch(config-if)# switchport mode access

switchport mode access 是端口配置模式下的命令,用于将端口设置为 Access 模式。除 Access 外,端口还可以被设置为 Dynamic 和 Trunk。

3. 默认情况下,在 Access 端口上启用 PortFast

Switch(config)# spanning-tree portfast default

spanning-tree portfast default 是全局配置模式下的命令,用于在默认情况下在所有 Access 端口上启用 PortFast,加速端口的状态转换过程。

4.关闭端口

Switch(config)# int fa0/1

Switch(config-if)# shutdown

int fa0/1 是全局配置模式下的命令,用于进入端口配置模式。

shutdown 是端口配置模式下的命令,用于关闭端口。

4.4.4 实验步骤

(1)启动 Cisco Packet Tracer,按照图 4-34 所示实验拓扑图连接设备后启动所有设备,Cisco Packet Tracer 的逻辑工作区如图 4-35 所示。

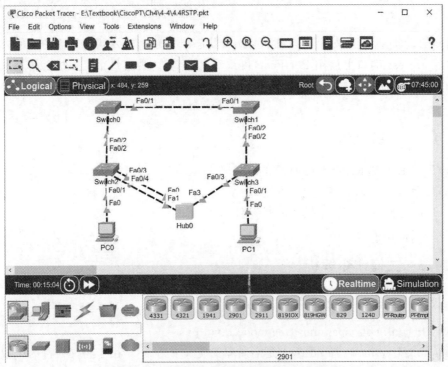

图 4-35 完成设备连接后的逻辑工作区界面

(2)按照实验拓扑图所示,分别配置主机 PC0 和主机 PC1 的 IP 地址和子网掩码为 192.168.10.2/255.255.255.0 和 192.168.10.3/255.255.255.0。

(3)配置完成后,主机 PC0 和主机 PC1 可以相互 ping 通。

(4)交换机 Switch0、Switch1、Switch2 和 Switch3 上默认启用生成树协议是 STP/PVST。在各台交换机上分别执行如下命令,将生成树模式切换到 RSTP/RPVST 模式。

Switch# spanning-tree mode rapid-pvst

(5)在四台交换机上分别执行如下命令,查看各个交换机的生成树信息,结果如图 4-36～

图 4-39 所示。

Switch# show spanning-tree

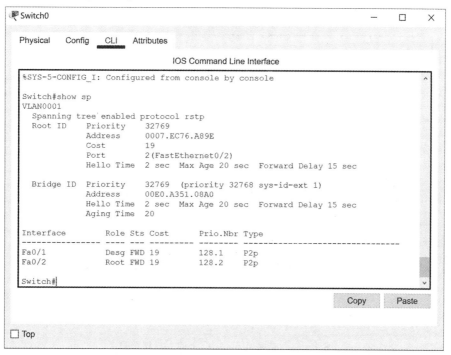

图 4-36 交换机 Switch0 上的生成树信息

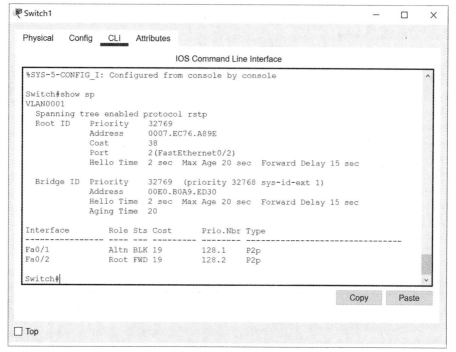

图 4-37 交换机 Switch1 上的生成树信息

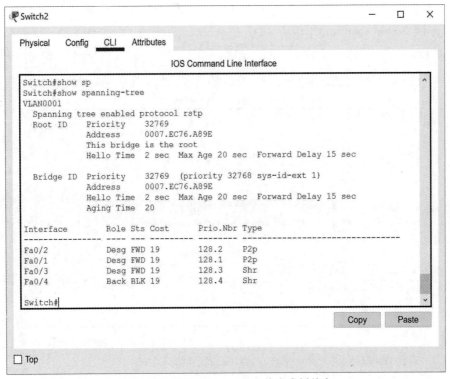

图 4-38　交换机 Switch2 上的生成树信息

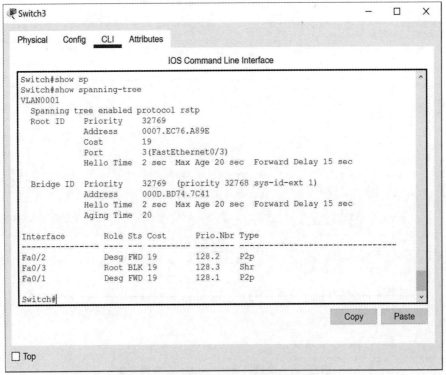

图 4-39　交换机 Switch3 上的生成树信息

第 4 章 生成树协议实验

从四台交换机的生成树信息中不难发现，所有交换机上运行的生成树协议为 RSTP/RPVST，它们的优先级均为 32 769。因为 MAC 地址的数值小，交换机 Switch2 被选为根桥，其端口 Fa0/1～Fa0/3 为指定端口，端口 Fa0/4 是端口 Fa0/3 为备份端口。综合四台交换机上的生成树信息，就可构建出 RSTP/RPVST 实验网络所形成的生成树拓扑图，如图 4－40 所示。

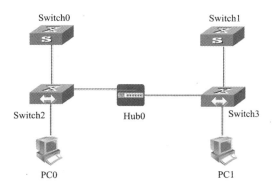

图 4－40　RSTP/RPVST 实验网络的生成树拓扑图

（6）在交换机 Switch0 上执行如下命令，将 Switch0 设置为根桥。

Switch＞ en

Switch＃ config t

Switch(config)＃ spanning-tree vlan 1 priority 24576

这里需要注意的是，设备优先级的数值必须是 4 096 的整数倍，否则设置无效。如实验中设置 Switch0 的优先级是 24 576，而设备实际优先级是 24 577（设备优先级 24 576 加上VLAN 编号 1）。使用命令 spanning-tree vlan 1 root primary 同样可以设置根桥。

（7）在交换机 Switch1 上执行如下命令，将 Switch1 设置为备份根桥。

Switch＞en

Switch＃ config t

Switch(config)＃ spanning-tree vlan 1 priority 28672

值得注意的是，用命令 spanning-tree vlan 1 root secondary 同样可以设置备份根桥。

（8）显示交换机 Switch0 和 Switch1 的生成树信息，如图 4－41 和图 4－42 所示。从图中可以看出，交换机 Switch0 的优先级由 32 769 改为 24 577，因此交换机 Switch0 的优先级数值变为最小；交换机 Switch1 的优先级由 32 769 改为 28 673，因此交换机 Switch1 的优先级数值变为次小，成为备份根桥。查看其他交换机的生成树信息，可以看到 Switch2 的端口 Fa0/4 仍是备份端口，Switch1 的端口角色均发生了变化，Fa0/1 成为根端口，Fa0/2 变为指定端口。综合四台交换机上的生成树信息，可构建出在指定根桥和备份根桥后的实验网络拓扑图，如图 4－43 所示。

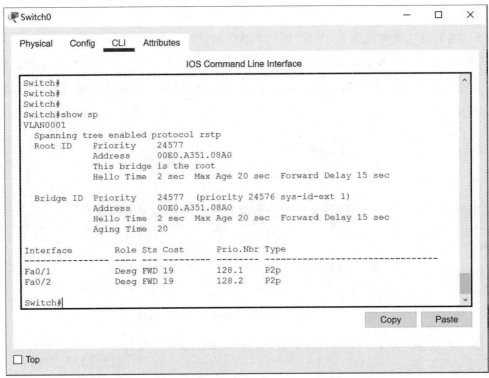

图 4-41　配置根桥后交换机 Switch0 的生成树信息

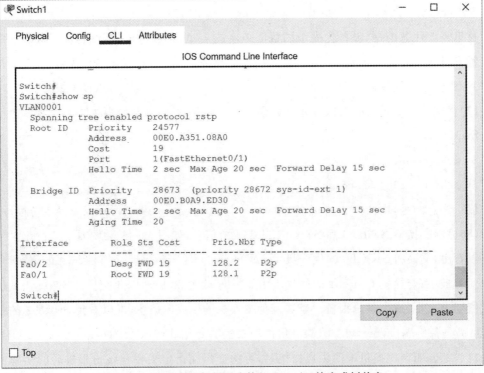

图 4-42　配置备份根桥后交换机 Switch1 的生成树信息

第 4 章 生成树协议实验

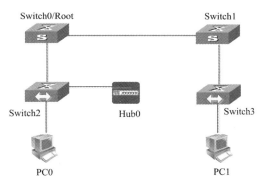

图 4-43 指定根桥和备份根桥后的实验网络拓扑图

(9) 主机 PC0 和主机 PC1 之间仍可以相互 ping 通。读者也可以在 Simulation 模式下，启动从主机 PC0 发送 ICMP 报文到主机 PC1 的模拟过程，分析捕获到事件序列，验证指定根桥后的实验网络拓扑。

(10) 在交换机 Switch2 上执行如下命令，关闭端口 Fa0/3，并显示其端口状态，如图 4-44 所示。可以观察到，关闭 Switch2 的端口 Fa0/3 后，端口 Fa0/4 的状态由 BLK 转到 FWD，成为指定端口。

Switch＞ en

Switch＃ config t

Switch(config)＃ int fa0/3

Switch(config-if)＃ shutdown

Switch(config-if)＃ end

Switch＃ show spanning-tree

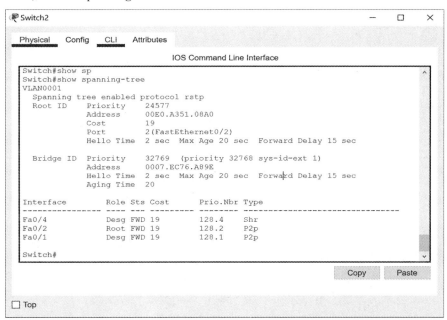

图 4-44 关闭端口 Fa0/3 后的 Switch2 的生成树信息

(11) 再次开启交换机 Switch2 的端口 Fa0/3,显示交换机的生成树信息,发现端口状态恢复到图 4-38 所示状态。

(12) 构建生成树的计算主要发生在交换机之间,连接 PC 或服务器等边缘设备的端口没有必要参与计算。可将交换机上这些边缘端口设置为 PortFast 端口。PortFast 端口将跳过侦听(Listening)和学习状态(Learning),直接从阻塞状态(BLK)进入转发状态(FWD)。这就允许边缘设备即刻连接到网络,而不是等待生成树收敛。为体会 PortFast 端口的状态转换速度,需要观察在 Access 端口上启用 PortFast 前后,交换机的各个端口变成转发状态所需时间。确保各个交换机上的每个端口是 Access 端口(交换机启动时的默认值)。单击交换机 Switch0 图标,在交换机 Switch0 的图形配置界面 Config 选项卡下单击快速以太网端口(INTERFACE→FastEthernet0),弹出图 4-45 所示的配置界面。确认交换机 Switch0 的端口 Fa0/1 的模式是 Access。同样,确认 Switch0 的其他端口以及其他交换机的各个端口的模式也是 Access。如果模式不是 Access,改为 Access 模式,并保存配置信息。

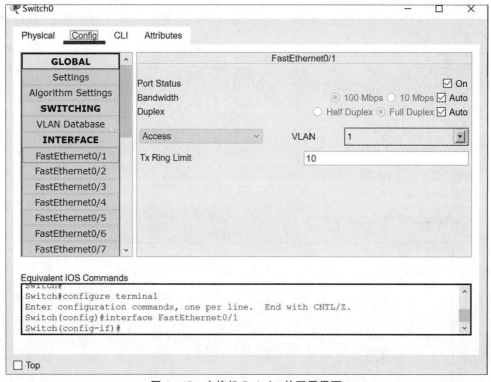

图 4-45 交换机 Switch0 的配置界面

(13) 保存逻辑工作区的实验配置,关闭保存的文件。然后,重新打开保存的配置文件,观察交换机端口转换为转发状态所需要的时间。如图 4-46 所示,观察交换机 Switch0 的端口 Fa0/1 状态从橙色圆点变成绿色三角所需要的时间。需要注意的是,启动实验后部分端口的状态就显示为绿色三角,这是因为部分端口即刻变成转发状态。

(14) 在每台交换机上执行如下命令。在默认情况下,所有 Access 端口上启用 Port-

第 4 章 生成树协议实验

Fast，保存配置信息，关闭配置文件。

Switch＞ en

Switch＃ conf t

Switch(config)＃ spanning-tree portfast default

Switch(config)＃ end

(15) 重新打开保存的配置文件，观察交换机端口转换为转发状态所需要的时间。如图 4-46 所示，交换机 Switch0 的端口 Fa0/1 的状态立即进入转发状态。这是因为在 Access 端口上启动 PortFast 后，端口状态从阻塞状态(橙色圆点)立即进入转发状态(绿色三角)。

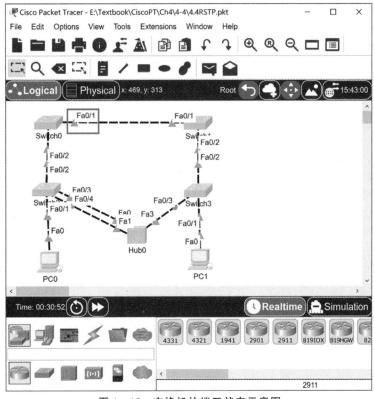

图 4-46 交换机的端口状态示意图

(16) 仔细观察每个端口的状态标识(绿色三角)，发现状态标识在不停地闪烁，表示正在构建生成树。直到交换机 Switch2 的端口 Fa0/4 和交换机 Switch3 的端口 Fa0/3 的状态变为阻塞状态(橙色圆点)为止，说明生成树的构建过程已经完成。查看各个交换机上的生成树信息，发现启用 PortFast 前后所构建的生成树是一样的。

4.4.5 设备配置命令

1. 交换机 Switch0 上的配置命令

Switch＞ en

Switch＃ spanning-tree mode rapid-pvst

Switch# show spanning-tree
Switch# config t
Switch(config)# spanning-tree vlan 1 priority 24576
Switch(config)# spanning-tree portfast default
Switch(config)# end

2. 交换机 Switch1 上的配置命令

Switch> en
Switch# spanning-tree mode rapid-pvst
Switch# show spanning-tree
Switch# config t
Switch(config)# spanning-tree vlan 1 priority 28672
Switch(config)# spanning-tree portfast default
Switch(config)# end

3. 交换机 Switch2 上的配置命令

Switch> en
Switch# spanning-tree mode rapid-pvst
Switch# show spanning-tree
Switch# config t
Switch(config)# int fa0/3
Switch(config-if)# shutdown
Switch(config-if)# end
Switch# show spanning-tree
Switch# config t
Switch(config)# int fa0/3
Switch(config-if)# no shutdown
Switch(config-if)# exit
Switch(config)# spanning-tree portfast default
Switch(config)# end

4. 交换机 Switch3 上的配置命令

Switch> en
Switch# spanning-tree mode rapid-pvst
Switch# show spanning-tree
Switch# conf t
Switch(config)# spanning-tree portfast default
Switch(config)# end

5. Cisco Packet Tracer 的图形化操作

在交换机图形配置界面 Config 选项卡下选择某个以太网端口（比如 INTERFACE→FastEthernet0）。确认交换机的端口模式是 Access。

6. 主机 PC0 和主机 PC1 上的配置命令

主机上的配置分两部分：①在配置窗口配置主机 IP 地址和子网掩码；②在命令窗口执行 ping 命令。

4.4.6 思考与创新

查阅 STP 和 RSTP 资料，比较二者之间的详细差异。

4.5 多 VLAN 生成树协议实验

在一个局域网内存在多个 VLAN 的情况下，利用 PVST 或 RPVST 可以为每个 VLAN 单独构建一个生成树，这么做的优点包括：①数据负载均衡：不同 VLAN 的流量利用不同的逻辑网路来分担；②容错功能：当一条物理链路，甚至多条物理链路出现故障时，仍能保证同一个 VLAN 内的设备的连通性。利用 MSTP（802.1s 协议）也能实现上述功能。

4.5.1 实验内容

多 VLAN 生成树实验网络由四台交换机和四台主机组成，如图 4-47 所示。主机 PC0 和主机 PC2 组成属于 VLAN2，主机 PC1 和主机 PC3 属于 VLAN3。

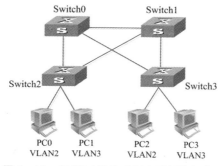

图 4-47 多 VLAN 生成树实验网络拓扑图

按照实验拓扑图配置交换机，使得与 PC0 和 PC2 连接的交换机端口为接入端口（Access Port）且属于 VLAN2，与 PC1 和 PC3 连接的交换机端口为接入端口（Access Port）且属于 VLAN3，其余端口为主干端口（Trunk Port）。主干链路上允许 VLAN2 和 VLAN3 数据通过。

利用 PVST 分别为两个 VLAN 建立各自的生成树，VLAN2 生成树的根桥为交换机 Switch0，VLAN3 的根桥为 Switch1。分析两棵生成树的结构，验证 VLAN 间负载均衡。

依次删除连接 Switch0 和 Switch3 的链路、连接 Switch0 和 Switch0 的链路,查看重新构建的生成树,验证生成树之间的容错机制。

4.5.2 实验目的

(1)掌握多 VLAN 生成树配置方法;
(2)验证多 VLAN 生成树间的负载均衡;
(3)验证多 VLAN 生成树间的容错机制。

4.5.3 关键命令解析

1. 设置端口工作模式

Switch1(config-if) # switchport mode trunk

switchport mode trunk 是端口配置模式下的命令,用于将端口的工作模式设置为 Trunk。端口工作模式还包括 Access 和 Hybrid。

2. 设置 Access 端口所属 VLAN

Switch1(config-if) # switchport access vlan 2

switchport access vlan 2 是端口配置模式下的命令,用于将当前端口所属的 VLAN 设置为 VLAN2。

3. 设置生成树协议

Switch1(config) # spanning-tree mode pvst

spanning-tree mode pvst 是全局配置模式下的命令,用于将交换机运行的生成树协议设置为 PVST 协议。设置的值还可以是 rapid-pvst,用于将交换机的生成树协议切换为 RPVST 协议。

4. 设置交换机优先级

Switch1(config) # spanning-tree vlan 2 priority 4096

spanning-tree vlan 2 priority 4096 是全局配置模式下的命令,用于将当前交换机在 VLAN2 中的优先级设置为 4 096。

5. 设置 Access 端口所属 VLAN

[Huawei-mst-region] instance 2 vlan 2

instance 2 vlan 2 是 MST 域视图命令,将编号为 2 的生成树实例与 VLAN2 绑定在一起,即基于 VLAN2 构建的生成树为编号为 2 的实例。

6. 设置生成树的根桥

Switch(config) # spanning-tree vlan 2 root primary

spanning-tree vlan 2 root primary 是全局配置模式下的命令,用于指定运行该命令的

第 4 章 生成树协议实验

设备为根桥。

7. 设置生成树的备份根桥

Switch(config)# spanning-tree vlan 2 root secondary

spanning-tree vlan 2 root secondary 是全局配置模式下的命令,用于指定运行该命令的设备为备份根桥。

4.5.4 实验步骤

(1)启动 Cisco Packet Tracer,按照图 4-47 所示实验拓扑图连接设备后启动所有设备,Cisco Packet Tracer 的逻辑工作区如图 4-48 所示。

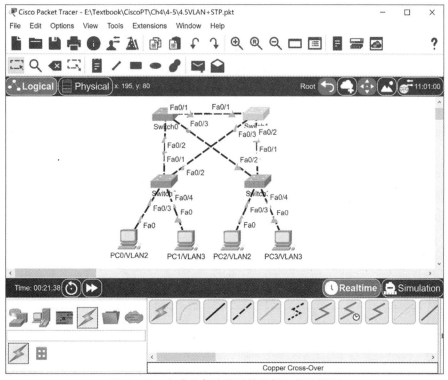

图 4-48 完成设备连接后的逻辑工作区界面

(2)按照表 4-1 所示,分别配置主机 PC0、主机 PC1、主机 PC2 和主机 PC3 的 IP 地址和子网掩码。

表 4-1 主机 IP 和子网掩码

主机	IP 地址	子网掩码
PC0	192.168.10.2	255.255.255.0
PC1	192.168.10.3	
PC2	192.168.10.4	
PC3	192.168.10.5	

(3)配置完成后,各台主机之间可以相互 ping 通。

(4)查看交换机 Switch0、Switch1、Switch2 和 Switch3 上的生成树信息,综合各台交换机上的信息可以构建实验网络生成树拓扑图,如图 4-49 所示。

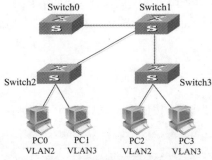

图 4-49　实验网络的生成树拓扑图

(5)在交换机 Switch0 上执行如下命令,创建 VLAN2 和 VLAN3,并分别命名为 VLAN2 和 VLAN3。查看 Switch0 上的 VLAN 信息,结果如图 4-50 所示。

Switch＞en

Switch＃conf t

Switch(config)＃vlan 2

Switch(config-vlan)＃name vlan2

Switch(config-vlan)＃exit

Switch(config)＃vlan 3

Switch(config-vlan)＃name vlan3

Switch(config-vlan)＃end

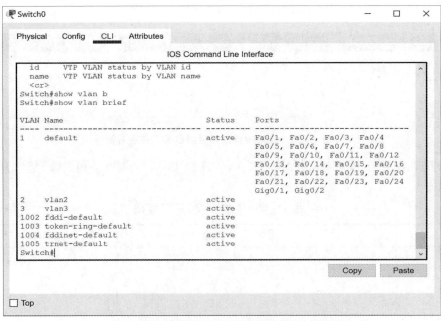

图 4-50　交换机 Switch0 上的 VLAN 信息

(6)在交换机 Switch0 上执行如下命令,将端口 Fa0/1、Fa0/2 和 Fa0/3 的模式设置为 Trunk。查看交换机上的端口状态,命令与结果如图 4-51 所示。

Switch# conf t
Switch(config)# int fa0/1
Switch(config-if)# switchport mode trunk
Switch(config-if)# exit
Switch(config)# int fa0/2
Switch(config-if)# switchport mode trunk
Switch(config-if)# exit
Switch(config)# int fa0/3
Switch(config-if)# switchport mode trunk
Switch(config-if)# end

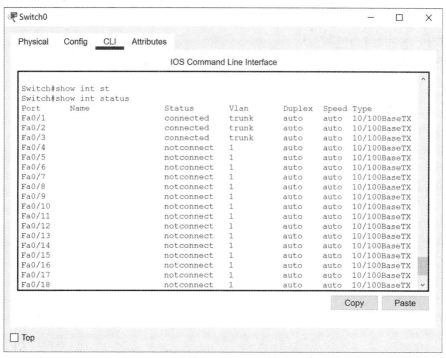

图 4-51 交换机 Switch0 上的端口信息

(7)在交换机 Switch1 上执行步骤(5)和步骤(6),配置 VLAN 和端口工作模式。
(8)在交换机 Switch2 上执行步骤(5),创建 VLAN2 和 VLAN3。
(9)在交换机 Switch2 上执行如下命令,将端口 Fa0/1 和 Fa0/2 的工作模式设置为 Trunk。

Switch> en
Switch# conf t
Switch(config)# int fa0/1
Switch(config-if)# switchport mode trunk

Switch(config-if)# exit
Switch(config)# int fa0/2
Switch(config-if)# switchport mode trunk
Switch(config-if)# end

(10)在交换机 Switch2 上执行如下命令,将端口 Fa0/3 的工作模式设置为 Access,并将该端口划归为 VLAN2。

Switch# conf t
Switch(config)# int fa0/3
Switch(config-if)# switchport mode access
Switch(config-if)# switchport access vlan 2
Switch(config-if)# exit

(11)在交换机 Switch2 上执行如下命令,将端口 Fa0/4 的工作模式设置为 Access,并将该端口划归为 VLAN3。查看交换机 Switch2 上的端口信息,命令与结果如图 4-52 所示。

Switch(config)# int fa0/4
Switch(config-if)# switchport mode access
Switch(config-if)# switchport access vlan 3
Switch(config-if)# exit

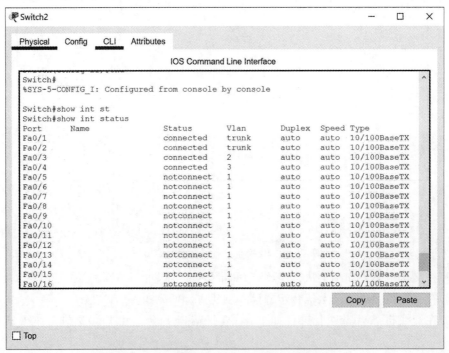

图 4-52　交换机 Switch2 上的端口状态信息

(12)在交换机 Switch3 上执行步骤(8)~步骤(11),配置 VLAN 和端口工作模式。

(13)完成上述配置以后,处于同一个 VLAN 中的主机 PC0 和主机 PC2 能相互 ping 通。同样,主机 PC1 和主机 PC3 也能相互 ping 通。跨 VLAN 的主机之间不能相互

ping 通。

(14) 执行如下命令,查看交换机上运行的生成树协议,如图 4-53 所示。

Switch# show spanning-tree

如果显示 Spanning tree enabled protocol ieee,表明运行 STP/PVST 协议。否则,运行如下命令,将生成树协议切换到 PVST 协议。

Switch(config)# spanning-tree mode pvst

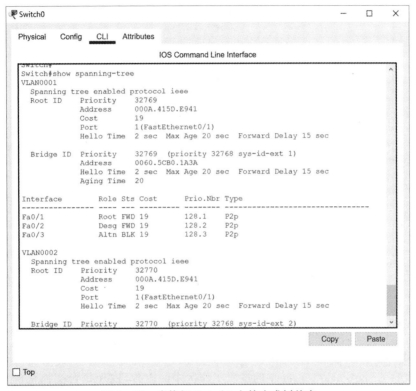

图 4-53 交换机 Switch0 上的生成树信息

(15) 在交换机 Switch0 上执行如下命令,将其在 VLAN2 中的优先级设置为 4 096,在 VLAN3 中的优先级设置为 8 192。查看 Switch0 上的生成树信息,如图 4-54 所示。

Switch# conf t

Switch(config)# spanning-tree vlan 2 priority 4096

Switch(config)# spanning-tree vlan 3 priority 8192

Switch(config)# end

从图中可以看出,交换机在 VLAN2 中的优先级为 4 098,在 VLAN3 中的优先级为 8 195,表明优先级设置成功。

(16) 类似地,在交换机 Switch1 上执行如下命令,将其在 VLAN2 中的优先级设置为 8 192,在 VLAN3 中的优先级设置为 4 096。

Switch# conf t

Switch(config)# spanning-tree vlan 3 priority 4096

Switch(config)# spanning-tree vlan 2 priority 8192
Switch(config)# end

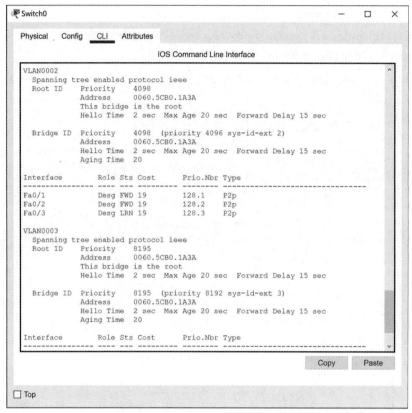

图 4-54 交换机 Switch0 上的生成树信息

(17) 交换机 Switch2 和交换机 Switch3 的优先级保持不变。

(18) 观察 Cisco Packet Tracer 的逻辑工作区中的内容,发现每台交换机的每个端口均处于转发状态(绿色三角),表明多 VLAN 生成树实验配置成功。

(19) 查看每台交换机上的生成树信息,可以分别构建 VLAN2 和 VLAN3 的生成树,如图 4-55 所示。

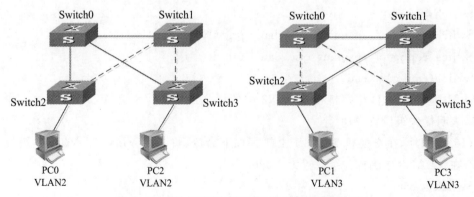

图 4-55 VLAN2 和 VLAN3 的各自生成树实例

(20) 删除交换机 Switch0 和 Switch3 之间的物理链路，实验拓扑图如图 4-56 所示，验证冗余功能。

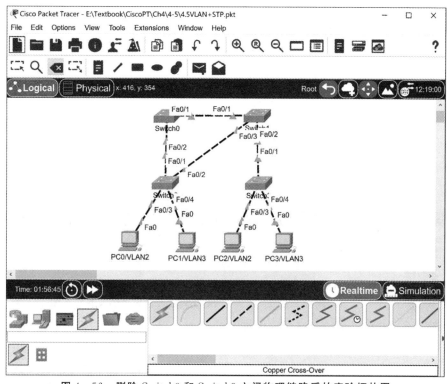

图 4-56　删除 Switch0 和 Switch3 之间物理链路后的实验拓扑图

(21) 同一个 VLAN 中的主机之间仍可以 ping 通。

(22) 重新查看各个交换机的生成树信息，综合各交换机的生成树信息，可勾勒出 VLAN2 和 VLAN3 的各自生成树，如图 4-57 所示。对于 VLAN2 的生成树实例来讲，激活了 Switch1 和 Switch3 之间的备份链路，仍可以保证 VLAN2 的连通性。

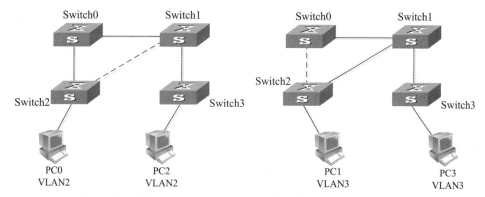

图 4-57　删除 Switch0 和 Switch3 之间物理链路后的生成树实例

(23) 删除交换机 Switch0 和 Switch2 之间的物理链路，实验拓扑图如图 4-58 所示，继续验证冗余功能。

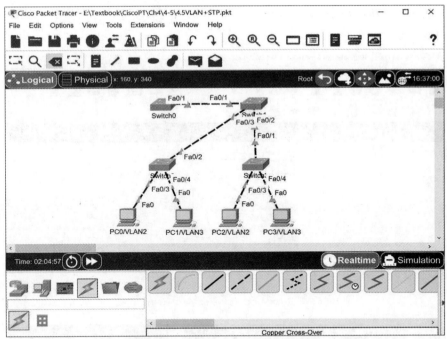

图 4-58 继续删除 Switch0 和 Switch2 之间物理链路后的实验拓扑图

(24) 同一个 VLAN 中的主机之间仍可以 ping 通。

(25) 重新查看各个交换机的生成树信息，综合各交换机的生成树信息，可勾勒出 VLAN2 和 VLAN3 的各自生成树，如图 4-59 所示。对于 VLAN2 的生成树实例来讲，激活了 Switch1 和 Switch2 之间的备份链路，仍可以保证 VLAN2 的连通性。

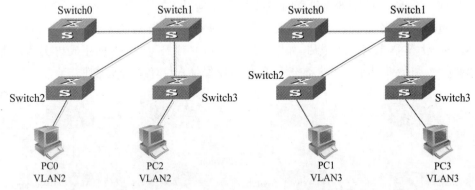

图 4-59 继续删除 Switch0 和 Switch2 之间物理链路后的生成树实例

4.5.5 设备配置命令

1. 交换机 Switch0/Switch1 上的配置命令

Switch> en
Switch# conf t
Switch(config)# vlan 2

Switch(config-vlan)# name vlan2
Switch(config-vlan)# exit
Switch(config)# vlan 3
Switch(config-vlan)# name vlan3
Switch(config-vlan)# end
Switch# conf t
Switch(config)# int fa0/1
Switch(config-if)# switchport mode trunk
Switch(config-if)# exit
Switch(config)# int fa0/2
Switch(config-if)# switchport mode trunk
Switch(config-if)# exit
Switch(config)# int fa0/3
Switch(config-if)# switchport mode trunk
Switch(config-if)# end
Switch# show spanning-tree
Switch(config)# spanning-tree mode pvst
Switch(config)# spanning-tree vlan 2 priority 4096/8192
Switch(config)# spanning-tree vlan 3 priority 8192/4096
//上述两条 Switch0 和 Switch1 的配置命令需交叉使用
Switch(config)# end

2. 交换机 Switch2/Switch3 上的配置命令

Switch>en
Switch# conf t
Switch(config)# vlan 2
Switch(config-vlan)# name vlan2
Switch(config-vlan)# exit
Switch(config)# vlan 3
Switch(config-vlan)# name vlan3
Switch(config-vlan)# end
Switch# conf t
Switch(config)# int fa0/1
Switch(config-if)# switchport mode trunk
Switch(config-if)# exit
Switch(config)# int fa0/2
Switch(config-if)# switchport mode trunk

Switch(config-if)# exit
Switch(config)# int fa0/3
Switch(config-if)# switchport mode access
Switch(config-if)# switchport access vlan 2
Switch(config-if)# exit
Switch(config)# int fa0/4
Switch(config-if)# switchport mode access
Switch(config-if)# switchport access vlan 3
Switch(config-if)# end
Switch# show spanning-tree
Switch(config)# spanning-tree mode pvst

3. 主机上的配置命令

主机上的配置分两部分：①在配置窗口配置主机 IP 地址和子网掩码；②在命令窗口执行 ping 命令。

4.5.6 思考与创新

在图 4-47 所示的实验拓扑图中，假设每台交换机上的每个端口都设置为 Access 模式，设计一个实验确保 VLAN2 和 VLAN3 产生能负载均衡的生成树。这样产生的生成树具有容错功能吗？如何验证？

第 5 章 路由协议实验

常见的 IP 协议是可路由协议(Routed Protocol)。可路由协议属于网络层,用于封装网络层数据分组,实现数据分组转发。常见的可路由协议有 IP 协议和 IPX 协议。而路由器运行的路由协议(Routing Protocol)属于应用层,与可路由协议协同工作,用于生成路由信息。常见的路由协议包括路由信息协议(Routing Information Protocol,RIP)、开放最短路径优先协议(Open Shortest Path First,OSPF)等。通常,将实现路由和转发功能的设备称为路由器。

5.1 路由器工作原理和路由协议

5.1.1 路由器工作原理

路由器是实现网络互连、在网络间转发数据分组的网络设备,其工作在开放式系统互联(Open System Interconnect,OSI)参考模型的网络层,主要任务是为经过路由器的每个数据分组寻找一条最佳传输路径,并将该分组有效地送到目的地。为了完成任务,路由器保存着一张路由表(Routing Table),记录着各条路径的路由信息,供选择路由时使用。通常,每条路由条目包含路由条目类型、目的网段地址/子网掩码、转出接口、下一跳 IP 地址和度量值等信息,如图 5-1 所示。常见路由表项类型包括:L 代表本地连接,C 代表直连,同一台路由器的不同端口所属网段的连接方式,S 代表静态配置的路由信息,R 代表 RIP 协议产生的路由信息,B 代表边界网关协议(Border Gateway Protocol,BGP)协议产生的路由信息,O 代表 OSPF 协议产生的路由信息。

当路由器收到来自一个网络端口的数据分组时,首先根据该分组的目的 IP 地址查询路由表,决定转发路径(转发接口和下一跳地址),然后运行 ARP 协议获取下一跳的 MAC 地址,将路由器转发端口的 MAC 地址作为源 MAC,下一跳的 MAC 作为目的 MAC,重新封装数据帧头部,将 IP 分组封装成数据帧数据部分,将封装后的数据帧发送至转发端口,按顺序等待,传送到输出链路上。

在这个过程中,路由器执行两个基本功能:路由功能与转发功能,分别对应路由协议和可路由协议。路由功能是指路由器通过运行动态路由协议或人工配置方法获取路由信息，建立和维护路由表。转发功能是指路由器将从某个端口收到数据分组，按照其目的地址转发到对应端口上。

路由条目按照来源方式主要可分为直连路由、静态路由和动态路由等。

Routing Table for Router1

Type	Network	Port	Next Hop IP	Metric
C	10.10.11.0/30	GigabitEthernet0/0/1	---	0/0
L	10.10.11.1/32	GigabitEthernet0/0/1	---	0/0
S	10.13.11.0/24	---	10.10.11.2	1/0
C	192.168.10.0/24	GigabitEthernet0/0/0.1	---	0/0
L	192.168.10.1/32	GigabitEthernet0/0/0.1	---	0/0
C	192.168.20.0/24	GigabitEthernet0/0/0.2	---	0/0
L	192.168.20.1/32	GigabitEthernet0/0/0.2	---	0/0

图 5－1　一台 Cisco 路由器上的路由表示例

在三层交换机中也会存在路由表，图 5－2 展示了一台 Cisco 三层交换机上的路由表内容，与图 5－1 所示路由表的区别是端口对应的是 VLAN 的虚拟端口。

Routing Table for Switch0

Type	Network	Port	Next Hop IP	Metric
C	192.168.10.0/24	Vlan10	---	0/0
R	192.168.20.0/24	Vlan30	192.168.30.2	120/1
C	192.168.30.0/24	Vlan30	---	0/0

图 5－2　一台 Cisco 三层交换机上的路由表

(1)直连路由：路由器直接连接的路由条目，只要路由器端口配置了 IP 地址且状态正常，就会自动生成对应的直连路由。

(2)静态路由：通过命令手动添加的路由条目。

(3)动态路由：通过路由协议从相邻路由器动态学习到的路由条目。

一个路由器上可同时运行多个路由协议，每个路由协议都会根据自己的策略计算到达目的地的最佳路径。由于选路策略不同，所以不同路由协议对某一个目的网络可能选择的最佳路径不同。路由器将具有最高优先级的路由协议计算的最佳路径放置在转发表中，作为到达这个目的网络的转发路径。

路由器的转发过程主要依赖可路由协议，如 IP 协议。当一个数据帧到达路由器某个端口时，该端口先对数据帧进行 CRC 校验，并检查数据帧的目的 MAC 地址是否是本端口的 MAC 地址。如果通过检查，则路由器去掉数据帧的封装信息，获得数据分组，读取目的 IP 地址，查询路由表，获取转发端口和下一跳地址。然后，利用 ARP 机制获取下一跳的 MAC 地址，将待转发的分组封装成数据帧，经转发端口传送到输出链路上去。

5.1.2 RIP 简介

RIP 是一种基于距离矢量(Distance-Vector)算法的协议,使用跳数(Hop)衡量到目的地的距离。在默认情况下,直连设备之间的跳数为 0。每经过一个路由设备,跳数就加 1。也就是说,路由设备之间的跳数等于从源设备到目的设备之间的路由器数量。为限制收敛时间,RIP 规定跳数取 0~15 之间的整数,大于 15 的跳数被视为无穷大,即目的设备不可达。因此,RIP 不能应用在大型网络中。

在 RIP 启动时,初始路由表只包含直连路由信息,如图 5-3 所示。邻接路由器之间通过交换路由信息,就能获得各网段的路由信息。假设路由器 A 收到路由器 B 发来的 RIP 路由信息【(2.0.0.0/s0/0),(3.0.0.0/s1/0)】,就会更新自己的路由表,添加一条路由表项【(3.0.0.0/s0/1)】。类似地,路由器 B 和路由器 C 收到邻接的路由信息后更新自己的路由表。重复上述过程,各个路由器的路由信息可达到一致,如图 5-4 所示。

图 5-3 刚启动 RIP 时的初始路由表

图 5-4 达到稳态的路由表状态

通常,RIP 协议启动后,路由器会周期性地使用 UDP 报文与邻居交换路由信息。默认情况下,RIP 每隔 30 s 就发送一次路由更新报文,同时接收邻居发来的路由更新信息。如果设备具有触发更新功能,路由表发生变化时,会立刻向其他设备广播变化信息,而不必等待定时更新。路由器为路由表项设置老化定时器(默认为 180 s)。如果在老化定时器超时前收到路由表项的更新信息,则重置老化定时器;否则,将该路由表项标记为不可达(跳数置为16),并启动垃圾回收定时器(默认为120 s)。如果在垃圾回收定时器超时前收到路由表项的更新信息,则维护该路由表项,并重启老化定时器和停止垃圾回收定时器;否则,清除该路由表项。

RIP 更新机制会导致路由环路现象。如图 5-5 所示,假设设备路由器 A 的端口 S1 出现故障,导致到子网 1.0.0.0 的路由失效。路由器 A 会从路由器 B 先获得到达子网 1.0.0.0 的路由信息,更新自己的路由表;然后再通知给路由器 B,路由器 B 接到更新信息后,更新自己的路由表;然后再通知给路由器 C,路由器 C 更新自己的路由表。在此状态下,虽然路由表中存在可以到达子网 1.0.0.0 的路由表项,而实际上该子网并不可达。产生的原因是,A 通过 B 可到达子网 1.0.0.0,而 B 则需通过 A 才能到达子网 1.0.0.0,形成了路由自环。

图 5-5 RIP 中的路由环路示例

为防止产生路由环路,RIP 协议支持毒性逆转(Poison Reverse)和水平分割(Split Horizon)。毒性逆转的思路是,RIP 协议从某个端口收到路由信息后,将该条路由条目的跳数置为16(表明该路由不可达,是条毒性路由),从该端口发回邻居。如图 5-6 所示,最初路由器 B 收到从路由器 A 发来的到子网 1.0.0.0 的路由后,向路由器 A 发送一条到子网 1.0.0.0 的毒性路由。这样当路由器 A 感知子网 1.0.0.0 不可达时,也不会再从路由器 B 学到一条可达路由,这样就可以消除路由环路。

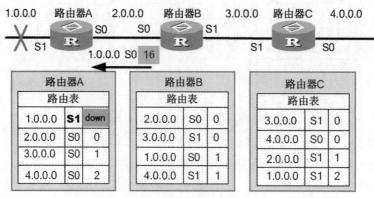

图 5-6 RIP 中的毒性逆转示例

水平分割的思路是，RIP 协议从某个端口学到的路由，不会从该端口再发给邻居。这样不但减少了带宽消耗，还可以防止路由环路。如图 5-7 所示，路由器 B 从路由器 A 收到的到子网 1.0.0.0 的路由信息不会再发给路由器 A，即使路由器 A 感知到 S1 端口出现故障。这样，也可以避免路由环路。

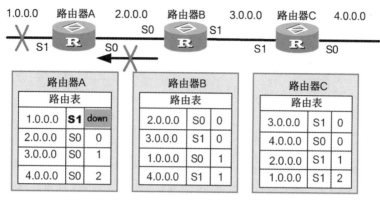

图 5-7 RIP 中的水平分割示例

水平分割和毒性逆转都是为防止 RIP 协议的路由环路而设计的，水平分割是不能将收到路由条目再按原路返回，以避免环路，而毒性逆转是将路由条目标记为不可达，再按原路返回来消除路由环路。

5.1.3 OSPF 简介

OSPF 是一种基于链路状态的路由协议。每台 OSPF 路由器根据与周围邻居的链接状态生成链路状态广播(Link State Advertisement，LSA)，并将 LSA 发送给网络中其他路由器。同时，每台 OSPF 路由器维护着一份描述整个自治系统拓扑结构的链路状态数据库(Link State Database，LSDB)。每台路由器利用其他路由器的 LSA 更新自己的链路状态数据库。最终，OSPF 路由器可获得整个自治系统的拓扑结构，然后利用最短路径优先算法(Shortest Path First，SPF)计算以自己为根的最小生成树，这棵树给出了到自治系统中各个路由器的路由信息。

OSPF 协议工作过程大致分为以下四个阶段：
(1) 使用 Hello 协议建立 OSPF 路由器的链接关系；
(2) 选择指派路由器(Designated Router，DR)和备份指派路由器(BDR)；
(3) 同步链路状态数据库；
(4) 计算路由。

在路由器启动时，使用 Hello 协议发现邻居路由器，并建立双向通信，获取与周围邻居的链路状态。

在多路访问网络上，可能会存在多个路由器。为避免因路由器间建立全链接关系而引起大量开销，OSPF 要求选举一个指派路由器 DR。每个路由器都与 DR 建立邻接关系。DR 负责收集所有的链路状态信息，并发布给其他路由器。选举 DR 时也选举一个 BDR。当 DR 失效时，BDR 负起 DR 的职责。在点对点网络中，不需要 DR，因为只存在两个节点，彼此间完全相邻。

　　DR 和 BDR 选举原则是：①先看优先级,优先级高的为 DR,次之为 BDR；②优先级相同时,再看路由 ID,高的为 DR,次之为 BDR。如图 5-8 所示,每台路由器最初均认为自己是 DR,并向其他路由器通告。其他路由器收到通告后,比较优先级和路由器 ID,如果自己的优先级或路由器 ID 低于对方,则认为对方是 DR,否则,宣告自己是 DR。选举 BDR 的过程类似。

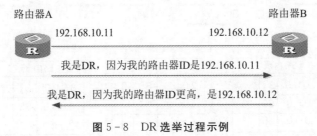

图 5-8　DR 选举过程示例

　　在完成 DR 和 BDR 选举后,OSPF 路由器就可以同步链路状态数据库 LSDB 了。如图 5-9 所示,在同步 LSDB 时,用 DBD 报文描述自己的 LSDB,内容包括每条 LSA 摘要,这样做是为减少路由器间传递的数据量。根据摘要,路由器 B 就判断出哪些路由条目是路由器 A 有而路由器 B 没有,路由器 B 向路由器 A 请求缺失的条目即可。经过上述同步过程,路由器 A 和 B 就可达到 LSDB 一致状态。

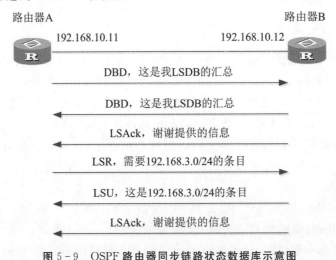

图 5-9　OSPF 路由器同步链路状态数据库示意图

　　每台路由器在同步 LSDB 后,就以自己为根,利用 SPF 算法计算最短路径树,获得到网络中其他路由器的路由。

　　图 5-10 展示了 OSPF 协议工作过程,其中图 5-10(a)是网络结构,各台路由器经过 LSDB 同步过程后,获得一致的 LSDB,如图 5-10(b)所示,其描述的网络拓扑如图 5-10(c)所示,边的权值代表链路代价。然后,每个路由器以自己为根创建最短路径生成树,图 5-10(d)～图 5-10(g)分别展示了路由器 A、路由器 B、路由器 C 和路由器 D 上的生成树。最后,根据图 5-10(d)所示生成树,得到路由器 A 上的路由条目,见表 5-1。

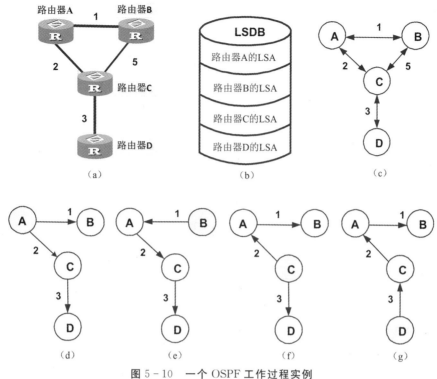

图 5-10 一个 OSPF 工作过程实例

表 5-1 路由器 A 的路由条目

目的地	下一跳	……
B	直连	
C	直连	
D	C	

为适应大型的网络，OSPF 在每个自治系统内划分多个区域，每个路由器只维护所在区域的链路状态信息。在不同区域之间可以进行路由汇总和过滤。划分区域的主要优势在于通过过滤和汇总路由可减少要传播的路由条目数量。

5.2 静态路由配置实验

假设某公司的财务部和销售部各自组成一个子网络，两个部门的子网络通过路由器连接在一起。像这种网络规模比较小，其包含路由设备比较少，网络拓扑简单且稳定的场景，使用静态路由可以提高数据的转发效率。

5.2.1 实验内容

静态路由配置实验拓扑图如图 5-11 所示，验证路由器静态路由配置完成前后各主机之间的通信情况变化。

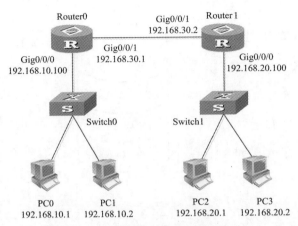

图 5-11 静态路由配置实验拓扑图

按照实验拓扑配置实验环境。通过配置 IP 地址,将主机 PC0、主机 PC1 和路由器 Router0 的端口 Gig0/0/0 划分到 192.168.10.0 网段,将主机 PC2、主机 PC3 和路由器 Router1 的端口 Gig0/0/0 划分到 192.168.20.0 网段。将路由器 Router0 的端口 Gig 0/0/1 和路由器 Router1 的端口 Gig 0/0/1 划分到 192.168.30.0 网段。

保证主机 PC0、主机 PC1 和路由器 Router0 的端口 Gig0/0/0 之间可以相互 ping 通,主机 PC2、主机 PC3 和路由器 Router1 的端口 Gig0/0/0 之间可以相互 ping 通。

路由器 Router0 的 Gig0/0/1 和路由器 Router1 的端口 Gig0/0/1 之间不能 ping 通,因为没有配置路由表项。在路由器上执行静态路由配置命令,观察路由表的内容,再测试各个主机之间的连通性。

5.2.2 实验目的

(1)了解路由器的工作原理;
(2)理解路由表的作用;
(3)掌握静态路由配置方法。

5.2.3 关键命令解析

配置静态路由:
Router(config)# ip route 192.168.20.0 255.255.255.0 192.168.30.2

静态路由是由网络管理员在路由器上手工添加的路由信息。ip route 192.168.20.0 255.255.255.0 192.168.30.2 是全局配置模式下的命令,用于配置到 192.168.20.0 网段的静态路由,其中 IP 地址 192.168.20.0 是目的网段,第二项 255.255.255.0 是子网掩码,第三项的 IP 地址 192.168.30.2 是下一跳的 IP 地址,也就是路由器 Router 所连接的下一个路由器端口的 IP 地址。

5.2.4 实验步骤

(1)启动 Cisco Packet Tracer,按照图 5-11 所示实验拓扑连接设备后启动所有设备,Cisco Packet Tracer 的逻辑工作区如图 5-12 所示。注意:在本次实验中,路由器选择

ISR4331,交换机选择 2960 IOS15。

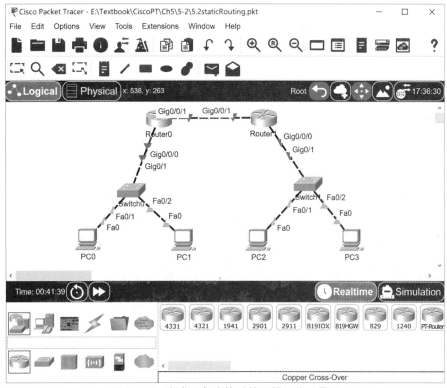

图 5-12　完成设备连接后的逻辑工作区界面

(2)按照图 5-11 所示实验拓扑图,配置主机的 IP 地址、子网掩码和缺省网关。单击主机 PC0 图标,在弹出的图形配置界面 Config 选项卡下先单击 Settings(GLOBAL→Settings)配置主机 PC0 的缺省网关为 192.168.10.100,再单击 FastEthernet0(INTERFACE→FastEthernet0)配置主机 PC0 的 IP 地址和子网掩码分别为 192.168.10.1 和 255.255.255.0。同样,配置主机 PC1、主机 PC2 和主机 PC3 的 IP 地址/子网掩码/网关分别为:192.168.10.2/255.255.255.0/192.168.10.100、192.168.20.1/255.255.255.0/192.168.20.100、192.168.20.2/255.255.255.0/192.168.20.100。

(3)主机配置完成后,在主机 PC0 上执行 ping 命令,可以 ping 通主机 PC1,但不能 ping 通主机 PC2 和主机 PC3。因为主机 PC0 和主机 PC1 在同一个网段 192.168.10.0 内,主机 PC2 和主机 PC3 同处于另一个网段 192.168.20.0 内。处于不同网段内的主机在没有路由的情况下无法通信。同样,在主机 PC2 上可以 ping 通主机 PC3。

(4)在路由器 Router0 上执行以下命令,配置端口 Gig0/0/0 和端口 Gig0/0/1 的 IP 地址,并开启端口。

Router> en
Router# conf t
Router(config)# int g0/0/0
Router(config-if)# ip add 192.168.10.100 255.255.255.0
Router(config-if)# no shutdown

Router(config-if)# int g0/0/1
Router(config-if)# ip add 192.168.30.1 255.255.255.0
Router(config-if)# no shutdown
Router(config-if)# end

(5)配置完成后,查看路由器 Router0 的端口状态,结果如图 5-13 所示,即表示配置正确。观察端口 Gig0/0/0 的状态也从关闭状态(红色倒三角)变成开启状态(绿色三角)。端口 Gig0/0/1 的状态指示虽然是关闭状态(红色倒三角),但实际上端口是开启状态,这是因为链路另一端的交换机 Router1 端口 Gig0/0/1 是关闭状态(红色倒三角)。

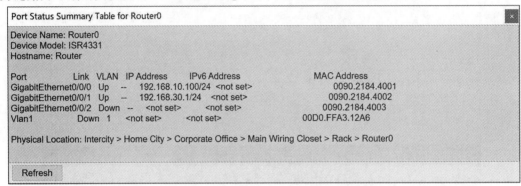

图 5-13　路由器 Router0 的端口状态

(6)在主机 PC0 上执行 ping 命令,可以 ping 通路由器 Router0 的端口 Gig0/0/0,但不能 ping 通端口 Gig0/0/1,如图 5-14 所示。因为主机 PC0 和端口 Gig0/0/0 在同一个网段内,而端口 Gig 0/0/1 处于另一个网段内。不同网段内的设备在没有路由的情况下无法通信,图 5-15 显示了路由器 Router0 的路由表,表明网段 192.168.10.0/24 和网段 192.168.30.0/24 不存在路由。端口 Gig0/0/0 其实就是主机 PC0 和 PC1 的网关。

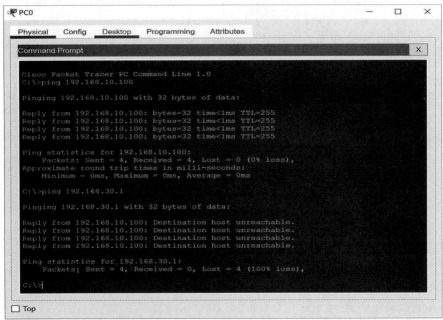

图 5-14　从主机 PC0 上 ping 路由器 Router0 端口的结果

第 5 章 路由协议实验

Type	Network	Port	Next Hop IP	Metric
C	192.168.10.0/24	GigabitEthernet0/0/0	---	0/0
L	192.168.10.100/32	GigabitEthernet0/0/0	---	0/0

图 5-15　路由器 Router0 的路由表

(7) 在路由器 Router1 上执行以下命令,配置端口 Gig0/0/0 和端口 Gig0/0/1 的 IP 地址,并开启端口。

Router＞en
Router♯conf t
Router(config)♯int g0/0/0
Router(config-if)♯ip add 192.168.20.100 255.255.255.0
Router(config-if)♯no shutdown
Router(config-if)♯int g0/0/1
Router(config-if)♯ip add 192.168.30.2 255.255.255.0
Router(config-if)♯no shutdown
Router(config-if)♯end

(8) 配置完成后,查看路由器 Router1 的端口状态,结果如图 5-16 所示,即表示配置正确。观察端口 Gig0/0/0 的状态也从关闭状态(红色倒三角)变成开启状态(绿色三角)。同样,端口 Gig0/0/1 的状态也变成开启状态(绿色三角)。注意:路由器 Router0 的端口 Gig0/0/1 的状态也变成开启状态(绿色三角)。

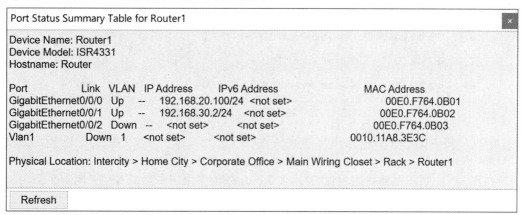

图 5-16　路由器 Router1 的端口状态

(9) 在主机 PC3 上执行 ping 命令,可以 ping 通路由器 Router1 的端口 Gig0/0/0 和端口 Gig0/0/1,如图 5-17 所示。因为主机 PC0 和端口 Gig0/0/0 在同一个网段内,所以二者是可以直接通信的。然而,端口 Gig 0/0/1 处于另一个网段内,在没有路由的情况下二者无法通信。查看路由器 Router1 的路由表,如图 5-18 所示,表明网段 192.168.20.0/24 和网段 192.168.30.0/24 存在路由。这与步骤(6)的执行结果明显不同。

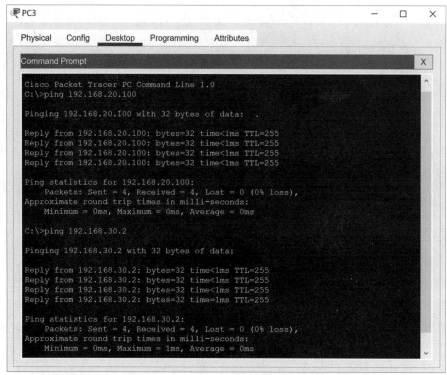

图 5-17 从主机 PC3 上 ping 路由器 Router1 端口的结果

Type	Network	Port	Next Hop IP	Metric
C	192.168.20.0/24	GigabitEthernet0/0/0	---	0/0
L	192.168.20.100/32	GigabitEthernet0/0/0	---	0/0
C	192.168.30.0/24	GigabitEthernet0/0/1	---	0/0
L	192.168.30.2/32	GigabitEthernet0/0/1	---	0/0

图 5-18 路由器 Router1 的路由表

(10) 再在主机 PC0 上执行 ping 命令发现，主机 PC0 可以 ping 通路由器 Router0 的端口 Gig0/0/1，如图 5-19 所示。再次查看路由器 Router0 的路由表，结果如图 5-20 所示。

与图 5-15 所示的路由表相比，路由器 Router0 的路由表中添加了到子网 192.168.30.0/24 的直连路由条目，因此从主机 PC0 可以 ping 通端口 Gig0/0/1。添加直连路由条目的原因是两台路由器之间链路的两个端口均处于开启状态，链路被激活。

(11) 在路由器 Router0 上执行以下命令，添加到网段 192.168.20.0/24 的静态路由条目。IP 地址 192.168.30.2 是下一跳的 IP 地址，也就是路由器 Router1 的端口 Gig0/0/1 的 IP 地址。此路由条目说明，从路由器 Router0 上发往网段 192.168.20.0/24 的数据分组，下一跳将被送到路由器 Router1 的端口 Gig0/0/1。

Router(config)# ip route 192.168.20.0 255.255.255.0 192.168.30.2

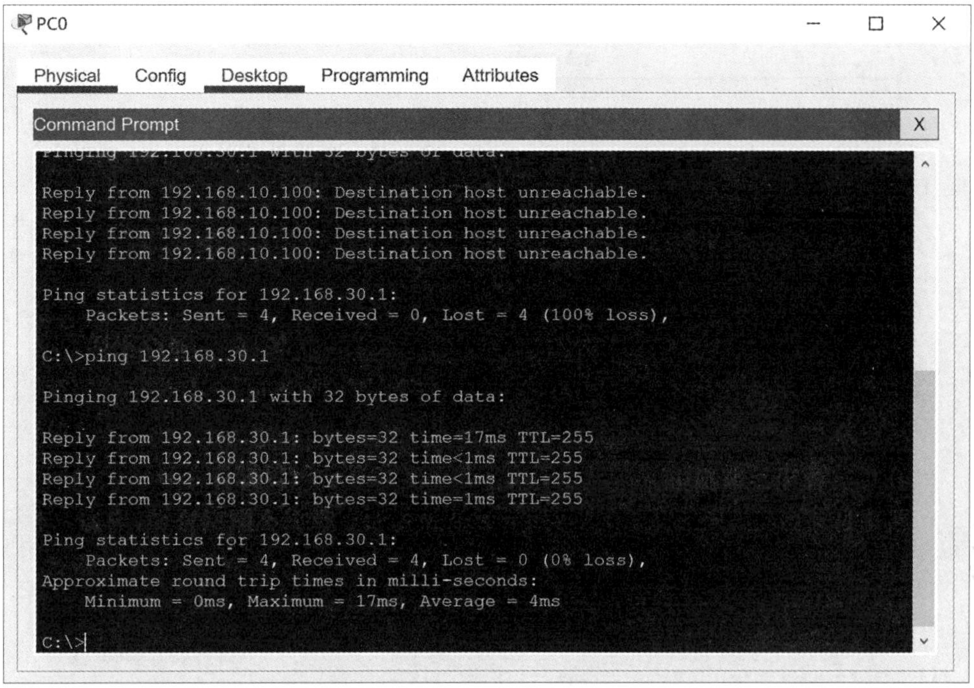

图 5-19　从主机 PC0 上 ping 交换机 Switch0 的端口 Gig0/0/1 的结果

Routing Table for Router0

Type	Network	Port	Next Hop IP	Metric
C	192.168.10.0/24	GigabitEthernet0/0/0	---	0/0
L	192.168.10.100/32	GigabitEthernet0/0/0	---	0/0
C	192.168.30.0/24	GigabitEthernet0/0/1	---	0/0
L	192.168.30.1/32	GigabitEthernet0/0/1	---	0/0

图 5-20　路由器 Router0 的路由表

(12)成功配置到网段 192.168.20.0/24 的路由后，路由器 Router0 的路由表应如图 5-21所示。

与图 5-20 所示的路由表相比，此刻路由器 Router0 的路由表多了一条类型为 S 的到网段 192.168.20.0/24 的路由条目。

(13)在路由器 Router1 上执行以下命令，添加到网段 192.168.10.0/24 的静态路由条目。IP 地址 192.168.30.1 是下一跳的 IP 地址，也就是路由器 Router0 的端口 Gig0/0/1 的 IP 地址。此路由条目说明，从路由器 Router1 上发往网段 192.168.10.0/24 的数据分组，下一跳将被送到路由器 Router0 的端口 Gig0/0/1。

Router(config)# ip route 192.168.10.0 255.255.255.0 192.168.30.1

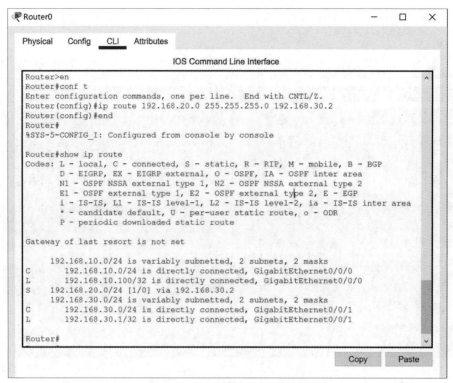

图 5-21　路由器 Router0 的路由表

（14）成功配置到网段 192.168.10.0/24 的路由后，路由器 Router1 的路由表应如图 5-22所示，表示静态路由配置正确。

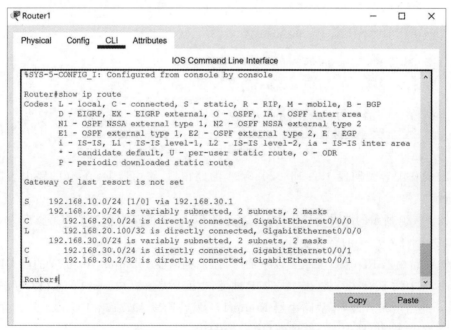

图 5-22　路由器 Router1 的路由表

(15) 在主机 PC0 上执行 ping 命令,查看和主机 PC2 的连通情况。虽然主机 PC0 与主机 PC2 不在同一个网段中,但是通过静态路由均可实现互通,结果如图 5-23 所示。

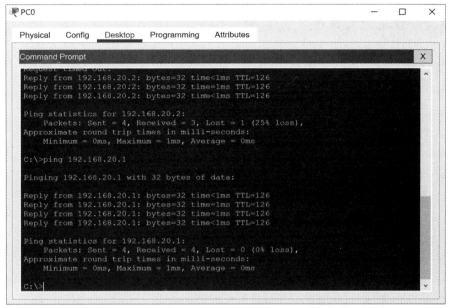

图 5-23　从主机 PC0 上 ping 主机 PC2 的结果

注意:因为路由器 Router1 的 ARP 表中可能不存在 IP 地址 192.168.20.1(主机 PC2 的 IP 地址)对应的条目,所以可能会出现前 1 或 2 个 ICMP 响应报文超时,表现结果是 Request timed out。

(16) 同样,在主机 PC3 上执行 ping 命令,查看与主机 PC1 的连通情况。主机 PC3 与主机 PC1 不在同一个网段中,但是通过路由可以实现互通,结果如图 5-24 所示。

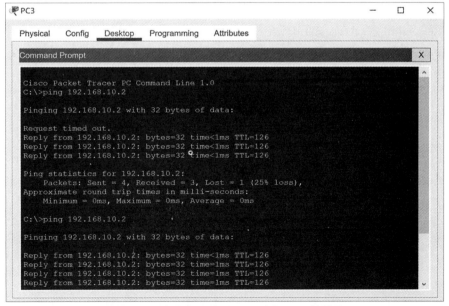

图 5-24　在主机 PC3 上 ping 主机 PC1 的结果

实际上随着静态路由配置成功,网络拓扑中的所有主机之间都可以通信。

注意:前1或2个ICMP响应报文可能会超时。

5.2.5 设备配置命令

1. 路由器Router0上的配置命令

Router>en
Router# conf t
Router(config)# int g0/0/0
Router(config-if)# ip add 192.168.10.100 255.255.255.0
Router(config-if)# no shutdown
Router(config-if)# int g0/0/1
Router(config-if)# ip add 192.168.30.1 255.255.255.0
Router(config-if)# no shutdown
Router(config-if)# exit
Router(config)# ip route 192.168.20.0 255.255.255.0 192.168.30.2
Router(config)# end
Router# show ip route

2. 路由器Router1上的配置命令

Router>en
Router# conf t
Router(config)# int g0/0/0
Router(config-if)# ip add 192.168.20.100 255.255.255.0
Router(config-if)# no shutdown
Router(config-if)# int g0/0/1
Router(config-if)# ip add 192.168.30.2 255.255.255.0
Router(config-if)# no shutdown
Router(config-if)# exit
Router(config)# ip route 192.168.10.0 255.255.255.0 192.168.30.1
Router(config)# end
Router# show ip route

3. 主机PC0~主机PC3上的配置命令

主机上的配置分两部分:①在配置窗口配置主机IP地址和子网掩码;②在命令行窗口执行ping命令。

4. 图形化操作命令

查看路由器的路由表、ARP表。

5.2.6 思考与创新

设计一个静态路由实验,要求:①实验网络中路由器数量多于 2 个;②每个网段内的主机可以正常通信。

5.3 RIP 路由协议配置实验

假设某公司每个部门都单独组建一个子网络,各个部门的网络通过路由器连接在一起。当公司组成部门的数量比较多,且网络结构不太稳定时,使用静态路由配置方案会增加额外的工作量。在此场景下,选择动态路由协议 RIP 是一种较优的方案,该协议适用于网络中路由器数量少于 16 个的场景。

5.3.1 实验内容

RIP 路由协议配置实验拓扑图如图 5-25 所示,验证路由器的 RIP 路由配置完成前后,各主机之间的通信情况变化。

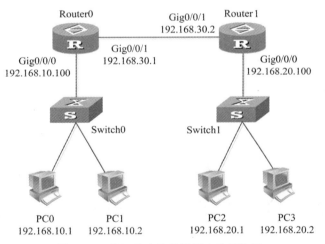

图 5-25 RIP 路由协议配置实验拓扑图

按照实验拓扑配置实验环境。通过配置 IP 地址,将主机 PC0、主机 PC1 和路由器 Router0 的端口 Gig0/0/0 划分到 192.168.10.0 网段,将主机 PC2、主机 PC3 和路由器 Router1 的端口 Gig0/0/0 划分到 192.168.20.0 网段。将路由器 Router0 的端口 Gig 0/0/1 和路由器 Router1 的端口 Gig 0/0/1 划分到 192.168.30.0 网段。

保证主机 PC0、主机 PC1 和路由器 Router0 的端口 Gig0/0/0 之间可以 ping 通,主机 PC2、主机 PC3 和路由器 Router1 的端口 Gig0/0/0 之间可以 ping 通。

路由器 Router0 的端口 Gig0/0/1 和路由器 Router1 的端口 Gig0/0/1 接口之间不能 ping 通,因为没有启动路由协议。在路由器上启动 RIP 协议,观察路由表内容的变化。

5.3.2 实验目的

(1) 了解 RIP 路由协议的工作原理；
(2) 掌握 RIP 路由协议的配置方法。

5.3.3 关键命令解析

在路由器上启用 RIP 协议。
Router(config)# router rip
Router(config-router)# version 2
Router(config-router)# no auto-summary
Router(config-router)# network 192.168.10.0
Router(config-router)# network 192.168.30.0

router rip 是全局配置模式下的命令，用于进入 RIP 协议配置模式。

version 2 是 RIP 协议配置模式下的命令，用于启用 RIPv2。Cisco Packet Tracer 支持 RIPv1 和 RIPv2，RIPv2 支持无分类编址。

no auto-summary 是 RIP 协议配置模式下的命令，用于取消路由聚合功能。

network 192.168.10.0 是 RIP 协议配置模式下的命令，用于在网段 192.168.10.0 上使能 RIP 协议。

5.3.4 实验步骤

(1) 启动 Cisco Packet Tracer，按照图 5-25 所示实验拓扑图连接设备后启动所有设备，Cisco Packet Tracer 的逻辑工作区如图 5-26 所示。注意：在本次实验中，路由器选择 ISR4331，交换机选择 2960 IOS15。

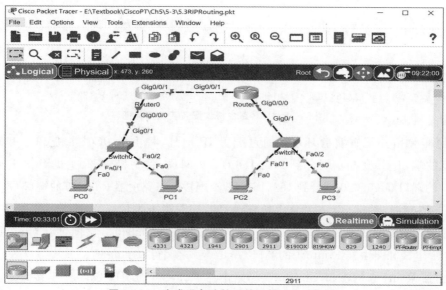

图 5-26 完成设备连接后的逻辑工作区界面

(2)按照图 5-25 所示拓扑图,配置主机 IP 地址、子网掩码和网关。单击主机 PC0 图标,在弹出的图形配置界面 Config 选项卡下单击 Settings 配置主机 PC0 的网关为 192.168.10.100,再单击 FastEthernet0 配置主机 PC0 的 IP 地址和子网掩码分别为 192.168.10.1 和 255.255.255.0。同样,配置主机 PC1、主机 PC2 和主机 PC3 的 IP 地址/子网掩码/网关分别为:192.168.10.2/255.255.255.0 /192.168.10.100、192.168.20.1/255.255.255.0/192.168.20.100、192.168.20.2/255.255.255.0/192.168.20.100。

(3)主机配置完成后,在主机 PC0 上可以 ping 通主机 PC1,但不能 ping 通主机 PC2 和主机 PC3。因为主机 PC0 和主机 PC1 在同一个网段 192.168.10.0 内,主机 PC2 和主机 PC3 同处于另一个网段 192.168.20.0 内。处于不同网段内的主机在没有路由的情况下无法通信。同样,在主机 PC2 上可以 ping 通主机 PC3。

(4)在路由器 Router0 上执行以下命令,配置端口 Gig0/0/0 和端口 Gig0/0/1 的 IP 地址,并开启端口。

Router> en
Router# conf t
Router(config)# int g0/0/0
Router(config-if)# ip add 192.168.10.100 255.255.255.0
Router(config-if)# no shutdown
Router(config-if)# int g0/0/1
Router(config-if)# ip add 192.168.30.1 255.255.255.0
Router(config-if)# no shutdown
Router(config-if)# end

(5)配置完成后,查看路由器 Router0 的端口状态,结果如图 5-27 所示,即表示配置正确。观察端口 Gig0/0/0 的状态也从关闭状态(红色倒三角)变成开启状态(绿色三角)。端口 Gig0/0/1 的状态指示虽然是关闭状态(红色倒三角),但实际上端口是开启状态,这是因为链路另一端的交换机 Router1 端口 Gig0/0/1 是关闭状态(红色倒三角)。

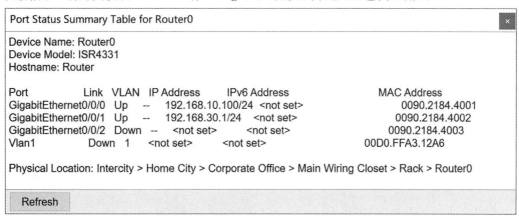

图 5-27 路由器 Router0 的端口状态

(6)在主机 PC0 上可以 ping 通路由器 Router0 的端口 Gig0/0/0,但不能 ping 通端口 Gig0/0/1,如图 5-28 所示。因为主机 PC0 和端口 Gig0/0/0 在同一个网段内,而端口 Gig

0/0/1 处于另一个网段内,所以不同网段内的设备在没有路由的情况下无法通信。图 5-29 显示了路由器 Router0 的路由表,表明网段 192.168.10.0/24 和网段 192.168.30.0/24 不存在路由。端口 Gig0/0/0 其实就是主机 PC0 和 PC1 的网关。

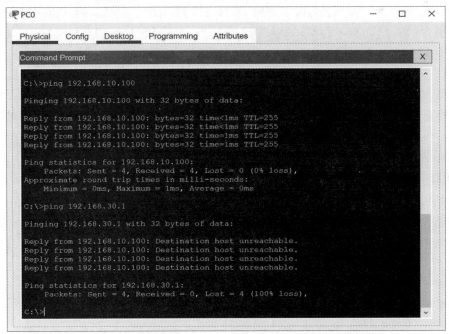

图 5-28 从主机 PC0 上 ping 路由器 Router0 端口的结果

Routing Table for Router0				
Type	Network	Port	Next Hop IP	Metric
C	192.168.10.0/24	GigabitEthernet0/0/0 ---		0/0
L	192.168.10.100/32	GigabitEthernet0/0/0 ---		0/0

图 5-29 路由器 Router0 的路由表

(7) 在路由器 Router1 上执行以下命令,配置端口 Gig0/0/0 和端口 Gig0/0/1 的 IP 地址,并开启端口。

Router＞en
Router# conf t
Router(config)# int g0/0/0
Router(config-if)# ip add 192.168.20.100 255.255.255.0
Router(config-if)# no shutdown
Router(config-if)# int g0/0/1
Router(config-if)# ip add 192.168.30.2 255.255.255.0

Router(config-if)# no shutdown

Router(config-if)# end

(8)配置完成后,查看路由器 Router1 的端口状态,结果如图 5-30 所示,即表示配置正确。观察端口 Gig0/0/0 的状态也从关闭状态(红色倒三角)变成开启状态(绿色三角)。同样,端口 Gig0/0/1 的状态也变成开启状态(绿色三角)。注意:路由器 Router0 的端口 Gig0/0/1 的状态也变成开启状态(绿色三角)。

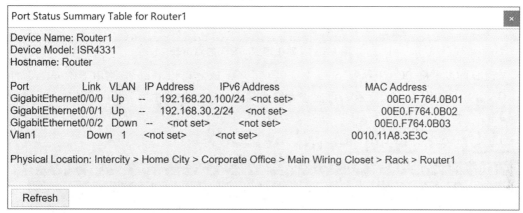

图 5-30　路由器 Router1 的端口状态

(9)在主机 PC3 上可以 ping 通路由器 Router1 端口 Gig0/0/0 和端口 Gig0/0/1,如图 5-31 所示。然而,端口 Gig 0/0/1 处于另一个网段内,查看路由器 Router1 的路由表,如图 5-32 所示,表明网段 192.168.20.0/24 和网段 192.168.30.0/24 存在路由。这与步骤(6)的执行结果明显不同。

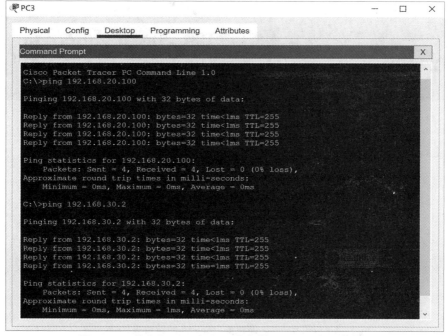

图 5-31　从主机 PC3 上 ping 路由器 Router1 端口的结果

Routing Table for Router1				
Type	Network	Port	Next Hop IP	Metric
C	192.168.20.0/24	GigabitEthernet0/0/0	---	0/0
L	192.168.20.100/32	GigabitEthernet0/0/0	---	0/0
C	192.168.30.0/24	GigabitEthernet0/0/1	---	0/0
L	192.168.30.2/32	GigabitEthernet0/0/1	---	0/0

图 5-32　路由器 Router1 的路由表

（10）再在主机 PC0 上执行 ping 命令发现，主机 PC0 可以 ping 通路由器 Router0 的端口 Gig0/0/1，如图 5-33 所示。再次查看路由器 Router0 的路由表，结果如图 5-34 所示。

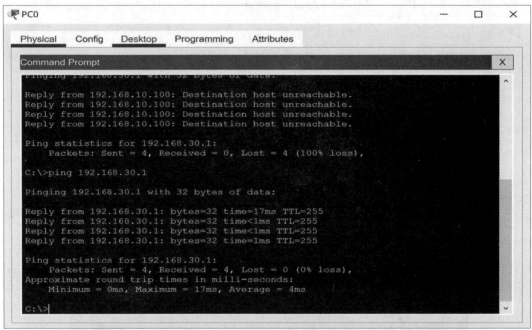

图 5-33　从主机 PC0 上 ping 交换机 Switch0 的端口 Gig0/0/1 的结果

Routing Table for Router0				
Type	Network	Port	Next Hop IP	Metric
C	192.168.10.0/24	GigabitEthernet0/0/0	---	0/0
L	192.168.10.100/32	GigabitEthernet0/0/0	---	0/0
C	192.168.30.0/24	GigabitEthernet0/0/1	---	0/0
L	192.168.30.1/32	GigabitEthernet0/0/1	---	0/0

图 5-34　路由器 Router0 的路由表

与图 5-29 所示的路由表相比，路由器 Router0 的路由表中添加了到子网 192.168.30.0/24 的直连路由条目，因此主机 PC0 可以 ping 通端口 Gig0/0/1。添加直连路由条目的原因是两台路由器之间链路被激活。

(11) 在路由器 Router0 上执行以下命令启用 RIP 协议，并在网段 192.168.10.0/24 和网段 192.168.30.0/24 上使能。

Router# conf t

Router(config)# router rip

Router(config-router)# version 2

Router(config-router)# no auto-summary

Router(config-router)# network 192.168.10.0

Router(config-router)# network 192.168.30.0

Router(config-router)# end

(12) 在路由器 Router0 上成功启用 RIP 协议后，查看路由器 Router0 的路由表，结果如图 5-35 所示。

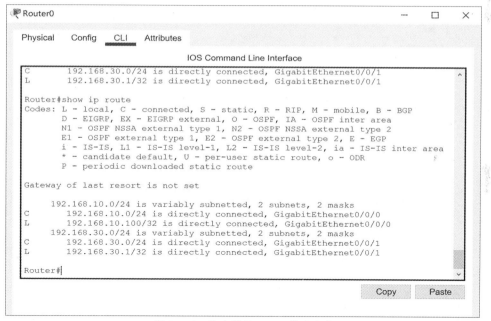

图 5-35　路由器 Router0 的路由表

与启用 RIP 协议前相比，路由器 Router0 的路由表并未发生变化，因为路由器 Router1 还未启用 RIP 协议，路由器 Router0 还未获得其他路由器的路由信息。

(13) 在路由器 Router1 上执行以下命令启用 RIP 协议，并在网段 192.168.20.0/24 和网段 192.168.30.0/24 上使能。

Router# conf t

Router(config)# router rip

Router(config-router)# version 2

Router(config-router)# no auto-summary

Router(config-router)# network 192.168.20.0
Router(config-router)# network 192.168.30.0
Router(config-router)# end

(14)在路由器 Router1 上成功启用 RIP 协议后,查看两台路由器的路由表,分别如图 5-36 和图 5-37 所示。与图 5-35 相比,图 5-36 所示的路由器 Router0 的路由表多了一项类型为 R 的路由条目,表明该路由条目由 RIP 协议生成,并指明到网段 192.168.20.0/24 的下一跳的 IP 地址是 192.168.30.2。同样,路由器 Router1 的路由表中也增加一项到网段 192.168.10.0/24 的路由条目,下一跳的 IP 地址是 192.168.30.1,该路由条目也是由 RIP 协议生成的。

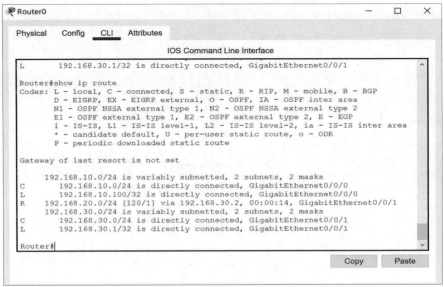

图 5-36 路由器 Router0 的路由表

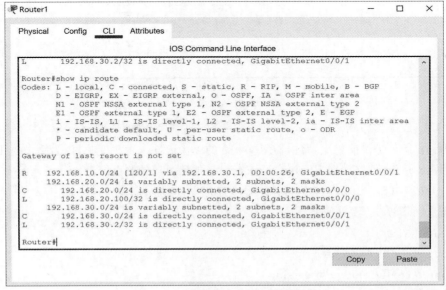

图 5-37 路由器 Router1 的路由表

(15) 在主机 PC0 上执行 ping 命令,查看和主机 PC2 的连通情况。虽然主机 PC0 与主机 PC2 不在同一个网段中,但是通过动态路由均可实现互通,结果如图 5-38 所示。

图 5-38　从主机 PC0 上 ping 主机 PC2 的结果

注意:因为路由器 Router1 的 ARP 表中可能不存在 IP 地址 192.168.20.1(主机 PC2 的 IP 地址)对应的条目,所以可能会出现前 1 或 2 个 ICMP 响应报文超时,表现结果是 Request timed out。

(16) 同样,在主机 PC3 上执行 ping 命令,查看与主机 PC1 的连通情况。主机 PC3 与主机 PC1 不在同一个网段中,但是通过路由可以实现互通,结果如图 5-39 所示。实际上随着 RIP 协议配置成功,网络拓扑中的所有主机之间都可以通信。

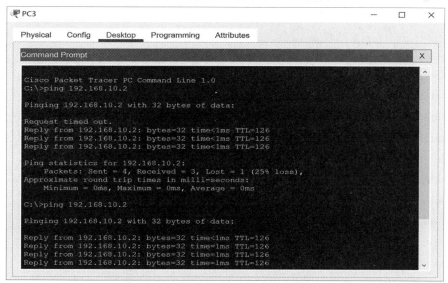

图 5-39　在主机 PC3 上 ping 主机 PC1 的结果

注意：前 1 或 2 个 ICMP 响应报文可能会超时。

5.3.5 设备配置命令

1. 路由器 Router0 上的配置命令

Router>en

Router#conf t

Router(config)#int g0/0/0

Router(config-if)#ip add 192.168.10.100 255.255.255.0

Router(config-if)#no shutdown

Router(config-if)#int g0/0/1

Router(config-if)#ip add 192.168.30.1 255.255.255.0

Router(config-if)#no shutdown

Router(config-if)#exit

Router(config)#router rip

Router(config-router)#version 2

Router(config-router)#no auto-summary

Router(config-router)#network 192.168.10.0

Router(config-router)#network 192.168.30.0

Router(config-router)#end

Router#show ip route

2. 路由器 Router1 上的配置命令

Router>en

Router#conf t

Router(config)#int g0/0/0

Router(config-if)#ip add 192.168.20.100 255.255.255.0

Router(config-if)#no shutdown

Router(config-if)#int g0/0/1

Router(config-if)#ip add 192.168.30.2 255.255.255.0

Router(config-if)#no shutdown

Router(config-if)#exit

Router(config)#router rip

Router(config-router)#version 2

Router(config-router)#no auto-summary

Router(config-router)#network 192.168.20.0

Router(config-router)#network 192.168.30.0

Router(config-router)#end

Router#show ip route

3. 主机 PC0～主机 PC3 上的配置命令

主机上的配置分两部分：①在配置窗口配置主机 IP 地址和子网掩码；②在命令行窗口执行 ping 命令。

4. 图形化操作命令

查看路由器的路由表、ARP 表。

5.3.6 思考与创新

设计一个基于 RIP 协议的路由实验，要求：①实验网络中路由器数量多于 2 个；②每个网段内的主机可以正常通信。

5.4 OSPF 路由协议配置实验

假设某公司组成部门的数量过多，使得公司网络中的路由器数量超过了 16 台，这时采用 OSPF 路由协议生成动态路由信息会是一种较优的选择。

5.4.1 实验内容

OSPF 路由协议配置实验拓扑图如图 5-40 所示，验证在路由器上启用 OSPF 协议前后，各主机之间的通信情况变化。

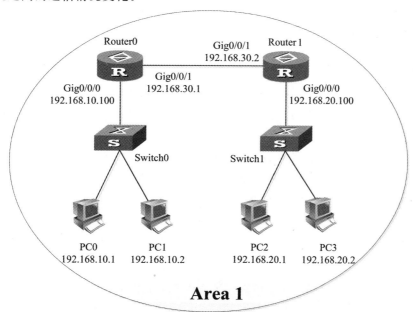

图 5-40 OSPF 路由协议配置实验拓扑图

按照实验拓扑图配置实验环境。通过配置 IP 地址，将主机 PC0、主机 PC1 和路由器 Router0 的端口 Gig0/0/0 划分到网段 192.168.10.0/24，将主机 PC2、主机 PC3 和路由器

Router1 的端口 Gig0/0/0 划分到网段 192.168.20.0/24。将路由器 Router0 的端口 Gig0/0/1 和路由器 Router1 的端口 Gig0/0/1 划分到网段 192.168.30.0/24。

保证主机 PC0、主机 PC1 和路由器 Router0 的端口 Gig0/0/0 之间可以 ping 通，主机 PC2、主机 PC3 和路由器 Router1 的端口 Gig0/0/0 之间可以 ping 通。

路由器 Router0 的端口 Gig0/0/1 和路由器 Router1 的端口 Gig0/0/1 之间不能 ping 通，因为没有启动路由协议。在路由器上启用 OSPF 协议，观察路由表内容的变化。

5.4.2 实验目的

(1)了解 OSPF 路由协议的工作原理；
(2)掌握 OSPF 路由协议配置方法。

5.4.3 关键命令解析

在路由器上启用 OSPF 协议：
Router(config)# router ospf 10
Router(config-router)# network 192.168.10.0 0.0.0.255 area 1

router ospf 10 是全局配置模式下的命令，用于进入 OSPF 配置模式。由于 Cisco 允许同一个路由器运行多个 OSPF 进程，所以不同的 OSPF 进程要用不同的标识符标识。本例中的 10 就是 OSPF 进程标识符，该标识符只有本地意义。

network 192.168.10.0 0.0.0.255 area 1 是 OSPF 配置模式下的命令，用在网段 192.168.10.0/24 连接的路由器端口上使能 OSPF 协议。在 192.168.10.0 0.0.0.255 中，0.0.0.255 是子网掩码 255.255.255.0 的反码。1 是区域标识符，所有属于相同区域的端口和网段必须配置相同的区域标识符。注意：区域标识符 0 通常留给主干区域。

5.4.4 实验步骤

(1)启动 Cisco Packet Tracer，按照图 5-40 所示实验拓扑图连接设备后启动所有设备，Cisco Packet Tracer 的逻辑工作区如图 5-41 所示。注意：在本次实验中，路由器选择 ISR4331，交换机选择 2960 IOS15。

(2)按照图 5-40 所示拓扑图，配置每台主机 IP 地址、子网掩码和网关。

(3)主机配置完成后，在主机 PC0 上可以 ping 通主机 PC1，但不能 ping 通主机 PC2 和主机 PC3。处于不同网段内的主机在没有路由的情况下无法通信。同样，在主机 PC2 上可以 ping 通主机 PC3。

(4)在路由器 Router0 上执行以下命令，配置端口 Gig0/0/0 和端口 Gig0/0/1 的 IP 地址，并开启端口。

Router> en
Router# conf t
Router(config)# int g0/0/0
Router(config-if)# ip add 192.168.10.100 255.255.255.0
Router(config-if)# no shutdown

Router(config-if)# int g0/0/1
Router(config-if)# ip add 192.168.30.1 255.255.255.0
Router(config-if)# no shutdown
Router(config-if)# end

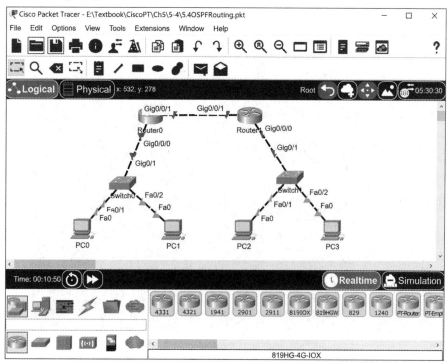

图 5-41　完成设备连接后的逻辑工作区界面

(5)配置完成后,查看路由器 Router0 的端口状态,结果如图 5-42 所示,即表示配置正确。端口 Gig0/0/0 的状态从关闭状态(红色倒三角)变成开启状态(绿色三角)。端口 Gig0/0/1 的状态虽然显示关闭状态,实际上端口是开启状态,这是因为链路另一端的交换机 Router1 端口 Gig0/0/1 是关闭状态。

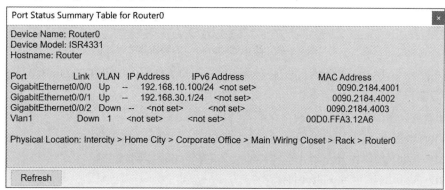

图 5-42　路由器 Router0 的端口状态

(6)在主机 PC0 上可以 ping 通路由器 Router0 的端口 Gig0/0/0,但不能 ping 通端口 Gig0/0/1,如图 5-43 所示。因为主机 PC0 和端口 Gig0/0/0 在同一个网段内,而端口

Gig0/0/1 处于另一个网段内。不同网段内的设备在没有路由的情况下无法通信，图 5 - 44 显示了路由器 Router0 的路由表，表明网段 192.168.10.0/24 和网段 192.168.30.0/24 不存在路由。

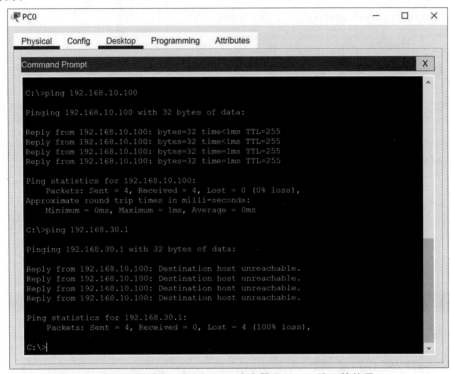

图 5 - 43 从主机 PC0 上 ping 路由器 Router0 端口的结果

Type	Network	Port	Next Hop IP	Metric
C	192.168.10.0/24	GigabitEthernet0/0/0	---	0/0
L	192.168.10.100/32	GigabitEthernet0/0/0	---	0/0

图 5 - 44 路由器 Router0 的路由表

(7)在路由器 Router1 上执行以下命令，配置端口 Gig0/0/0 和端口 Gig0/0/1 的 IP 地址，并开启端口。

Router# conf t
Router(config)# int g0/0/0
Router(config-if)# ip add 192.168.20.100 255.255.255.0
Router(config-if)# no shutdown
Router(config-if)# int g0/0/1
Router(config-if)# ip add 192.168.30.2 255.255.255.0
Router(config-if)# no shutdown

Router(config-if)# end

(8)配置完成后,查看路由器 Router1 的端口状态,结果如图 5-45 所示,即表示配置正确。观察端口 Gig0/0/0 的状态也从关闭状态(红色倒三角)变成开启状态(绿色三角)。同样,端口 Gig0/0/1 的状态也变成开启状态。注意:路由器 Router0 的端口 Gig0/0/1 的状态也变成开启状态。

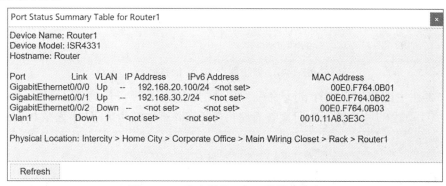

图 5-45 路由器 Router1 的端口状态

(9)在主机 PC3 上可以 ping 通路由器 Router1 端口 Gig0/0/0 和端口 Gig0/0/1,如图 5-46 所示。然而,端口 Gig 0/0/1 处于另一个网段内,查看路由器 Router1 的路由表,如图 5-47 所示,表明网段 192.168.20.0/24 和网段 192.168.30.0/24 存在路由。这与步骤(6)的执行结果明显不同,因为此刻连接两台路由器的链路是激活状态。

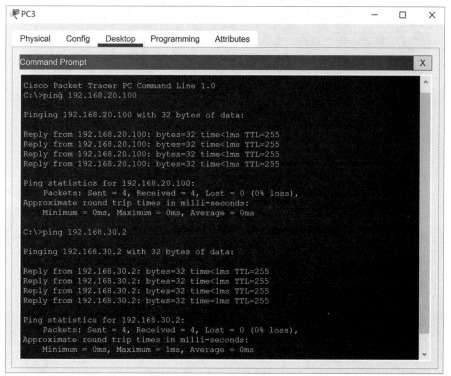

图 5-46 从主机 PC3 上 ping 路由器 Router1 端口的结果

Routing Table for Router1				
Type	Network	Port	Next Hop IP	Metric
C	192.168.20.0/24	GigabitEthernet0/0/0	---	0/0
L	192.168.20.100/32	GigabitEthernet0/0/0	---	0/0
C	192.168.30.0/24	GigabitEthernet0/0/1	---	0/0
L	192.168.30.2/32	GigabitEthernet0/0/1	---	0/0

图 5-47 路由器 Router1 的路由表

(10)再在主机 PC0 上执行 ping 命令发现,主机 PC0 可以 ping 通路由器 Router0 的端口 Gig0/0/1,如图 5-48 所示。再次查看路由器 Router0 的路由表,结果如图 5-49 所示。

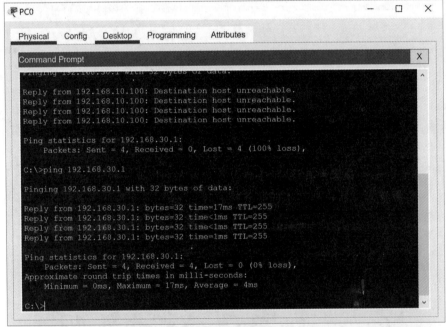

图 5-48 从主机 PC0 上 ping 交换机 Switch0 的端口 Gig0/0/1 的结果

Routing Table for Router0				
Type	Network	Port	Next Hop IP	Metric
C	192.168.10.0/24	GigabitEthernet0/0/0	---	0/0
L	192.168.10.100/32	GigabitEthernet0/0/0	---	0/0
C	192.168.30.0/24	GigabitEthernet0/0/1	---	0/0
L	192.168.30.1/32	GigabitEthernet0/0/1	---	0/0

图 5-49 路由器 Router0 的路由表

与图 5-44 所示的路由表相比,路由器 Router0 的路由表中添加了到子网 192.168.30.0/24 的直连路由条目,因此主机 PC0 可以 ping 通端口 Gig0/0/1。添加直连路由条目的原因是两台路由器之间链路被激活。

(11)在路由器 Router0 上执行以下命令启用 OSPF 协议,并在网段 192.168.10.0/24 和网段 192.168.30.0/24 上使能。

Router> en
Router# conf t
Router(config)# router ospf 10
Router(config-router)# network 192.168.10.0 0.0.0.255 area 1
Router(config-router)# network 192.168.30.0 0.0.0.255 area 1
Router(config-router)# end

(12)在路由器 Router0 上成功启用 OSPF 协议后,查看路由器 Router0 的路由表,结果仍如图 5-49 所示。与启用 OSPF 协议前相比,路由器 Router0 的路由表并未发生变化,因为路由器 Router1 还未启用 OSPF 协议,路由器 Router0 还未获得其他路由器的链路信息。

(13)在路由器 Router1 上启用 OSPF 协议,并在网段 192.168.20.0/24 和网段 192.168.30.0/24 上使能。

Router> en
Router# conf t
Router(config)# router ospf 11
Router(config-router)# network 192.168.20.0 0.0.0.255 area 1
Router(config-router)# network 192.168.30.0 0.0.0.255 area 1
Router(config-router)# end

(14)在路由器 Router1 上成功启用 OSPF 协议后,分别查看两台路由器的路由表,分别如图 5-50 和图 5-51 所示。与图 5-49 相比,图 5-50 所示的路由器 Router0 的路由表多了一项类型为 O 的路由条目,表明该路由条目由 OSPF 协议生成,并指明到网段 192.168.20.0/24 的下一跳的 IP 地址是 192.168.30.2。同样,图 5-51 所示的路由器 Router1 的路由表中也增加了到网段 192.168.10.0/24 的路由条目,下一跳的 IP 地址是 192.168.30.1,该路由条目也是由 OSPF 协议生成的。

Routing Table for Router0

Type	Network	Port	Next Hop IP	Metric
C	192.168.10.0/24	GigabitEthernet0/0/0	---	0/0
L	192.168.10.100/32	GigabitEthernet0/0/0	---	0/0
O	192.168.20.0/24	GigabitEthernet0/0/1	192.168.30.2	110/2
C	192.168.30.0/24	GigabitEthernet0/0/1	---	0/0
L	192.168.30.1/32	GigabitEthernet0/0/1	---	0/0

图 5-50 路由器 Router0 的路由表

Type	Network	Port	Next Hop IP	Metric
O	192.168.10.0/24	GigabitEthernet0/0/1	192.168.30.1	110/2
C	192.168.20.0/24	GigabitEthernet0/0/0	---	0/0
L	192.168.20.100/32	GigabitEthernet0/0/0	---	0/0
C	192.168.30.0/24	GigabitEthernet0/0/1	---	0/0
L	192.168.30.2/32	GigabitEthernet0/0/1	---	0/0

图 5-51　路由器 Router1 的路由表

（15）在主机 PC0 上执行 ping 命令，查看和主机 PC2 的连通情况。虽然主机 PC0 与主机 PC2 不在同一个网段中，但是通过动态路由均可实现互通，结果如图 5-52 所示。

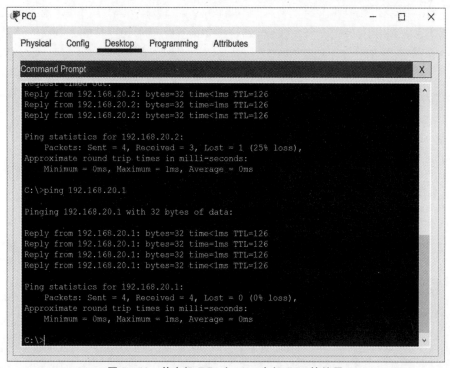

图 5-52　从主机 PC0 上 ping 主机 PC2 的结果

注意：因为路由器 Router1 的 ARP 表中可能不存在 IP 地址 192.168.20.1（主机 PC2 的 IP 地址）对应的条目，所以可能会出现前 1 或 2 个 ICMP 响应报文超时，表现结果是 Request timed out。

（16）同样，在主机 PC3 上执行 ping 命令，查看与主机 PC1 的连通情况。主机 PC3 与主机 PC1 不在同一个网段中，但是通过路由可以实现互通，结果如图 5-53 所示。实际上随着 OSPF 协议配置成功，网络拓扑中的所有主机之间都可以通信。注意：前 1 或 2 个 ICMP 响应报文可能会超时。

第 5 章 路由协议实验

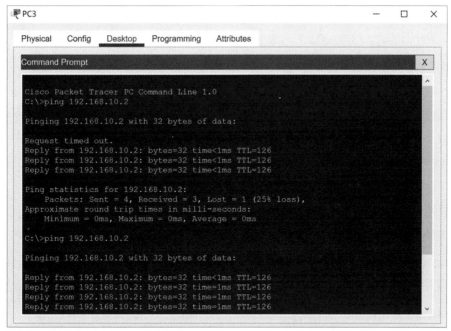

图 5-53 在主机 PC3 上 ping 主机 PC1 的结果

5.4.5 设备配置命令

1. 路由器 Router0 上的配置命令

Router>en

Router#conf t

Router(config)#int g0/0/0

Router(config-if)#ip add 192.168.10.100 255.255.255.0

Router(config-if)#no shutdown

Router(config-if)#int g0/0/1

Router(config-if)#ip add 192.168.30.1 255.255.255.0

Router(config-if)#no shutdown

Router(config-if)#exit

Router(config)#router ospf 11

Router(config-router)#network 192.168.20.0 0.0.0.255 area 1

Router(config-router)#network 192.168.30.0 0.0.0.255 area 1

Router(config-router)#end

2. 路由器 Router1 上的配置命令

Router>en

Router#conf t

Router(config)#int g0/0/0

Router(config-if)# ip add 192.168.20.100 255.255.255.0
Router(config-if)# no shutdown
Router(config-if)# int g0/0/1
Router(config-if)# ip add 192.168.30.2 255.255.255.0
Router(config-if)# no shutdown
Router(config-if)# exit
Router(config)# router ospf 11
Router(config-router)# network 192.168.20.0 0.0.0.255 area 1
Router(config-router)# network 192.168.30.0 0.0.0.255 area 1
Router(config-router)# end

3. 主机 PC0～主机 PC3 上的配置命令

主机上的配置分两部分：①在配置窗口配置主机 IP 地址和子网掩码；②在命令行窗口执行 ping 命令。

4. 图形化操作命令

查看路由器的路由表、ARP 表。

5.4.6 思考与创新

设计一个基于 OSPF 协议的路由实验，要求：①实验网络中路由器数量多于 2 个；②每个网段内的主机可以正常通信。

5.5 多域 OSPF 邻居认证实验

多域 OSPF 邻居认证实验适合安全性要求高的大规模网络。

5.5.1 实验内容

多域 OSPF 邻居认证实验拓扑图如图 5-54 所示，验证路由器多域 OSPF 路由配置完成前后，各主机之间的通信情况变化。

按照实验拓扑图配置实验环境。通过配置 IP 地址，将主机 PC1、主机 PC2 和路由器 Router1 的端口 Gig0/0/0 划分到网段 192.168.10.0/24，处于区域 1。将主机 PC2、主机 PC3 和路由器 Router2 的端口 Gig0/0/0 划分到网段 192.168.20.0/24，处于区域 0。将路由器 Router1 的端口 Gig0/0/1 和路由器 Router0 的端口 Gig0/0/0 划分到区域 1 的网段 192.168.30.0/24，实现口令明文验证。将路由器 Router2 的端口 Gig0/0/1 和路由器 Router0 的端口 Gig0/0/1 划分到区域 0 的网段 192.168.40.0/24，实现 MD5 密文验证。

实验要求：①测试实验拓扑图中的各个主机之间的连通性；②更换明文密码和密文后再测试主机之间的连通性。

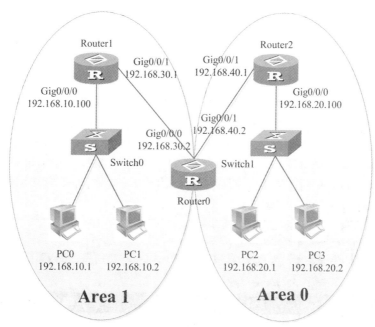

图 5-54　多域 OSPF 邻居认证实验拓扑图

5.5.2　实验目的

(1) 了解 OSPF 路由协议多域的工作原理；
(2) 掌握多域 OSPF 邻居认证配置方法。

5.5.3　关键命令解析

1. 配置区域口令明文验证

Router(config)# router ospf 10
Router(config-router)# area 1 authentication
Router(config-router)# exit
Router(config)# int g0/0/1
Router(config-if)# ip ospf authentication-key NPUTest

router ospf 10 是全局配置模式下的命令，用于启动编号为 10 的 OSPF 协议进程。
area 1 authentication 是路由器配置模式下的命令，用于在区域 1 使能口令明文认证。
ip ospf authentication-key NPUTest 是端口配置模式下的命令，用于设置链路两边端口的认证口令，本例中的口令为 NPUTest。

2. 配置区域 MD5 密文验证

Router(config)# router ospf 10
Router(config-router)# area 0 authentication message-digest
Router(config-router)# exit
Router(config)# int g0/0/1

Router(config-if)# ip ospf message-digest-key 1 md5 NPUTest

area 0 authentication message-digest 是路由器配置模式下的命令,用于在区域 0 使能密文认证。

ip ospf message-digest-key 1 md5 NPUTest 是端口配置模式下的命令,用于设置链路两边端口的密文认证口令,加密方式采用 MD5。本例中的口令为 NPUTest。

5.5.4 实验步骤

(1)启动 Cisco Packet Tracer,按照图 5-54 所示实验拓扑图连接设备后启动所有设备,Cisco Packet Tracer 的逻辑工作区如图 5-55 所示。注意:在本次实验中,路由器选择 ISR4331,交换机选择 2960 IOS15。

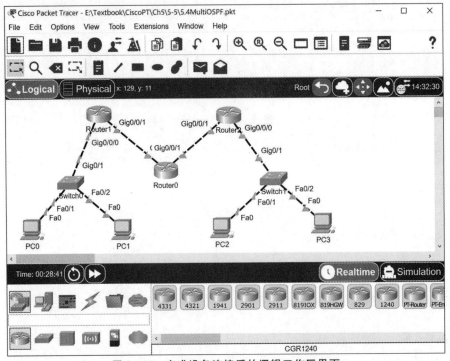

图 5-55 完成设备连接后的逻辑工作区界面

(2)按照图 5-54 所示拓扑图,配置每台主机 IP 地址、子网掩码和网关。

(3)主机配置完成后,在主机 PC0 上可以 ping 通主机 PC1,但不能 ping 通主机 PC2 和主机 PC3。同样,在主机 PC2 上可以 ping 通主机 PC3。

(4)在路由器 Router0 上执行以下命令,配置端口 Gig0/0/0 和端口 Gig0/0/1 的 IP 地址,并开启端口。

Router> en
Router# conf t
Router(config)# int g0/0/0
Router(config-if)# ip add 192.168.30.2 255.255.255.0
Router(config-if)# no shutdown

第 5 章 路由协议实验

Router(config-if)# int g0/0/1

Router(config-if)# ip add 192.168.40.2 255.255.255.0

Router(config-if)# no shutdown

Router(config-if)# end

(5)在路由器 Router1 上执行以下命令,配置端口 Gig0/0/0 和端口 Gig0/0/1 的 IP 地址,并开启端口。

Router> en

Router# conf t

Router(config)# int g0/0/0

Router(config-if)# ip add 192.168.10.100 255.255.255.0

Router(config-if)# no shutdown

Router(config-if)# int g0/0/1

Router(config-if)# ip add 192.168.30.1 255.255.255.0

Router(config-if)# no shutdown

Router(config-if)# end

(6)在路由器 Router2 上执行以下命令,配置端口 Gig0/0/0 和端口 Gig0/0/1 的 IP 地址,并开启端口。

Router> en

Router# conf t

Router(config)# int g0/0/0

Router(config-if)# ip add 192.168.20.100 255.255.255.0

Router(config-if)# no shutdown

Router(config-if)# int g0/0/1

Router(config-if)# ip add 192.168.40.1 255.255.255.0

Router(config-if)# no shutdown

Router(config-if)# end

(7)配置完成后,查看路由器 Router0 的端口状态,结果如图 5-56 所示,即表示配置正确。路由器 Router1 和路由器 Router0 的端口状态的查看结果类似。实验拓扑中所有设备的端口状态是开启状态(绿色三角)。

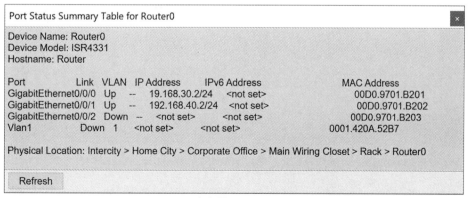

图 5-56 路由器 Router0 的端口状态

(8) 在主机 PC0 上可以 ping 通主机 PC1、路由器 Router1 的端口 Gig0/0/0 和端口 Gig0/0/1,但不能 ping 通路由器 Router0 的端口 Gig0/0/0。图 5-57 显示了路由器 Router1 的路由表。在该路由表中,存在到路由器 Router1 连接的两个网段的直连路由,但不存在到其他网段的路由条目。在其他主机上,可以得到类似的连通性测试结果。

Type	Network	Port	Next Hop IP	Metric
C	192.168.10.0/24	GigabitEthernet0/0/0	---	0/0
L	192.168.10.100/32	GigabitEthernet0/0/0	---	0/0
C	192.168.30.0/24	GigabitEthernet0/0/1	---	0/0
L	192.168.30.1/32	GigabitEthernet0/0/1	---	0/0

图 5-57 路由器 Router1 的路由表

(9) 在路由器 Router0 上启用 OSPF 协议,并在网段 192.168.30.0/24 和网段 192.168.40.0/24 上使能。注意:两个网段分属区域 1 和区域 0。

Router# conf t

Router(config)# router ospf 10

Router(config-router)# network 192.168.30.0 0.0.0.255 area 1

Router(config-router)# network 192.168.40.0 0.0.0.255 area 0

Router(config-router)# end

(10) 在路由器 Router1 上启用 OSPF 协议,并在网段 192.168.10.0/24 和网段 192.168.30.0/24 上使能。

Router# conf t

Router(config)# router ospf 10

Router(config-router)# network 192.168.10.0 0.0.0.255 area 1

Router(config-router)# network 192.168.30.0 0.0.0.255 area 1

Router(config-router)# end

(11) 在路由器 Router2 上启用 OSPF 协议,并在网段 192.168.20.0/24 和网段 192.168.40.0/24 上使能。

Router# conf t

Router(config)# router ospf 10

Router(config-router)# network 192.168.20.0 0.0.0.255 area 0

Router(config-router)# network 192.168.40.0 0.0.0.255 area 0

Router(config-router)# end

(12) 在主机 PC0 上 ping 主机 PC2 和主机 PC3,结果如图 5-58 所示。

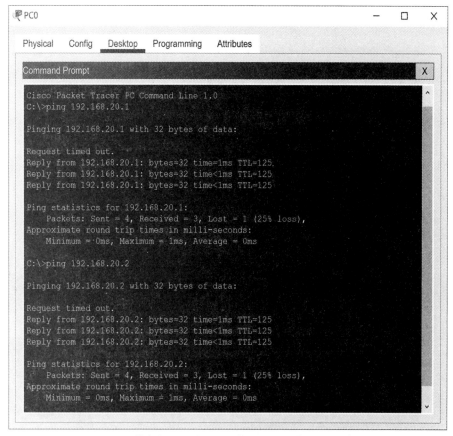

图 5-58　从主机 PC0 上 ping 主机 PC2 和主机 PC3 的结果

(13)查看三台路由器的路由表,分别如图 5-59～图 5-61 所示。不难发现,在三张路由表中均出现了由 OSPF 协议生成的到非邻接网段的路由信息。这样,实验网络拓扑中的各主机之间能相互 ping 通。

Type	Network	Port	Next Hop IP	Metric
O	192.168.10.0/24	GigabitEthernet0/0/0	192.168.30.1	110/2
O	192.168.20.0/24	GigabitEthernet0/0/1	192.168.40.1	110/2
C	192.168.30.0/24	GigabitEthernet0/0/0	---	0/0
L	192.168.30.2/32	GigabitEthernet0/0/0	---	0/0
C	192.168.40.0/24	GigabitEthernet0/0/1	---	0/0
L	192.168.40.2/32	GigabitEthernet0/0/1	---	0/0

图 5-59　路由器 Router0 的路由表

Routing Table for Router1

Type	Network	Port	Next Hop IP	Metric
C	192.168.10.0/24	GigabitEthernet0/0/0	---	0/0
L	192.168.10.100/32	GigabitEthernet0/0/0	---	0/0
O	192.168.20.0/24	GigabitEthernet0/0/1	192.168.30.2	110/3
C	192.168.30.0/24	GigabitEthernet0/0/1	---	0/0
L	192.168.30.1/32	GigabitEthernet0/0/1	---	0/0
O	192.168.40.0/24	GigabitEthernet0/0/1	192.168.30.2	110/2

图 5-60　路由器 Router1 的路由表

Routing Table for Router2

Type	Network	Port	Next Hop IP	Metric
O	192.168.10.0/24	GigabitEthernet0/0/1	192.168.40.2	110/3
C	192.168.20.0/24	GigabitEthernet0/0/0	---	0/0
L	192.168.20.100/32	GigabitEthernet0/0/0	---	0/0
O	192.168.30.0/24	GigabitEthernet0/0/1	192.168.40.2	110/2
C	192.168.40.0/24	GigabitEthernet0/0/1	---	0/0
L	192.168.40.1/32	GigabitEthernet0/0/1	---	0/0

图 5-61　路由器 Router2 的路由表

(14) 分别在路由器 Router1 和路由器 Router0 执行以下命令,在区域 1 上配置口令明文认证,假设本例中的密码为 NPUTest。

Router> en

Router# conf t

Router(config)# router ospf 10

Router(config-router)# area 1 authentication

Router(config-router)# exit

Router(config)# int g0/0/1

(在配置路由器 Router0 时,进入端口 Gig0/0/0 配置模式。)

Router(config-if)# ip ospf authentication-key NPUTest

Router(config-if)# end

(15) 在主机 PC0 上 ping 主机 PC2,结果如图 5-62 所示。

第 5 章 路由协议实验

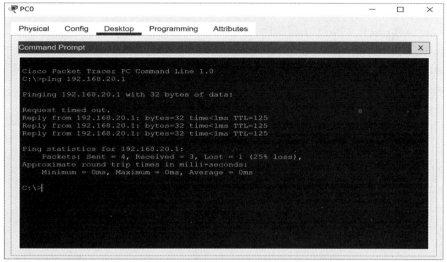

图 5-62 从主机 PC0 上 ping 主机 PC2 的结果

(16)先在路由器 Router1 上执行以下命令,将明文密码更换为 NPU。

Router(config)# int g0/0/1

Router(config-if)# ip ospf authentication-key NPU

再次在主机 PC0 上 ping 主机 PC2,结果如图 5-63 所示。结果显示,更换密码后,从主机 PC0 上不能再 ping 通主机 PC2。再在路由器上执行如下命令,主机 PC0 和主机 PC2 之间的连通性恢复正常。

Router(config)# int g0/0/1

Router(config-if)# ip ospf authentication-key NPUTest

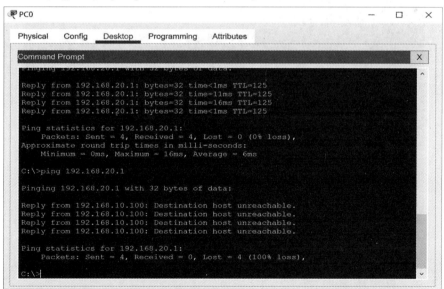

图 5-63 更换密码后从主机 PC0 上 ping 主机 PC2 的结果

(17)分别在路由器 Router2 和路由器 Router0 执行以下命令,在区域 0 上配置 MD5 密文认证,假设本例中的密码为 NPUTest。

· 197 ·

Router# conf t
Router(config)# router ospf 10
Router(config-router)# area 0 authentication message-digest
Router(config-router)# exit
Router(config)# int g0/0/1
Router(config-if)# ip ospf message-digest-key 1 md5 NPUTest
Router(config-if)# end

(18)在主机 PC0 上 ping 主机 PC2,结果如图 5-64 所示。

(19)在路由器 Router2 上执行以下命令,将密码更换为 NPU。

Router(config)# int g0/0/1
Router(config-if)# no ip ospf message-digest-key 1
Router(config-if)# ip ospf message-digest-key 1 md5 NPU

再次在主机 PC0 上 ping 主机 PC2,结果也如图 5-63 所示。结果显示,更换密码后,从主机 PC0 上不能再 ping 通主机 PC2。再在路由器上执行如下命令,主机 PC0 和主机 PC2 之间的连通性恢复正常。

Router(config)# int g0/0/1
Router(config-if)# no ip ospf message-digest-key 1
Router(config-if)# ip ospf message-digest-key 1 md5 NPUTest

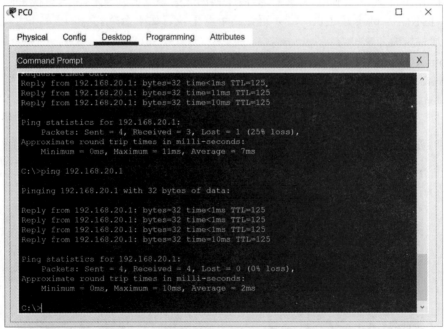

图 5-64 从主机 PC0 上 ping 主机 PC2 的结果

5.5.5 设备配置命令

1. 路由器 Router0 上的配置命令

Router> en

```
Router# conf t
Router(config)# int g0/0/0
Router(config-if)# ip add 192.168.30.2 255.255.255.0
Router(config-if)# no shutdown
Router(config-if)# int g0/0/1
Router(config-if)# ip add 192.168.40.2 255.255.255.0
Router(config-if)# no shutdown
Router(config-if)# exit
Router(config)# router ospf 10
Router(config-router)# network 192.168.30.0 0.0.0.255 area 1
Router(config-router)# network 192.168.40.0 0.0.0.255 area 0
Router(config-router)# area 1 authentication
Router(config-router)# exit
Router(config)# int g0/0/0
Router(config-if)# ip ospf authentication-key NPUTest
Router(config-if)# exit
Router(config)# router ospf 10
Router(config-router)# area 0 authentication message-digest
Router(config-router)# exit
Router(config)# int g0/0/1
Router(config-if)# ip ospf message-digest-key 1 md5 NPUTest
Router(config-if)# end
```

2. 路由器 Router1 上的配置命令

```
Router> en
Router# conf t
Router(config)# int g0/0/0
Router(config-if)# ip add 192.168.10.100 255.255.255.0
Router(config-if)# no shutdown
Router(config-if)# int g0/0/1
Router(config-if)# ip add 192.168.30.1 255.255.255.0
Router(config-if)# no shutdown
Router(config-if)# exit
Router(config)# router ospf 10
Router(config-router)# network 192.168.10.0 0.0.0.255 area 1
Router(config-router)# network 192.168.30.0 0.0.0.255 area 1
Router(config-router)# area 1 authentication
Router(config-router)# exit
Router(config)# int g0/0/1
Router(config-if)# ip ospf authentication-key NPUTest
```

Router(config-if)# ip ospf authentication-key NPU
Router(config-if)# ip ospf authentication-key NPUTest

3. 路由器 Router2 上的配置命令

Router> en
Router# conf t
Router(config)# int g0/0/0
Router(config-if)# ip add 192.168.20.100 255.255.255.0
Router(config-if)# no shutdown
Router(config-if)# int g0/0/1
Router(config-if)# ip add 192.168.40.1 255.255.255.0
Router(config-if)# no shutdown
Router(config-if)# exit
Router(config)# router ospf 10
Router(config-router)# network 192.168.20.0 0.0.0.255 area 0
Router(config-router)# network 192.168.40.0 0.0.0.255 area 0
Router(config-router)# area 0 authentication message-digest
Router(config-router)# exit
Router(config)# int g0/0/1
Router(config-if)# ip ospf message-digest-key 1 md5 NPUTest
Router(config-if)# no ip ospf message-digest-key 1
Router(config-if)# ip ospf message-digest-key 1 md5 NPU
Router(config-if)# ip ospf message-digest-key 1 md5 NPUTest

4. 主机 PC0～主机 PC3 上的配置命令

主机上的配置分两部分：①在配置窗口配置主机 IP 地址和子网掩码；②在命令行窗口执行 ping 命令。

5. 图形化操作命令

查看路由器上的路由表、ARP 表等。

5.5.6 思考与创新

(1)修改本次实验,由区域认证更改为链路认证,要求:①连接路由器 Router1 和路由器 Router0 的链路进行口令明文认证,而连接路由器 Router2 和路由器 Router0 的链路进行 MD5 密文认证;②主机之间通信正常。

(2)在 Simulation 模式下,捕获本实验中的认证事件序列,分析认证方式。

第6章 广域网协议实验

随着企业发展,其规模越来越大,分支机构遍布各地。分支机构员工需要与总部通信和共享数据,局域网技术已经不能满足这类远距离的通信需求。为解决此问题,企业通常使用广域网(Wide Area Network,WAN)技术,以专线或VPN形式将分布在不同地区分支结构的局域网连起来,达到资源共享的目的。WAN的覆盖范围一般可以从几十千米至几万千米,可以跨越市、省甚至国家。目前,广域网支持业务也从最初的简单数据传输发展到现在的语音通话、视频会议等。除基础设施外,协议也是WAN的重要部件之一。这里的广域网协议是指工作在OSI参考模型数据链路层上的协议,常见的广域网协议包括点对点协议(Point-to-Point Protocol,PPP)、帧中继(Frame Relay,FR)等。

6.1 广域网协议介绍

6.1.1 PPP简介

PPP协议主要用于在全双工的同异步链路上进行点到点的数据传输,如图6-1所示,详细协议描述见RFC 1661,其协议组件包括以下几个部分:

(1)数据封装方式,规定协议数据帧格式;

(2)链路控制协议(Link Control Protocol,LCP),用于建立、拆除和维护数据链路;

(3)网络层控制协议(Network Control Protocol,NCP),用于适配不同网络层协议,协商在数据链路上传输的数据格式与类型;

(4)验证协议族,用于网络安全方面的验证,包括密码验证协议(Password Authentication Protocol,PAP)和挑战握手验证协议(Challenge Handshake Authentication Protocol,CHAP)。

PPP协议是在串行线IP协议(Serial Line IP,SLIP)的基础上发展起来的,能够提供用户验证,易于扩充,并且支持同步、异步通信,因此获得广泛应用。

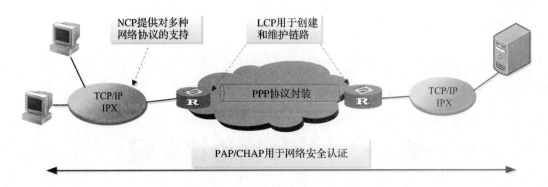

图 6-1　PPP 协议组件及相互关系

1. PPP 协议数据帧格式

PPP 协议报文封装格式如图 6-2 所示，其每个字段含义说明详见表 6-1。

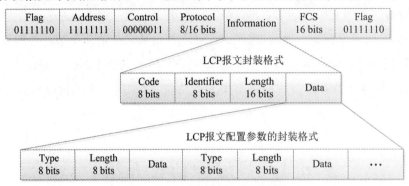

图 6-2　PPP 协议报文封装格式

表 6-1　PPP 报文中各字段的含义

字　段	含　义
Flag	标识数据帧的起始和结束，该字节为 0x7E
Address	标识通信的对方。因 PPP 协议是点对点协议，所以通信双方无需对方的数据链路层地址。该字节为全 1，无实际意义
Control	该字段默认为 0x03，表明为无序号帧。通常，Address 和 Control 一起标识 PPP 报文，即 PPP 报文开头为 0xFF03
Protocol	用来区分 PPP 数据帧中 Information 域所承载的数据类型，常见协议包括 IP 协议、LCP 协议、PAP 协议和 CHAP 协议等
Information	PPP 协议报文传输的数据内容，最大长度是 1 500 字节，包括填充域的内容
FCS	帧校验序列(Frame Check Sequence)，是一段 4 个字节的循环冗余校验码

2. 链路控制协议(LCP)和网络层控制协议(NCP)

PPP 协议利用 LCP 报文建立链路和过程协商，LCP 报文作为载荷被封装在 PPP 数据帧的 Information 域中，协议域被填为 0xC021。

LCP 报文封装格式如图 6-2 所示，其中 Code 域用来标识 LCP 报文的类型，比如配置请求报文、配置确认报文、终止链路请求、终止链路确认；Identifier 域用来匹配请求和响应，在对方收到配置请求报文后，要求回应报文中的 ID 要与接收报文中的 ID 一致；Length 域是 LCP 报文的字节长度；Data 域是协商内容。

建立 PPP 链路的过程是通过一系列的协商完成的，如图 6-3 所示。

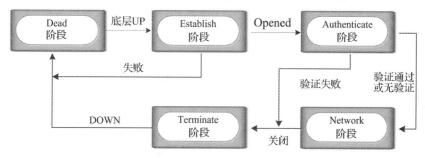

图 6-3 PPP 链路建立过程

(1) PPP 链路都从 Dead 阶段开始和结束。当通信双方检测到物理线路被激活时，就从 Dead 阶段跳至 Establish 阶段，开始建立 PPP 链路。

(2) 在 Establish 阶段，PPP 链路进行 LCP 协商。协商内容包括工作方式、最大接收单元 MRU、验证方式和魔术字（magic number）等选项。协商成功表示底层链路已经建立，LCP 状态为 Opened。

(3) 如果配置了验证，将进入 Authenticate 阶段，开始 CHAP 或 PAP 验证。如果没有配置验证，则直接进入 Network 阶段。

(4) 在 Authenticate 阶段，如果验证失败，进入 Terminate 阶段，LCP 状态转为 Down。如果验证成功，进入 Network 阶段，LCP 状态仍为 Opened。

(5) 在 Network 阶段，通过 NCP 协商来配置适配网络层协议。NCP 协商成功后，NCP 状态变为 Opened，才能通过 PPP 链路发送数据，PPP 链路一直保持通信状态。在 PPP 运行过程中，可以随时关闭链路，进入 Terminate 阶段。

(6) 在 Terminate 阶段，所有资源被释放后，LCP 状态变为 Down，通信双方回到 Dead 阶段。

3. 密码验证协议 PAP

缺省情况下，PPP 链路不进行安全验证。如果要求验证，在链路建立阶段必须指定验证协议。PPP 提供 PAP 和 CHAP 两种验证方式。

PPP 验证又分为单向验证和双向验证。单向验证是指通信的一方作为验证方，另一方作为被验证方。双向验证是单向验证的简单叠加，即双方既作为验证方又作为被验证方。

PAP 验证为两次握手验证，采用明文传输口令，验证过程如图 6-4 所示。

(1) 被验证方把用户名和口令以明文形式发送给验证方。

(2) 验证方在收到对方验证信息后，查询本地用户表。

➢若有,则查看口令是否正确,
- 若口令正确,则验证通过;
- 若口令不正确,则验证失败。

➢若没有,则验证失败。

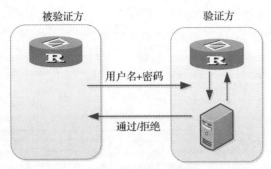

图 6-4 PAP 验证过程

PPP 协议利用 PAP 报文进行安全验证时,PAP 报文作为净载荷被封装在 PPP 数据帧的 Information 域中,协议域被填为 0xC023。

4. 挑战握手验证协议 CHAP

CHAP 验证采用三次握手验证方式,在网络上传输用户名,而并不传输用户口令,因此安全性比 PAP 高。验证过程如图 6-5 所示。

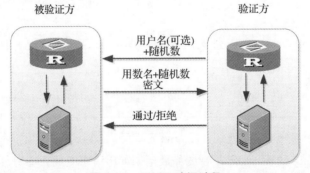

图 6-5 CHAP 验证过程

验证方在向被验证方发起验证过程时,可以选择发送用户名,也可选择不发送用户名。因此,验证过程分为含用户名的验证和不含用户名的验证两种情况。

(1) 含用户名的 CHAP 验证过程如下:

1) 由验证方发起验证请求,向被验证方发送随机报文,并附带上用户名。

2) 被验证方接到验证请求后,先检查本地是否配置了 CHAP 密码,

➢如果配置了,则被验证方用报文 ID、CHAP 密码和 MD5 算法对随机报文进行加密,并将密文和自己用户名发回验证方。

➢如果未配置,则根据验证方的用户名查询本地用户表获取该用户的密码,用报文 ID、用户密码和 MD5 算法对随机报文进行加密,并将密文和自己用户名发回验证方。

3)验证方用保存的被验证方密码和MD5算法对随机报文加密,比较二者的密文,若比较结果一致,验证通过,若比较结果不一致,验证失败。

(2)未含用户名的CHAP验证过程如下:

1)由验证方发起验证请求,向被验证方发送随机报文。

2)被验证方接到验证请求后,利用报文ID、配置的CHAP密码和MD5算法对随机报文进行加密,并将密文和自己用户名发回验证方。

3)验证方用保存的被验证方密码和MD5算法对随机报文加密,比较二者的密文,若比较结果一致,验证通过,若比较结果不一致,验证失败。

PPP协议利用CHAP报文进行安全验证时,CHAP报文作为净载荷被封装在PPP数据帧的Information域中,协议域被填为0xC223。

6.1.2 帧中继简介

帧中继是在数据链路层用简化方法传送和交换数据单元的快速分组交换技术,可以在一条物理链路上复用多条虚电路(Virtual Circuit,VC)传送数据,实现带宽复用和动态分配。

1. 基本概念

帧中继用虚电路连接通信双方的设备,每条虚电路用数据链路连接标识符(Data Link Connection Identifier,DLCI)标识,多段虚电路就构成了连接通信双方设备的永久虚电路。

虚电路是在两台通信设备之间物理链路上建立的逻辑链路。根据建立方式,虚电路分为永久虚电路和交换虚电路两类。

(1)永久虚电路(Permanent Virtual Circuit,PVC):由手工设置的虚电路,是目前帧中继中使用最多的VC类型。

(2)交换虚电路(Switching Virtual Circuit,SVC):由协议自动创建和维护的虚电路。

帧中继可以在一条物理线路上建立多条虚电路,每条虚电路用DLCI区分。DLCI只在本地接口有效,这点类似传输层的端口号,也就是说,不同物理接口上相同DLCI并不标识同一条虚电路。此外,由于虚电路是面向连接的,不同DLCI连接不同的对端设备,所以DLCI也可视为对端设备的帧中继地址。

在帧中继网络中,存在数据终端设备(Data Terminal Equipment,DTE)和数据通信设备(Data Communication Equipment,DCE)两类设备。DTE是用户设备,比如路由器或用户主机;而DCE则是将用户接入网络的设备或网络中的交换设备。DTE和DCE之间的接口被称为用户网络接口(User Network Interface,UNI);DCE和DCE之间的接口被称为网络间接口(Network Network Interface,NNI)。如图6-6所示,两台DTE(R1和R6)通过帧中继网络互连,DCE设备R2、R3、R4和R5组成帧中继交换网(FR Switch)。R1和R2间的接口称为UNI,R4和R5间的则称为NNI。R1和R6之间建立一条PVC(R1→R2→R3→R5→R6),由四段虚电路组成,不同虚电路段的DLCI不同,分别是100(R1和R2之间的)、200(R2和R3之间的)、300(R3和R5之间的)和400(R5和R6之间的)。

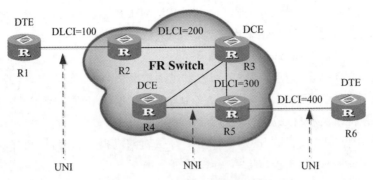

图 6-6　一个帧中继网络示意图

2. 数据帧封装格式

帧中继先接收网络层(如 IP 层)的数据分组,并将其封装到帧中继的数据帧中,然后再将数据帧传递给物理层。图 6-7 是帧中继的帧结构示意图,Flag 指定帧的开始和结束,其余分别是地址、数据和序列校验,详细说明见表 6-2。

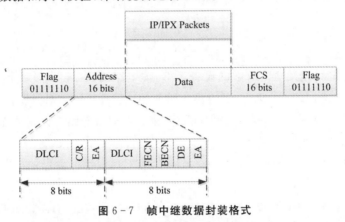

图 6-7　帧中继数据封装格式

表 6-2　数据帧字段详解

字　段	含　义
Flag	报文的开始和结束,设置为 0x7E
Address	地址字段共 16 位,其中 10 位是 DLCI,C/R 位保留,EA 位为 1 表示当前为 DLCI 的最后一个字节,FECN 位标识前向显示拥塞通知,BECN 位标识后向显示拥塞通知,DE 位标识可丢弃
Data	网络层数据,最大 16 000 字节
FCS	数据帧校验和

3. 帧中继的数据帧转发过程

图 6-8 显示了从 R1 到 R6 的一条永久虚电路(R1→R2→R3→R5→R6)。每台路由器存储了输入 DLCI、输入端口到输出 DLCI、输出端口的映射。从通信的一方开始,依据路由

器之间的连接关系进行寻找,直到找到通信另一方连续路径。R1 到 R6 的数据帧转发过程如下:

1)被转发的数据帧使用 DLCI 100 离开 R1;
2)在 R2,数据帧通过 DLCI 100 和端口 1 进入,通过 DLCI 200 和端口 0 离开;
3)在 R3,数据帧通过 DLCI 200 和端口 0 进入,通过 DLCI 300 和端口 2 离开;
4)在 R5,数据帧通过 DLCI 300 和端口 1 进入,通过 DLCI 400 和端口 2 离开。

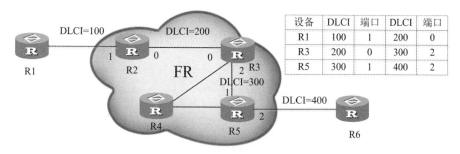

图 6-8 帧中继转发过程示意图

6.2 PAP 验证配置实验

随着公司业务不断增长,公司向 ISP 申请了专线接入互联网,公司路由器(客户端)与 ISP(服务器端)进行链路协商时需要验证身份。因此,除配置路由器保证链路建立,还需要考虑网络安全验证。

6.2.1 实验内容

PAP 验证实验拓扑图如图 6-9 所示,验证 PAP 验证配置完成前后,各主机之间的通信情况。

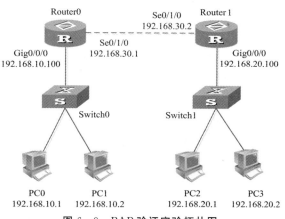

图 6-9 PAP 验证实验拓扑图

按照图 6-9 所示实验拓扑图配置实验环境。通过配置 IP 地址,将主机 PC0、主机 PC1 和路由器 Router0 的端口 Gig0/0 划分到网段 192.168.10.0/24,将主机 PC2、主机 PC3 和路由器 Router1 的端口 Gig0/0 划分到网段 192.168.20.0/24。将路由器 Router0 的端口 Se0/1/0 和路由器 Router1 的端口 Se0/1/0 划分到网段 192.168.30.0/24。

配置静态路由,保证各台主机之间可以相互 ping 通。

设置 PAP 验证,保证各台主机之间仍可以相互 ping 通。更改验证口令,测试各台主机之间的连通性。

6.2.2 实验目的

(1)了解 PPP 协议的工作原理;
(2)理解 PAP 验证的作用;
(3)掌握 PAP 单向验证的配置方法。

6.2.3 关键命令解析

1. 设置 PAP 验证的用户名和口令

Router(config)# username r1 password NPUTest

usernamer 1 password NPUTest 是全局配置模式下的命令,用于在验证端设置被验证的用户名和口令,也可以用命令 username r1 secret cisco 设置被验证的用户名和口令,该命令用密文存储口令,更安全些。

2. 设置 PAP 验证端

Router(config)# int s0/1/0

Router(config-if)# ppp authentication pap

int s0/1/0 是全局配置模式下的命令,用于进入端口 Se0/1/0 的配置模式。

ppp authentication pap 是端口配置模式下的命令,用于将端口 Se0/1/0 设置为 PAP 验证模式的验证端。

3. 设置 PAP 验证的被验证端

Router(config)# int s0/1/0

Router(config-if)# ppp pap sent-username r1 password NPUTest

int s0/1/0 是全局配置模式下的命令,用于进入端口 Se0/1/0 的配置模式。

ppp pap sent-username r1 password NPUTest 是端口配置模式下的命令,用于在端口 Se0/1/0 上配置验证信息,用户名是 r1,口令是 NPUTest。在发起验证时将把该信息发送给验证端。

6.2.4 实验步骤

(1)启动 Cisco Packet Tracer,按照图 6-9 所示实验拓扑图添加网络设备和主机。在本次实验中,路由器型号选择 1941。在缺省情况下,路由器 1941 并不包含 WAN 端口。为满足实验条件,单击路由器 Router0 图标,弹出图 6-10 所示配置界面,在弹出的图形配置界面 Physical 选项卡下单击路由器电源开关,关闭路由器电源(注意:添加或更换硬件模块一定要确保设备处于关机状态)。然后,先点击 HWIC-2T 模块,并拖至路由器 Router0 的空槽位置,最后再点击路由器的开关,启动路由器。同样,为路由器 Router1 添加 WAN 模块。

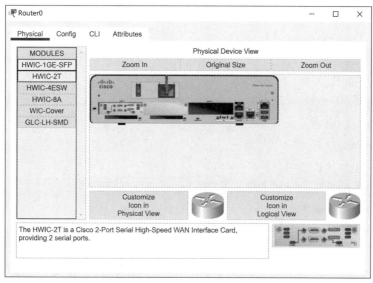

图 6-10　路由器 Router0 的物理模块配置界面

(2)按实验拓扑图所示连接设备后,并启动所有设备,Cisco Packet Tracer 的逻辑工作区如图 6-11 所示。

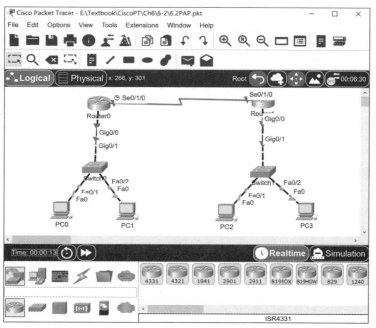

图 6-11　完成设备连接后的逻辑工作区界面

(3)按照图 6-9 所示实验拓扑图,配置主机的 IP 地址、子网掩码和网关。

(4)主机配置完成后,在主机 PC0 上可以 ping 通主机 PC1,但 ping 不通其他主机或端口。同样,在主机 PC2 上可以 ping 通主机 PC3。

(5)在路由器 Router0 上执行以下命令,配置端口 Gig0/0 的 IP 地址,并开启端口。

Router＞en

Router#conf t

Router(config)#int g0/0

Router(config-if)#ip add 192.168.10.100 255.255.255.0

Router(config-if)#no shutdown

(6)在路由器 Router0 上执行以下命令,在端口 Se0/1/0 上启用 PPP 协议,配置端口 Se0/1/0 的 IP 地址,并开启端口。

Router(config-if)#int s0/1/0

Router(config-if)#encapsulation ppp

Router(config-if)#ip add 192.168.30.1 255.255.255.0

Router(config-if)#no shutdown

Router(config-if)#end

(7)配置完成后,查看路由器 Router0 的端口状态,结果如图 6-12 所示,即表示配置正确。观察端口 Gig0/0 的状态从关闭状态(红色倒三角)变成开启状态(绿色三角)。端口 Se0/1/0 的状态显示关闭状态(Down),这是因为链路另一端的交换机 Router1 端口 Se0/1/0 是关闭状态。

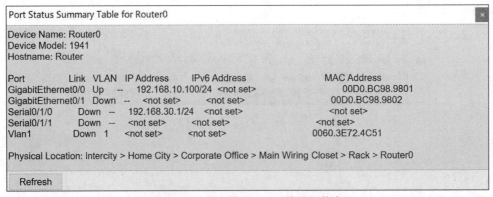

图 6-12 路由器 Router0 的端口状态

(8)在路由器 Router1 上执行以下命令,配置端口 Gig0/0 的 IP 地址,并开启端口。

Router＞en

Router#conf t

Router(config)#int g0/0

Router(config-if)#ip add 192.168.20.100 255.255.255.0

Router(config-if)#no shutdown

(9)在路由器 Router1 上执行以下命令,在端口 Se0/1/0 启用 PPP 协议,配置端口 Se0/

1/0 的 IP 地址,并开启端口。

  Router(config-if)# int s0/1/0

  Router(config-if)# encapsulation ppp

  Router(config-if)# ip add 192.168.30.2 255.255.255.0

  Router(config-if)# no shutdown

  Router(config-if)# end

(10)配置完成后,查看路由器 Router1 的端口状态,结果如图 6-13 所示,即表示配置正确。至此,可以观察到实验网络中所有端口状态均变成开启状态(绿色三角)。路由器 Router0 的端口状态也如图 6-14 所示,端口 Se0/1/0 的状态也变成 Up,因为连接两台路由器的链路被激活了。

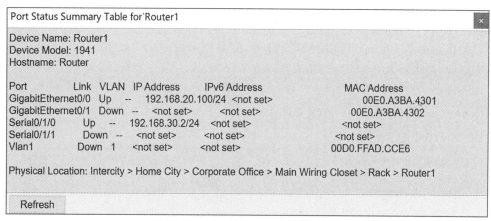

图 6-13　路由器 Router1 的端口状态

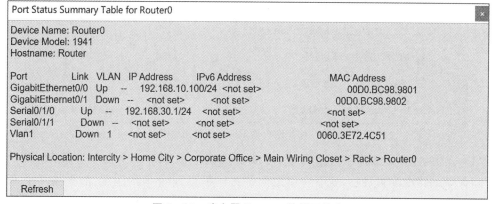

图 6-14　路由器 Router0 的端口状态

(11)为保证主机之间能够相互 ping 通,在路由器 Router0 上执行以下命令,配置到网段 192.168.20.0/24 的路由信息。配置完成后,路由器 Router0 的路由表如图 6-15 所示。

  Router# conf t

  Router(config)# ip route 192.168.20.0 255.255.255.0 192.168.30.2

  Router(config)# end

Routing Table for Router0

Type	Network	Port	Next Hop IP	Metric
C	192.168.10.0/24	GigabitEthernet0/0	---	0/0
L	192.168.10.100/32	GigabitEthernet0/0	---	0/0
S	192.168.20.0/24	---	192.168.30.2	1/0
C	192.168.30.0/24	Serial0/1/0	---	0/0
L	192.168.30.1/32	Serial0/1/0	---	0/0
C	192.168.30.2/32	Serial0/1/0	---	0/0

图 6-15 路由器 Router0 的路由表

(12)在路由器 Router1 上执行以下命令,配置到网段 192.168.10.0/24 的路由信息。配置完成后,路由器 Router1 的路由表如图 6-16 所示。

Router# conf t
Router(config)# ip route 192.168.10.0 255.255.255.0 192.168.30.1
Router(config)# end

Routing Table for Router1

Type	Network	Port	Next Hop IP	Metric
S	192.168.10.0/24	---	192.168.30.1	1/0
C	192.168.20.0/24	GigabitEthernet0/0	---	0/0
L	192.168.20.100/32	GigabitEthernet0/0	---	0/0
C	192.168.30.0/24	Serial0/1/0	---	0/0
C	192.168.30.1/32	Serial0/1/0	---	0/0
L	192.168.30.2/32	Serial0/1/0	---	0/0

图 6-16 路由器 Router1 的路由表

(13)在主机 PC0 上执行 ping 命令,可以 ping 通主机 PC2 和主机 PC3,如图 6-17 所示。随着静态路由配置成功,所有主机之间都可以相互 ping 通。注意:前 1 或 2 个 ICMP 响应报文可能会超时。

(14)本次实验配置 PAP 双向验证,假设路由器 Router0 作为被验证端时的用户名和口令为 r0 和 NPUTest0;路由器 Router1 作为被验证端时的用户名和口令为 r1 和 NPUTest1。在路由器 Router0 上执行如下命令,配置 PAP 双向认证。

Router(config)# username r1 secret NPUTest1
Router(config)# int s0/1/0
Router(config-if)# ppp authentication pap

Router(config-if)# ppp pap sent-username r0 password NPUTest0

执行命令 ppp authentication pap 后,系统会提示%LINEPROTO-5-UPDOWN:Line protocol on Interface Serial0/1/0, changed state to down。此时,端口状态是开启的,而协议状态是关闭的,这是由于链路两端配置不一致引起的。

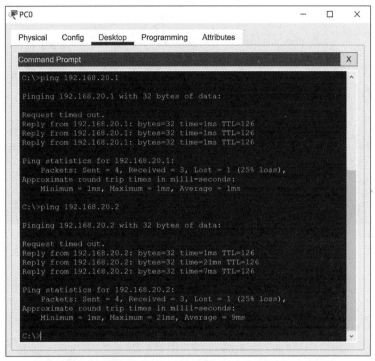

图 6-17 在主机 PC0 上 ping 主机 PC2 和主机 PC3 的结果

(15)在路由器 Router1 上执行如下命令,配置 PAP 双向认证。

Router(config)# username r0 secret NPUTest0

Router(config)# int s0/1/0

Router(config-if)# ppp authentication pap

Router(config-if)# ppp pap sent-username r1 password NPUTest1

在路由器 Router1 配置完成后,在路由器 Router0 上可以看到提示信息%LINEPROTO-5-UPDOWN:Line protocol on Interface Serial0/1/0, changed state to up,表明路由器 Router0 端口 Se0/1/0 协议状态变成开启状态。

如果想配置的 PAP 验证立即生效,可以在端口上执行如下命令。

Router(config-if)# shutdown

Router(config-if)# no shutdown

(16)在主机 PC0 上 ping 主机 PC3,结果如图 6-18 所示;在主机 PC3 上 ping 主机 PC1,结果如图 6-19 所示。实际上,各台主机之间可以相互 ping 通。

(17)分别查看路由器 Router0 和路由器 Router1 的路由表。与图 6-15 和图 6-16 相比,两台路由器的路由表没有发生变化。

图 6-18 在主机 PC0 上 ping 主机 PC3 的结果

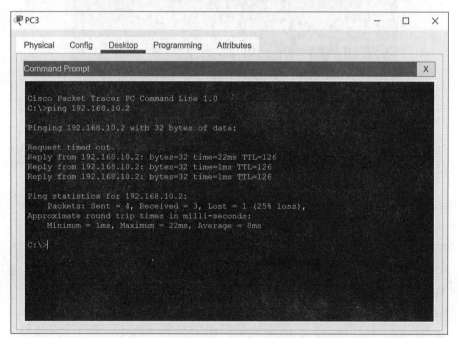

图 6-19 在主机 PC3 上 ping 主机 PC1 的结果

(18)在路由器 Router0 上执行如下命令,将被验证端的口令 NPUTest0 修改为 NWPU。

Router(config)# int s0/1/0

Router(config-if)# ppp pap sent-username r0 password NWPU

Router(config-if)# shutdown

Router(config-if)#no shutdown

(19)在主机 PC0 上 ping 主机 PC3,结果如图 6-20 所示。在主机 PC3 上 ping 主机 PC1,结果如图 6-21 所示。

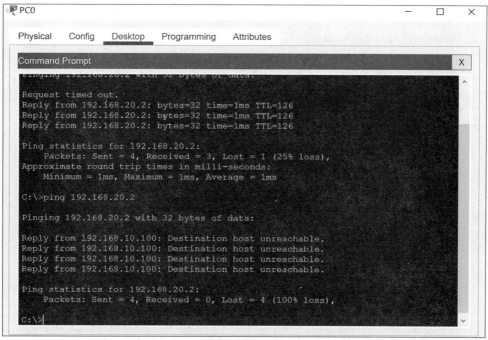

图 6-20　在主机 PC0 上 ping 主机 PC3 的结果

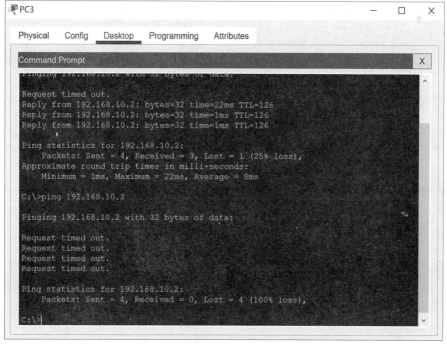

图 6-21　在主机 PC3 上 ping 主机 PC1 的结果

(20)分别查看路由器Router0和路由器Router1的路由表,结果分别如图6-22和图6-23所示。与图6-15相比,路由器Router0的路由表少到网段192.168.20.0/24的静态路由以及到网段192.168.30.0/24的直连路由。但是,路由器Router1的路由表没有发生变化。

Routing Table for Router0

Type	Network	Port	Next Hop IP	Metric
C	192.168.10.0/24	GigabitEthernet0/0	---	0/0
L	192.168.10.100/32	GigabitEthernet0/0	---	0/0
C	192.168.30.2/32	Serial0/1/0	---	0/0

图6-22 路由器Router0的路由表

Routing Table for Router1

Type	Network	Port	Next Hop IP	Metric
S	192.168.10.0/24	---	192.168.30.1	1/0
C	192.168.20.0/24	GigabitEthernet0/0	---	0/0
L	192.168.20.100/32	GigabitEthernet0/0	---	0/0
C	192.168.30.0/24	Serial0/1/0	---	0/0
C	192.168.30.1/32	Serial0/1/0	---	0/0
L	192.168.30.2/32	Serial0/1/0	---	0/0

图6-23 路由器Router1的路由表

(21)在路由器Router0上执行如下命令,将PAP验证恢复成最初设置。

Router(config)# int s0/1/0

Router(config-if)# ppp pap sent-username r0 password NPUTest0

Router(config-if)# shutdown

Router(config-if)# no shutdown

配置完成后,路由器Router0的路由表恢复到图6-15所示的状态。各台主机之间又可以相互ping通。

6.2.5 设备配置命令

1. 路由器Router0上的配置命令

Router> en

Router# conf t

Router(config)# int g0/0

Router(config-if)# ip add 192.168.10.100 255.255.255.0

Router(config-if)# no shutdown

Router(config-if)# int s0/1/0

Router(config-if)# encapsulation ppp

Router(config-if)# ip add 192.168.30.1 255.255.255.0

Router(config-if)# no shutdown

Router(config-if)# exit

Router(config)# ip route 192.168.20.0 255.255.255.0 192.168.30.2

Router(config)# username r1 secret NPUTest1

Router(config)# int s0/1/0

Router(config-if)# ppp authentication pap

Router(config-if)# ppp pap sent-username r0 password NPUTest0

Router(config-if)# ppp pap sent-username r0 password NWPU

Router(config-if)# shutdown

Router(config-if)# no shutdown

Router(config-if)# ppp pap sent-username r0 password NPUTest0

Router(config-if)# shutdown

Router(config-if)# no shutdown

2. 路由器 Router1 上的配置命令

Router> en

Router# conf t

Router(config)# int g0/0

Router(config-if)# ip add 192.168.20.100 255.255.255.0

Router(config-if)# no shutdown

Router(config-if)# int s0/1/0

Router(config-if)# encapsulation ppp

Router(config-if)# ip add 192.168.30.2 255.255.255.0

Router(config-if)# no shutdown

Router(config-if)# exit

Router(config)# ip route 192.168.10.0 255.255.255.0 192.168.30.1

Router(config)# username r0 secret NPUTest0

Router(config)# int s0/1/0

Router(config-if)# ppp authentication pap

Router(config-if)# ppp pap sent-username r1 password NPUTest1
Router(config-if)# shutdown
Router(config-if)# no shutdown

3. 主机 PC0、PC1、PC2、PC3 上的配置命令

主机上的配置分两部分：①在配置窗口配置主机 IP 地址和子网掩码；②在命令行窗口执行 ping 命令。

4. 图形化操作命令

利用公共工具栏上的 Inspect 按钮查看路由器的路由表。

6.2.6　思考与创新

(1)在本次实验中，改变验证端存储的用户名和口令，测试主机间的通信状态，分析产生相应通信状态的原因。

(2)在本次实验中，改变被验证端发送的口令，捕获 PAP 验证事件序列，分析产生相应通信状态的原因。

6.3　CHAP 验证配置实验

在某公司路由器（客户端）与 ISP（服务器端）进行链路协商时可以采用 PAP 进行身份验证。然而，由于 PAP 验证采用两次握手验证，存在一定的安全隐患。为解决此问题，可以用 CHAP 验证来代替 PAP 验证。CHAP 采用挑战-响应式三次握手验证方式，验证过程中不需要传输口令，增强了验证的安全性。

6.3.1　实验内容

CHAP 验证实验拓扑图如图 6-24 所示，验证 CHAP 验证配置完成前后，各主机之间的通信情况。

按照图 6-24 所示实验拓扑图配置实验环境。通过配置 IP 地址，将主机 PC0、主机 PC1 和路由器 Router0 的端口 Gig0/0 划分到网段 192.168.10.0/24，将主机 PC2、主机 PC3 和路由器 Router1 的端口 Gig0/0 划分到网段 192.168.20.0/24。将路由器 Router0 的端口 Se0/1/0 和路由器 Router1 的端口 Se0/1/0 划分到网段 192.168.30.0/24。

配置静态路由，保证各台主机之间可以相互 ping 通。

配置 CHAP 验证，保证各台主机之间仍可以相互 ping 通。更改验证口令，测试各台主机之间的连通性。

第 6 章 广域网协议实验

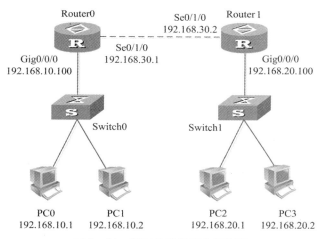

图 6-24 CHAP 验证实验拓扑图

6.3.2 实验目的

(1) 理解 CHAP 验证的工作原理；
(2) 掌握 CHAP 验证的配置方法。

6.3.3 关键命令解析

(1) 设置 CHAP 验证的用户名和口令。

Router(config)# username r1 password NPUTest

usernamer 1 password NPUTest 是全局配置模式下的命令，用于设置被验证的用户名和 CHAP 口令。也可以用命令 username r1 secret cisco 设置被验证的用户名和 CHAP 口令，该命令用密文存储口令，更安全些。

(2) 设置 CHAP 验证端。

Router(config)# int s0/1/0

Router(config-if)# ppp authentication chap

int s0/1/0 是全局配置模式下的命令，用于进入端口 Se0/1/0 的配置模式。

ppp authentication chap 是端口配置模式下的命令，用于将端口 Se0/1/0 设置为 CHAP 验证模式的验证端。

(3) 设置 CHAP 验证的被验证端。

Router(config)# int s0/1/0

Router(config-if)# ppp chap hostname r1

Router(config-if)# ppp chap password NPUTest1

int s0/1/0 是全局配置模式下的命令，用于进入端口 Se0/1/0 的配置模式。

ppp chap hostname r1 是端口配置模式下的命令，用于在端口 Se0/1/0 上配置被验证的用户名是 r1。

ppp chap password NPUTest1 是端口配置模式下的命令,用于在端口 Se0/1/0 上配置被验证的口令是 NPUTest1。

6.3.4 实验步骤

(1)启动 Cisco Packet Tracer,按照图 6-24 所示实验拓扑图添加网络设备和主机。在本次实验中,路由器型号选择 1941。在缺省情况下,路由器 1941 并不包含 WAN 端口。为满足实验条件,分别为路由器 Router0 和路由器 Router1 添加 HWIC-2T 模块。按实验拓扑图所示连接设备后,启动所有设备,Cisco Packet Tracer 的逻辑工作区如图 6-25 所示。

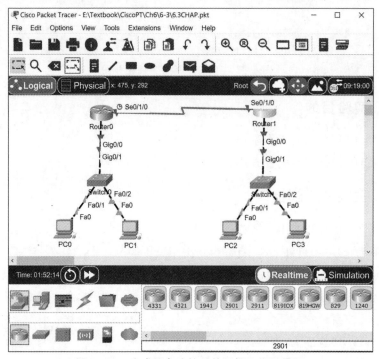

图 6-25 完成设备连接后的逻辑工作区界面

(2)按照图 6-24 所示实验拓扑图,配置主机的 IP 地址、子网掩码和网关。

(3)主机配置完成后,在主机 PC0 上可以 ping 通主机 PC1,但 ping 不通其他主机或端口。同样,在主机 PC2 上可以 ping 通主机 PC3。

(4)在路由器 Router0 上执行以下命令,配置端口 Gig0/0 的 IP 地址,并开启端口。

Router> en

Router# conf t

Router(config)# int g0/0

Router(config-if)# ip add 192.168.10.100 255.255.255.0

Router(config-if)# no shutdown

(5)在路由器 Router0 上执行以下命令,在端口 Se0/1/0 上启用 PPP 协议,配置端口 Se0/1/0 的 IP 地址,并开启端口。

Router(config-if)# int s0/1/0

Router(config-if)# encapsulation ppp

Router(config-if)# ip add 192.168.30.1 255.255.255.0

Router(config-if)# no shutdown

Router(config-if)# end

(6)配置完成后,查看路由器 Router0 的端口状态,结果如图 6-26 所示,即表示配置正确。观察端口 Gig0/0 的状态从关闭状态(红色倒三角)变成开启状态(绿色三角)。端口 Se0/1/0 的状态显示关闭状态(Down),这是因为链路另一端的交换机 Router1 端口 Se0/1/0 是关闭状态。

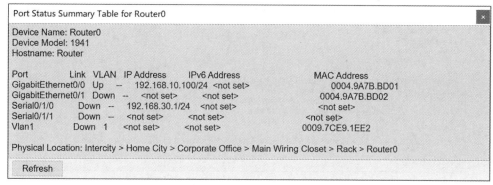

图 6-26 路由器 Router0 的端口状态

(7)在路由器 Router1 上执行以下命令,配置端口 Gig0/0 的 IP 地址,并开启端口。

Router> en

Router# conf t

Router(config)# int g0/0

Router(config-if)# ip add 192.168.20.100 255.255.255.0

Router(config-if)# no shutdown

(8)在路由器 Router1 上执行以下命令,在端口 Se0/1/0 启用 PPP 协议,配置端口 Se0/1/0 的 IP 地址,并开启端口。

Router(config-if)# int s0/1/0

Router(config-if)# encapsulation ppp

Router(config-if)# ip add 192.168.30.2 255.255.255.0

Router(config-if)# no shutdown

Router(config-if)# end

(9)配置完成后,查看路由器 Router1 的端口状态,结果如图 6-27 所示,即表示配置正确。至此,可以观察到实验网络中所有端口状态均变成开启状态(绿色三角)。路由器 Router0 的端口状态也如图 6-28 所示,端口 Se0/1/0 的状态也变成 Up,因为连接两台路由器的链路被激活了。

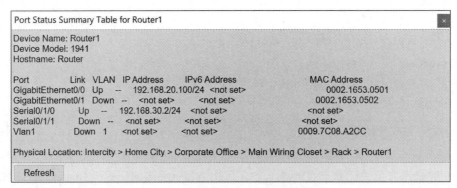

图 6-27 路由器 Router1 的端口状态

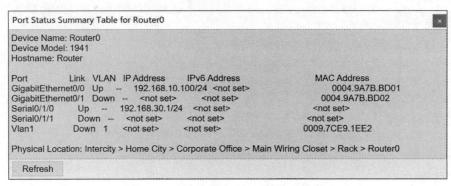

图 6-28 路由器 Router0 的端口状态

(10) 为保证主机之间能够相互 ping 通,在路由器 Router0 上执行以下命令,配置到网段 192.168.20.0/24 的路由信息。配置完成后,路由器 Router0 的路由表如图 6-29 所示。

Router# conf t
Router(config)# ip route 192.168.20.0 255.255.255.0 192.168.30.2
Router(config)# end

Routing Table for Router0				
Type	Network	Port	Next Hop IP	Metric
C	192.168.10.0/24	GigabitEthernet0/0	---	0/0
L	192.168.10.100/32	GigabitEthernet0/0	---	0/0
S	192.168.20.0/24	---	192.168.30.2	1/0
C	192.168.30.0/24	Serial0/1/0	---	0/0
L	192.168.30.1/32	Serial0/1/0	---	0/0
C	192.168.30.2/32	Serial0/1/0	---	0/0

图 6-29 路由器 Router0 的路由表

(11) 在路由器 Router1 上执行以下命令,配置到网段 192.168.10.0/24 的路由信息。配置完成后,路由器 Router1 的路由表如图 6-30 所示。

Router# conf t

Router(config)# ip route 192.168.10.0 255.255.255.0 192.168.30.1

Router(config)# end

Routing Table for Router1				
Type	Network	Port	Next Hop IP	Metric
S	192.168.10.0/24	---	192.168.30.1	1/0
C	192.168.20.0/24	GigabitEthernet0/0	---	0/0
L	192.168.20.100/32	GigabitEthernet0/0	---	0/0
C	192.168.30.0/24	Serial0/1/0	---	0/0
C	192.168.30.1/32	Serial0/1/0	---	0/0
L	192.168.30.2/32	Serial0/1/0	---	0/0

图 6-30　路由器 Router1 的路由表

(12) 在主机 PC0 上执行 ping 命令，可以 ping 通主机 PC3，如图 6-31 所示。随着静态路由配置成功，所有主机之间都可以相互 ping 通。注意：前 1 或 2 个 ICMP 响应报文可能会超时。

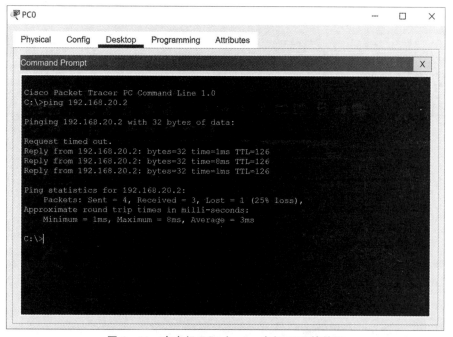

图 6-31　在主机 PC0 上 ping 主机 PC3 的结果

(13) 本次实验配置 CHAP 双向验证。路由器 Router0 的主机名将被作为用户名发送给验证端，口令必须和验证设置时保持一致。在路由器 Router0 上执行如下命令，配置 CHAP 认证。

Router(config)# hostname r0
r0(config)# username r1 secret NPUTest
r0(config)# int s0/1/0
r0(config-if)# ppp authentication chap
r0(config-if)# end

执行命令 ppp authentication pap 后,查看路由器 Router0 上的端口协议状态,结果如图 6-32 所示。端口状态是开启的,而协议状态是关闭的,这是由于链路两端配置不一致引起的。查看路由器 Router1 上的端口状态也是类似结果。

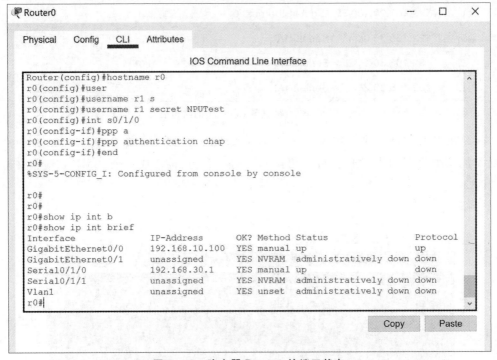

图 6-32 路由器 Router0 的端口状态

(14)在路由器 Router1 上执行如下命令,配置 CHAP 认证。

Router(config)# hostname r1
r1(config)# username r0 secret NPUTest
r1(config)# int s0/1/0
r1(config-if)# ppp authentication chap
r1(config-if)# shutdown
r1(config-if)# no shutdown
r1(config-if)# end

在路由器 Router1 配置完成后,分别在路由器 Router0 和路由器 Router1 上查看端口状态,分别如图 6-33 和图 6-34 所示。可以看到路由器 Router0 和路由器 Router1 的端口 Se0/1/0 协议状态均变成开启状态。

第 6 章 广域网协议实验

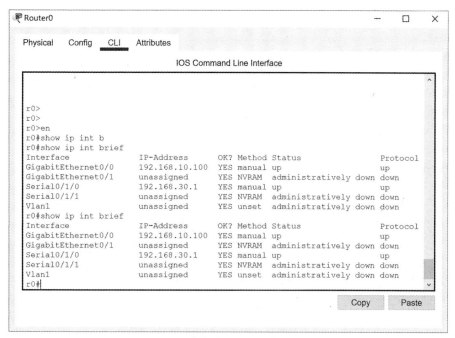

图 6-33 路由器 Router0 的端口状态

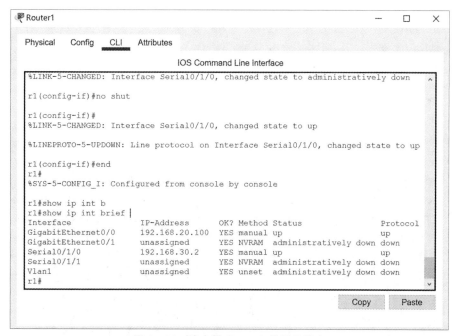

图 6-34 路由器 Router1 的端口状态

(15)在主机 PC0 上 ping 主机 PC3,结果如图 6-35 所示。实际上,各台主机之间可以相互 ping 通。

(16)分别查看路由器 Router0 和路由器 Router1 的路由表。与图 6-29 和图 6-30 相比,两台路由器的路由表没有发生变化。

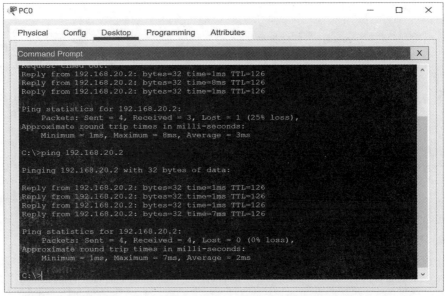

图 6-35 在主机 PC0 上 ping 主机 PC3 的结果

(17)在路由器 Router0 上执行如下命令,将两端的口令修改成不一致。

r0(config)# username r1 secret NWPU

r0(config)# int s0/1/0

r0(config-if)# ppp authentication chap

r0(config-if)# shutdown

r0(config-if)# no shutdown

(18)在主机 PC0 上 ping 主机 PC3,结果如图 6-36 所示,表明二者之间已经不能正常通信。

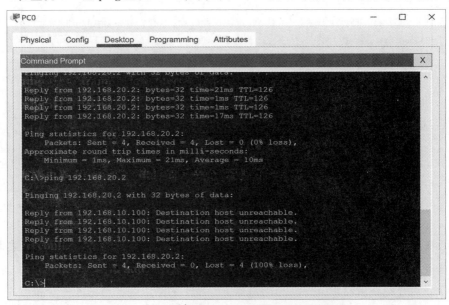

图 6-36 在主机 PC0 上 ping 主机 PC3 的结果

第 6 章　广域网协议实验

（19）分别查看路由器 Router0 和路由器 Router1 的路由表，结果分别如图 6-37 和图 6-38 所示。路由器 Router0 的路由表少到网段 192.168.20.0/24 的静态路由以及到网段 192.168.30.0/24 的直连路由。同样，路由器 Router1 的路由表也缺少类似的路由条目。

Routing Table for Router0				
Type	Network	Port	Next Hop IP	Metric
C	192.168.10.0/24	GigabitEthernet0/0	---	0/0
L	192.168.10.100/32	GigabitEthernet0/0	---	0/0

图 6-37　路由器 Router0 的路由表

Routing Table for Router1				
Type	Network	Port	Next Hop IP	Metric
C	192.168.20.0/24	GigabitEthernet0/0	---	0/0
L	192.168.20.100/32	GigabitEthernet0/0	---	0/0

图 6-38　路由器 Router1 的路由表

（20）在路由器 Router0 上执行如下命令，将 CHAP 验证恢复成最初设置。

r0(config)# username r1 secret NPUTest

r0(config)# int s0/1/0

r0(config-if)# ppp authentication chap

r0(config-if)# shutdown

r0(config-if)# no shutdown

配置完成后，路由器 Router0 和路由器 Router1 的路由表恢复到图 6-29 和图 6-30 所示的状态。各台主机之间又可以相互 ping 通。

6.3.5　设备配置命令

1. 路由器 Router0 上的配置命令

Router> en

Router# conf t

Router(config)# int g0/0

Router(config-if)# ip add 192.168.10.100 255.255.255.0

Router(config-if)# no shutdown

Router(config-if)# int s0/1/0

Router(config-if)# encapsulation ppp
Router(config-if)# ip add 192.168.30.1 255.255.255.0
Router(config-if)# no shutdown
Router(config-if)# exit
Router(config)# ip route 192.168.20.0 255.255.255.0 192.168.30.2
Router(config)# hostname r0
r0(config)# username r1 secret NPUTest
r0(config)# int s0/1/0
r0(config-if)# ppp authentication chap
r0(config-if)# exit
r0(config)# username r1 secret NWPU
r0(config)# int s0/1/0
r0(config-if)# ppp authentication chap
r0(config-if)# shutdown
r0(config-if)# no shutdown
r0(config-if)# exit
r0(config)# username r1 secret NPUTest
r0(config)# int s0/1/0
r0(config-if)# ppp authentication chap
r0(config-if)# shutdown
r0(config-if)# no shutdown
r0(config-if)# end

2. 路由器 Router1 上的配置命令

Router> en
Router# conf t
Router(config)# int g0/0
Router(config-if)# ip add 192.168.20.100 255.255.255.0
Router(config-if)# no shutdown
Router(config-if)# int s0/1/0
Router(config-if)# encapsulation ppp
Router(config-if)# ip add 192.168.30.2 255.255.255.0
Router(config-if)# no shutdown
Router(config-if)# exit
Router(config)# ip route 192.168.10.0 255.255.255.0 192.168.30.1
Router(config)# hostname r1

r1(config)# username r0 secret NPUTest

r1(config)# int s0/1/0

r1(config-if)# ppp authentication chap

r1(config-if)# shutdown

r1(config-if)# no shutdown

r1(config-if)# end

3. 主机 PC0、PC1、PC2、PC3 上的配置命令

主机上的配置分两部分：①在配置窗口配置主机 IP 地址和子网掩码；②在命令行窗口执行 ping 命令。

4. 图形化操作命令

利用公共工具栏上的 Inspect 按钮查看路由器的路由表。

6.3.6 思考与创新

(1)在本次实验中，改变路由器 Router0 中的用户名，测试主机间的通信状态，分析产生相应通信状态的原因。

(2)在本次实验中，改变 CHAP 口令，捕获 CHAP 验证事件序列，分析产生相应通信状态的原因。

(3)修改本次实验，将 PPP 协议换成 PPPoE 协议，请给出实验步骤。

6.4 帧中继协议配置实验

帧中继协议作为另一种常见的广域网协议，可在一个物理链路上复用多个逻辑连接，采用统计时分复用方式动态分配带宽，能提高带宽利用率。当公司有突发流量的需求时，帧中继协议可以满足此需求。

6.4.1 实验内容

为更接近实际场景，本次帧中继协议配置实验中引入云 Cloud0，连接用户和服务提供商。帧中继协议配置实验拓扑图如图 6-39 所示，验证帧中继协议配置完成后，各主机之间的通信情况。

按照图 6-39 所示实验拓扑图配置实验环境。通过配置 IP 地址，将主机 PC0、主机 PC1 和路由器 Router0 的端口 Gig0/0 划分到网段 192.168.10.0/24，将主机 PC2、主机 PC3 和路由器 Router1 的端口 Gig0/0 划分到网段 192.168.20.0/24。将路由器 Router0 的端口 Se0/1/0、路由器 Router1 的端口 Se0/1/0 和云 Cloud0 划分到网段 192.168.30.0/24。

配置帧中继协议，保证各台主机之间仍可以相互 ping 通。

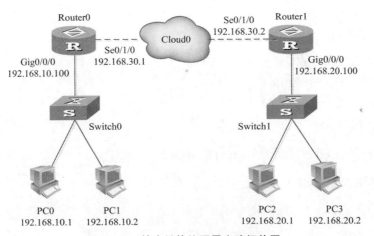

图 6-39 帧中继协议配置实验拓扑图

6.4.2 实验目的

(1)理解帧中继协议的工作原理；
(2)掌握帧中继协议的配置方法。

6.4.3 关键命令解析

1. 启用帧中继封装

Router(config-if)# encapsulation fr

encapsulation fr 是端口配置模式下的命令，用于在指定端口启用帧中继协议。

2. 设置 DTE 端口的 DLCI

Router(config-if)# frame-relay interface-dlci 100

frame-relay interface-dlci 100 是端口配置模式下的命令，用于在 DTE 的指定端口上定义一个 DLCI，本例中设置的 DLCI 为 100。

3. 设置 LMI 类型

Router(config-if)# frame-relay lmi-type ansi

frame-relay lmi-type ansi 是端口配置模式下的命令，用于设置帧中继的 LMI 类型。本例中，LMI 类型被设置为 ANSI。LMI 类型有 ANSI、Cisco 和 Q933a。在 Cisco Packet Tracer 中，缺省类型为 Cisco。

6.4.4 实验步骤

(1)启动 Cisco Packet Tracer，按照图 6-39 所示实验拓扑图添加网络设备和主机。在本次实验中，路由器型号选择 1941。在缺省情况下，路由器 1941 并不包含 WAN 端口。为满足实验条件，分别为路由器 Router0 和路由器 Router1 添加 HWIC-2T 模块。按实验拓扑图所示连接设备后,并启动所有设备,Cisco Packet Tracer 的逻辑工作区如图 6-40 所示。

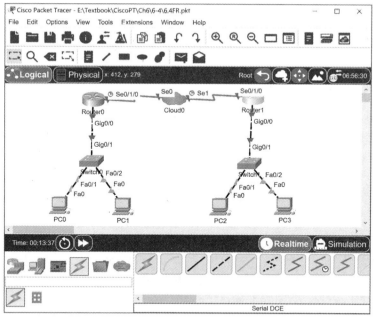

图 6-40 完成设备连接后的逻辑工作区界面

(2) 按照图 6-39 所示实验拓扑图,配置主机的 IP 地址、子网掩码和网关。

(3) 主机配置完成后,在主机 PC0 上可以 ping 通主机 PC1,但 ping 不通其他主机或端口。同样,在主机 PC2 上可以 ping 通主机 PC3。

(4) 在路由器 Router0 上执行以下命令,配置端口 Gig0/0 的 IP 地址,并开启端口。

Router> en

Router# conf t

Router(config)# int g0/0

Router(config-if)# ip add 192.168.10.100 255.255.255.0

Router(config-if)# no shutdown

(5) 在路由器 Router0 上执行以下命令,在端口 Se0/1/0 上启用帧中继协议,配置端口 Se0/1/0 的 IP 地址,并开启端口。

Router(config-if)# int s0/1/0

Router(config-if)# encapsulation fr

Router(config-if)# ip add 192.168.30.1 255.255.255.0

Router(config-if)# no shutdown

Router(config-if)# end

(6) 配置完成后,查看路由器 Router0 的端口状态,结果如图 6-41 所示,即表示配置正确。观察端口 Gig0/0 的状态从关闭状态(红色倒三角)变成开启状态(绿色三角)。端口 Se0/1/0 的状态显示关闭状态(Down),这是因为链路另一端的交换机 Router1 端口 Se0/1/0 是关闭状态。

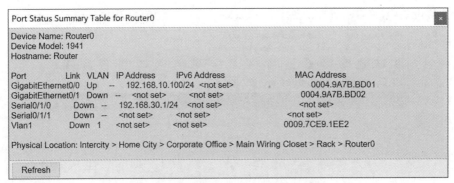

图 6-41　路由器 Router0 的端口状态

(7) 在路由器 Router1 上执行以下命令，配置端口 Gig0/0 的 IP 地址，并开启端口。

Router> en

Router# conf t

Router(config)# int g0/0

Router(config-if)# ip add 192.168.20.100 255.255.255.0

Router(config-if)# no shutdown

(8) 在路由器 Router1 上执行以下命令，在端口 Se0/1/0 启用帧中继协议，配置端口 Se0/1/0 的 IP 地址，并开启端口。

Router(config-if)# int s0/1/0

Router(config-if)# encapsulation fr

Router(config-if)# ip add 192.168.30.2 255.255.255.0

Router(config-if)# no shutdown

Router(config-if)# end

(9) 配置完成后，查看路由器 Router1 的端口状态，结果如图 6-42 所示，即表示配置正确。至此，可以观察到实验网络中所有端口状态均变成开启状态（绿色三角）。路由器 Router0 的端口状态也如图 6-43 所示，端口 Se0/1/0 的状态也变成 Up，因为连接两台路由器的链路被激活了。

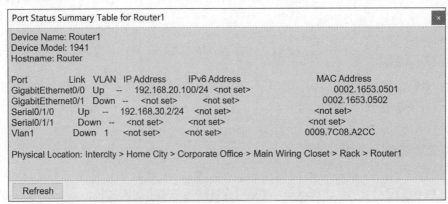

图 6-42　路由器 Router1 的端口状态

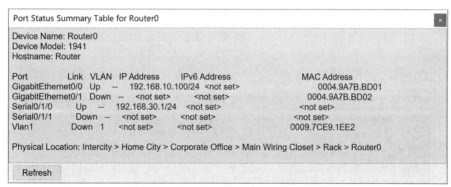

图 6-43 路由器 Router0 的端口状态

(10) 在路由器 Router0 上执行以下命令，配置到网段 192.168.20.0/24 的路由信息。配置完成后，路由器 Router0 的路由表如图 6-44 所示。

Router# conf t

Router(config)# ip route 192.168.20.0 255.255.255.0 192.168.30.2

Router(config)# end

Type	Network	Port	Next Hop IP	Metric
C	192.168.10.0/24	GigabitEthernet0/0	---	0/0
L	192.168.10.100/32	GigabitEthernet0/0	---	0/0
S	192.168.20.0/24	---	192.168.30.2	1/0
C	192.168.30.0/24	Serial0/1/0	---	0/0
L	192.168.30.1/32	Serial0/1/0	---	0/0

图 6-44 路由器 Router0 的路由表

(11) 在路由器 Router1 上执行以下命令，配置到网段 192.168.10.0/24 的路由信息。配置完成后，路由器 Router1 的路由表如图 6-45 所示。

Router# conf t

Router(config)# ip route 192.168.10.0 255.255.255.0 192.168.30.1

Router(config)# end

Type	Network	Port	Next Hop IP	Metric
S	192.168.10.0/24	---	192.168.30.1	1/0
C	192.168.20.0/24	GigabitEthernet0/0	---	0/0
L	192.168.20.100/32	GigabitEthernet0/0	---	0/0
C	192.168.30.0/24	Serial0/1/0	---	0/0
L	192.168.30.2/32	Serial0/1/0	---	0/0

图 6-45 路由器 Router1 的路由表

(12)在主机 PC0 上执行 ping 命令,结果如图 6-46 所示。由于链路层的帧中继协议还没有配置,所以主机 PC0 和主机 PC3 还不能正常通信。

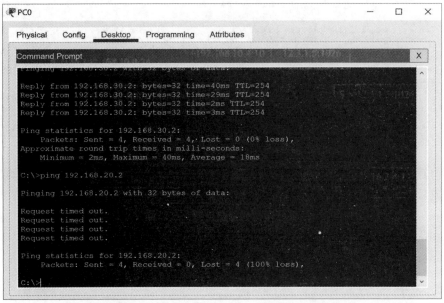

图 6-46 在主机 PC0 上 ping 主机 PC3 的结果

(13)点击云 Cloud0 图标,在弹出的图形化配置界面 Config 选项下点击 Serial0 (INTERFACE→Serial0),弹出的配置界面如图 6-47 所示。LMI 选项有三种,分别是 ANSI、Cisco 和 Q933a,选择哪项均可以,确保和路由器 Router0 的选项相同,本次实验选择 ANSI。DLCI 输入任何一个数值均可,通常选择 17~1 000 之间的数值。在实际场景中,LMI 和 DLCI 是由帧中继运营商提供的。在 Name 中填写一个容易记住的字符串,然后点击 Add 按钮。

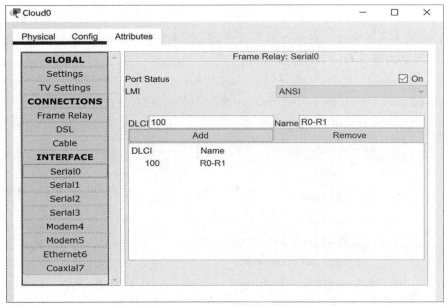

图 6-47 云 Cloud0 的配置界面

(14) 点击 Serial1(INTERFACE→Serial1)配置云端口 Se1 的 LMI、DLCI 和 Name 分别为 Cisco、101 和 R1-R0。

(15) 点击 Frame Relay(CONNECTIONS→Frame Relay),弹出的配置界面如图 6-48 所示。按图所示,连接 VC。

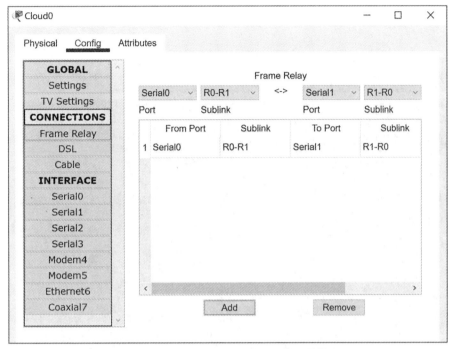

图 6-48 云 Cloud0 上连接 VC 的配置界面

(16) 在路由器 Router0 上执行如下命令,配置帧中继中的 DTE 端。

Router# conf t

Router(config)# int s0/1/0

Router(config-if)# frame-relay interface-dlci 100

Router(config-if)# frame-relay lmi-type ansi

Router(config-if)# no shutdown

Router(config-if)# end

注意:路由器 Router0 这端的 LMI 类型必须配置为 ANSI,和云 Cloud0 连接路由器 Router0 的 VC 类型保持一致。

(17) 在路由器 Router1 上执行如下命令,配置帧中继中的另一个 DTE 端。

Router# conf t

Router(config)# int s0/1/0

Router(config-if)# frame-relay interface-dlci 101

Router(config-if)# no shutdown

Router(config-if)# end

注意：路由器 Router1 这端的 LMI 类型必须配置为 Cisco，和云 Cloud0 连接路由器 Router1 的 VC 类型保持一致。在 Cisco Packet Tracer 中，Cisco 类型是 LMI 的缺省类型。

(18) 在主机 PC0 上 ping 主机 PC2，结果如图 6-49 所示。实际上，随着帧中继配置成功，各台主机之间可以相互 ping 通。

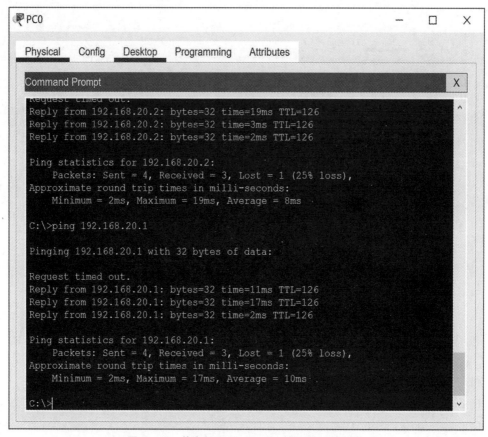

图 6-49 从主机 PC0 上 ping 主机 PC2 的结果

6.4.5 设备配置命令

1. 路由器 Router0 上的配置命令

Router> en
Router# conf t
Router(config)# int g0/0
Router(config-if)# ip add 192.168.10.100 255.255.255.0
Router(config-if)# no shutdown
Router(config-if)# int s0/1/0
Router(config-if)# encapsulation fr

Router(config-if)# ip add 192.168.30.1 255.255.255.0

Router(config-if)# no shutdown

Router(config-if)# exit

Router(config)# ip route 192.168.20.0 255.255.255.0 192.168.30.2

Router(config)# int s0/1/0

Router(config-if)# frame-relay interface-dlci 100

Router(config-if)# frame-relay lmi-type ansi

Router(config-if)# no shutdown

Router(config-if)# end

2. 路由器 Router1 上的配置命令

Router> en

Router# conf t

Router(config)# int g0/0

Router(config-if)# ip add 192.168.20.100 255.255.255.0

Router(config-if)# no shutdown

Router(config-if)# int s0/1/0

Router(config-if)# encapsulation fr

Router(config-if)# ip add 192.168.30.2 255.255.255.0

Router(config-if)# no shutdown

Router(config-if)# exit

Router(config)# ip route 192.168.10.0 255.255.255.0 192.168.30.1

Router(config)# int s0/1/0

Router(config-if)# frame-relay interface-dlci 101

Router(config-if)# no shutdown

Router(config-if)# end

3. 主机 PC0、PC1、PC2、PC3 上的配置命令

主机上的配置分两部分：①在配置窗口配置主机 IP 地址和子网掩码；②在命令行窗口执行 ping 命令。

4. 图形化操作命令

(1)利用公共工具栏上的 Inspect 按钮查看路由器的路由表。

(2)配置云 Cloud0 上的虚电路。

6.4.6 思考与创新

(1)在本次实验中,删除云 Cloud0,路由器 Router0 直接连接路由器 Router1,配置帧中

继协议,保证主机之间可以正常通信。

(2)重新设计帧中继协议配置实验,要求能够实现一对多的虚电路连接,如图 6-50 所示,确保每台路由器所连接主机可以正常通信。

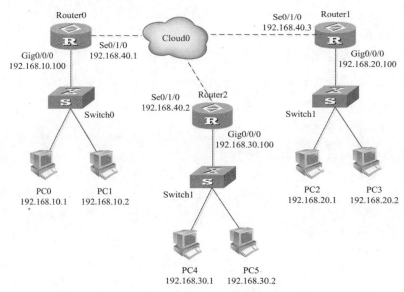

图 6-50　一对多的帧中继配置实验拓扑图

6.5　广域网协议综合实验

设计一个综合实验,融合上述三个实验的内容,保证实验网络的各台主机之间可以正常通信。

6.5.1　实验内容

广域网数据链路层协议综合实验拓扑图如图 6-51 所示,验证广域网数据链路层协议配置完成前后,各主机之间的通信情况变化。

按照实验拓扑配置实验环境。通过配置 IP 地址,将主机 PC0、主机 PC1 和路由器 Router0 的端口 Gig0/0/0 划分到网段 192.168.10.0/24,将主机 PC2、主机 PC3 和路由器 Router3 的端口 Gig0/0/0 划分到网段 192.168.20.0/24。将路由器 Router0 的端口 Se0/1/0 和路由器 Router1 的端口 Se0/1/1 划分到网段 192.168.30.0/24。将路由器 Router1 的端口 Se0/1/0 和路由器 Router2 的端口 Se0/1/1 划分到网段 192.168.40.0/24。将路由器 Router2 的端口 Se0/1/0 接口和路由器 Router3 的端口 Se0/1/1 划分到网段 192.168.50.0/24。

要求完成配置后,各台主机之间可以相互 ping 通。

第6章 广域网协议实验

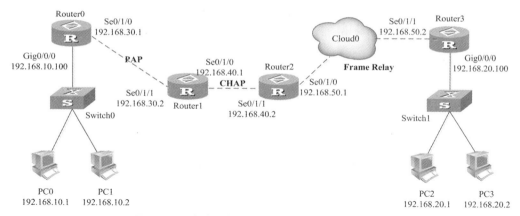

图6-51 广域网数据链路层协议综合实验拓扑图

6.5.2 实验目的

（1）理解广域网协议的工作原理；
（2）掌握广域网协议的配置方法。

6.5.3 实验步骤

（1）启动 Cisco Packet Tracer，按照图 6-51 所示实验拓扑图添加网络设备和主机。在本次实验中，路由器型号选择 1941。在缺省情况下，路由器 1941 并不包含 WAN 端口。为满足实验条件，分别为四台路由器添加 HWIC-2T 模块。按实验拓扑图所示连接设备后，并启动所有设备，Cisco Packet Tracer 的逻辑工作区如图 6-52 所示。

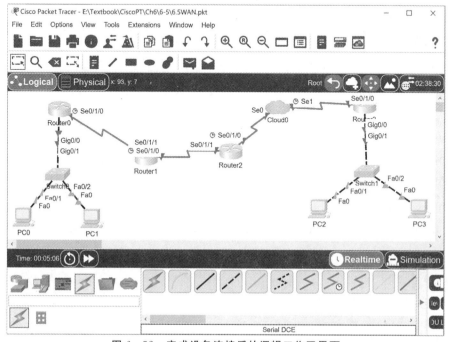

图6-52 完成设备连接后的逻辑工作区界面

· 239 ·

(2)按照图6-51所示实验拓扑图,配置主机的IP地址、子网掩码和网关。

(3)主机配置完成后,在主机PC0上可以ping通主机PC1,但ping不通其他主机或端口。同样,在主机PC2上可以ping通主机PC3。

(4)在路由器Router0上执行以下命令,配置端口Gig0/0的IP地址,并开启端口。

Router> en

Router# conf t

Router(config)# int g0/0

Router(config-if)# ip add 192.168.10.100 255.255.255.0

Router(config-if)# no shutdown

(5)在路由器Router0上执行以下命令,在端口Se0/1/0上启用PPP协议,配置端口Se0/1/0的IP地址,并开启端口。

Router(config-if)# int s0/1/0

Router(config-if)# encapsulation ppp

Router(config-if)# ip add 192.168.30.1 255.255.255.0

Router(config-if)# no shutdown

Router(config-if)# end

(6)在路由器Router0上执行如下命令,启动RIP协议。

Router# conf t

Router(config)# router rip

Router(config-router)# network 192.168.10.0

Router(config-router)# network 192.168.30.0

Router(config-router)# end

(7)在路由器Router0上执行如下命令,配置PAP验证。

Router(config)# username r1 secret NPUTest1

Router(config)# int s0/1/0

Router(config-if)# ppp authentication pap

Router(config-if)# ppp pap sent-username r0 password NPUTest0

Router(config-if)# end

(8)在路由器Router1上执行如下命令,配置端口Se0/1/1,并开启端口。

Router> en

Router# conf t

Router(config)# int s0/1/1

Router(config-if)# encapsulation ppp

Router(config-if)# ip add 192.168.30.2 255.255.255.0

Router(config-if)# no shut

(9)在路由器 Router1 上执行如下命令,配置 PAP 验证。

Router(config-if)# exit

Router(config)# username r0 secret NPUTest0

Router(config)# int s0/1/1

Router(config-if)# ppp authentication pap

Router(config-if)# ppp pap sent-username r1 password NPUTest1

Router(config-if)# end

(10)在路由器 Router1 上执行如下命令,配置端口 Se0/1/0,并开启端口。

Router# conf t

Router(config)# int s0/1/0

Router(config-if)# encapsulation ppp

Router(config-if)# ip add 192.168.40.1 255.255.255.0

Router(config-if)# no shut

Router(config-if)# exit

(11)在路由器 Router1 上执行如下命令,配置 CHAP 验证。

Router(config)# hostname r1

r1(config)# username r2 secret NPUTest

r1(config)# int s0/1/0

r1(config-if)# ppp authentication chap

r1(config-if)# shutdown

r1(config-if)# no shutdown

r1(config-if)# exit

(12)在路由器 Router1 上执行如下命令,启动 RIP 协议。

r1(config)# router rip

r1(config-router)# network 192.168.30.0

r1(config-router)# network 192.168.40.0

r1(config-router)# end

(13)在路由器 Router2 上执行如下命令,配置端口 Se0/1/1,并开启端口。

Router> en

Router# conf t

Router(config)# int s0/1/1

Router(config-if)# encapsulation ppp

Router(config-if)# ip add 192.168.40.2 255.255.255.0

Router(config-if)# no shut

(14)在路由器 Router2 上执行如下命令,配置 CHAP 验证。

Router(config)# hostname r2

r2(config)# username r1 secret NPUTest

r2(config)# int s0/1/1

r2(config-if)# ppp authentication chap

r2(config-if)# shutdown

r2(config-if)# no shutdown

r2(config-if)# exit

(15)在路由器 Router2 上执行如下命令,启动 RIP 协议。

r2(config)# router rip

r2(config-router)# network 192.168.40.0

r2(config-router)# network 192.168.50.0

r2(config-router)# end

(16)在路由器 Router2 上执行如下命令,配置并启用端口 Se0/1/0。

r2(config)# int s0/1/0

r2(config-if)# encapsulation fr

r2(config-if)# ip add 192.168.50.1 255.255.255.0

r2(config-if)# no shut

r2(config-if)# end

(17)在路由器 Router2 上执行如下命令,配置帧中继的 DTE 端。

r2# conf t

r2(config)# int s0/1/0

r2(config-if)# frame-relay interface-dlci 100

r2(config-if)# frame-relay lmi-type ansi

r2(config-if)# no shutdown

r2(config-if)# end

(18)在路由器 Router3 上执行如下命令,配置并开启端口 Gig0/0。

Router> en

Router# conf t

Router(config)# int g0/0

Router(config-if)# ip add 192.168.20.100 255.255.255.0

Router(config-if)# no shut

(19)在路由器 Router3 上执行如下命令,配置并开启端口 Se0/1/1。

Router(config-if)# int s0/1/1

Router(config-if)# encapsulation fr

Router(config-if)# ip add 192.168.50.2 255.255.255.0

Router(config-if)# no shut

(20)在路由器 Router3 上执行如下命令,配置帧中继的 DTE 端。

Router(config-if)# int s0/1/1

Router(config-if)# frame-relay interface-dlci 101

Router(config-if)# no shutdown

Router(config-if)# end

(21)在路由器 Router3 上执行如下命令,启动 RIP 协议。

Router# conf t

Router(config)# router rip

Router(config-router)# network 192.168.50.0

Router(config-router)# network 192.168.20.0

Router(config-router)# end

(22)点击云 Cloud0 图标,在弹出的界面中 Config 选项卡下配置端口 Se0 侧的虚电路(VC),配置内容如图 6-53 所示。

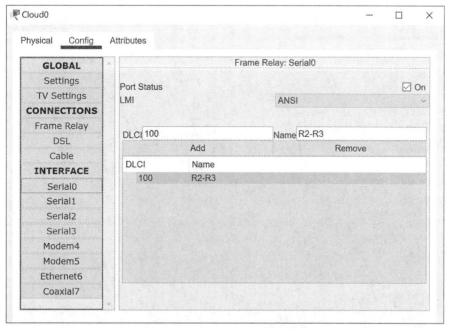

图 6-53 云 Cloud0 的配置界面

同样,配置端口 Se1 侧 VC 的 LMI、DLCI 和 Name 分别为 Cisco、101 和 R3-R2。连接云 Cloud0 上的虚电路 100 和虚电路 101,连接方式如图 6-54 所示。

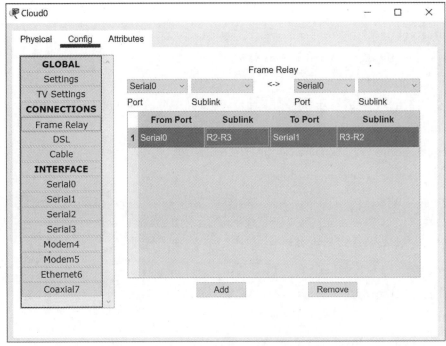

图 6-54　连接云 Cloud0 上虚电路的配置内容

(23)完成上述配置后,在主机 PC0 上 ping 主机 PC2,结果如图 6-55 所示。

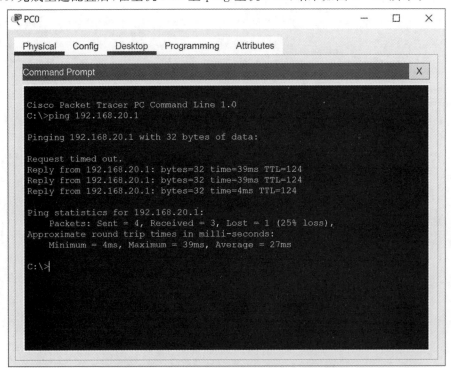

图 6-55　从主机 PC0 上 ping 主机 PC2 的结果

(24)分别查看各台路由器的路由表,结果如图 6-56～图 6-59 所示。

第 6 章 广域网协议实验

Routing Table for Router0				
Type	Network	Port	Next Hop IP	Metric
C	192.168.10.0/24	GigabitEthernet0/0	---	0/0
L	192.168.10.100/32	GigabitEthernet0/0	---	0/0
R	192.168.20.0/24	Serial0/1/0	192.168.30.2	120/3
C	192.168.30.0/24	Serial0/1/0	---	0/0
L	192.168.30.1/32	Serial0/1/0	---	0/0
C	192.168.30.2/32	Serial0/1/0	---	0/0
R	192.168.40.0/24	Serial0/1/0	192.168.30.2	120/1
R	192.168.50.0/24	Serial0/1/0	192.168.30.2	120/2

图 6 – 56　路由器 Router0 的路由表

Routing Table for Router1				
Type	Network	Port	Next Hop IP	Metric
R	192.168.10.0/24	Serial0/1/1	192.168.30.1	120/1
R	192.168.20.0/24	Serial0/1/0	192.168.40.2	120/2
C	192.168.30.0/24	Serial0/1/1	---	0/0
C	192.168.30.1/32	Serial0/1/1	---	0/0
L	192.168.30.2/32	Serial0/1/1	---	0/0
C	192.168.40.0/24	Serial0/1/0	---	0/0
L	192.168.40.1/32	Serial0/1/0	---	0/0
C	192.168.40.2/32	Serial0/1/0	---	0/0
R	192.168.50.0/24	Serial0/1/0	192.168.40.2	120/1

图 6 – 57　路由器 Router1 的路由表

Routing Table for Router2				
Type	Network	Port	Next Hop IP	Metric
R	192.168.10.0/24	Serial0/1/1	192.168.40.1	120/2
R	192.168.20.0/24	Serial0/1/0	192.168.50.2	120/1
R	192.168.30.0/24	Serial0/1/1	192.168.40.1	120/1
C	192.168.40.0/24	Serial0/1/1	---	0/0
C	192.168.40.1/32	Serial0/1/1	---	0/0
L	192.168.40.2/32	Serial0/1/1	---	0/0
C	192.168.50.0/24	Serial0/1/0	---	0/0
L	192.168.50.1/32	Serial0/1/0	---	0/0

图 6 – 58　路由器 Router2 的路由表

Routing Table for Router3

Type	Network	Port	Next Hop IP	Metric
R	192.168.10.0/24	Serial0/1/1	192.168.50.1	120/3
C	192.168.20.0/24	GigabitEthernet0/0	---	0/0
L	192.168.20.100/32	GigabitEthernet0/0	---	0/0
R	192.168.30.0/24	Serial0/1/1	192.168.50.1	120/2
R	192.168.40.0/24	Serial0/1/1	192.168.50.1	120/1
C	192.168.50.0/24	Serial0/1/1	---	0/0
L	192.168.50.2/32	Serial0/1/1	---	0/0

图 6-59　路由器 Router3 的路由表

从图 6-56～图 6-59 中不难看，每台路由器的路由表中均包含了到非直连网段的路由条目。因此，实验网络中的四台主机之间可以相互 ping 通。

6.5.4　设备配置命令

实验中各台设备的配置命令已在实验步骤详细列出，在此不再赘述。

6.5.5　思考与创新

（1）在本次实验中，修改 PAP 验证口令或 CHAP 口令，开启实验并捕获主机之间的通信事件序列，分析并解释实验结果。

（2）在本次实验中，将帧中继封装修改为 HDLC 封装，开启实验，分析并解释实验结果。

第7章 网络地址转换实验

随着互联网的发展，IP 地址的短缺已经成为互联网面临的最大问题之一。在众多解决方案中，网络地址转换（Network Address Translation，NAT）技术提供了一种可将私有网和互联网隔离的方法，并得到了广泛的应用。网络地址转换是一个在 1994 年提出的互联网工程任务组（Internet Engineering Task Force，IETF）标准。NAT 需要在把私有网连接到互联网的路由器上安装地址转换软件。装有 NAT 软件的路由器至少有一个有效的公有 IP 地址。这样，所有使用本地地址的主机在和互联网通信时，都要在 NAT 路由器上将其本地地址转换成公有 IP 地址，才能和互联网通信。

7.1 地址转换原理

正常情况下，NAT 内外部主机无法通信。如果想要通信，内部主机必须和一个公有 IP 建立映射关系，才能实现数据的转发，这就是 NAT 的工作原理。NAT 的实现有端口地址转换（Port Address Translation，PAT）、动态转换（动态 NAT）和静态转换（静态 NAT）三种方式。

静态 NAT：将特定的公有地址（和端口）一对一地映射到特定的私有地址（和端口）上，且每个映射是确定的。假设 NAT 内的每台主机都要访问公网，就要为每台主机映射一个公有地址（和端口）。

动态 NAT：将私有地址与公有地址一对一地转换，但是动态 NAT 是从地址池中动态地随机选择未使用的公有地址。同时可访问公网的主机数量受限于地址池中的公有地址数量。

端口地址转换：将多个私有地址转换为同一个公有地址，用不同的端口来区别不同的主机。对公有地址数量没有限制。

7.1.1 静态地址转换

图 7-1 给出了静态 NAT 路由器的工作原理，其中主机 A 处于私有网 192.168.10.0/24 内部，主机 B 处于公网上，二者通过互联网连接。私有网内的主机地址都是私有 IP 地址：192.168.10.X。NAT 路由器至少要有一个公网 IP 地址才能和公网相连。在图 7-1 中，NAT 路由器有 12.3.1.5 和 12.3.1.6 两个公有地址。私有地址 192.168.10.3 被映射为公

有地址 12.3.1.5;私有地址 192.168.10.4 被映射为公有地址 12.3.1.6。

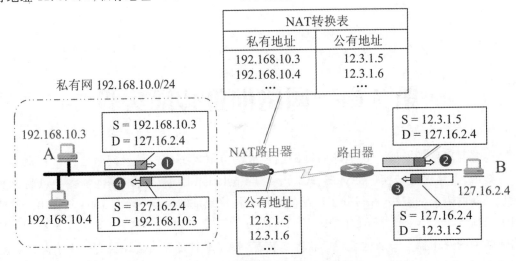

图 7-1 静态地址转换示意图

假设主机 A(196.168.10.3)主动和主机 B(127.16.2.4)通信。NAT 路由器收到从主机 A 发往主机 B 的 IP 数据分组①:源地址 S=192.168.10.3,而目的地址 D=127.16.2.4。NAT 路由器把私有 IP 地址 192.168.10.3 转换为公有 IP 地址 12.3.1.5,用转换后的 IP 地址封装新的数据分组②,然后把新数据分组转发出去。主机 B 应答收到的 IP 数据分组,B 发回的 IP 数据分组③的源地址是 S=127.16.2.4,目的地址是 D=12.3.1.5。请注意,主机 A 的私有地址 192.168.10.3 对主机 B 来说是透明的。当 NAT 路由器收到 B 发来数据分组③时,再进行一次地址转换。将数据分组③中的目的地址 D=12.3.1.5 转换为地址 D=192.168.10.3,先封装成数据分组④,然后再发送给主机 A。

在静态地址转换中,私有地址和公有地址的映射是一对一的关系,并且是固定的。如果私有网内部有 n 台主机需要访问公网,就需要申请 n 个公有地址。正因为这种确定的映射关系,公网上主机也可以主动地访问私有网内部的主机。比如,主机 B 可以向主机 A 的公网映射地址 12.3.1.5 发送数据,经过 NAT 路由器后,数据就可以到达主机 A。

7.1.2 动态地址转换

图 7-2 给出了动态 NAT 路由器的工作原理,其中 NAT 路由器有一个公有地址 12.3.1.5。在例子所示的当前时刻,主机 A 的地址 192.168.10.3 被映射到公有地址 12.3.1.5 上。主机 A 就可以按照 7.1.1 节所述过程与主机 B 交换数据。在主机 A 和主机 B 的通信结束后,映射关系被释放,公有地址 12.3.1.5 被放回地址池中。下一时刻,可能主机 C 的地址 192.168.10.4 被映射到公有地址 12.3.1.5 上,如图 7-2 中右上 NAT 转换表所示,主机 C 就可以与公网上的设备进行通信。

由此可见,当 NAT 路由器具有 n 个公有地址时,私有网内最多可同时有 n 台设备接入公网。在这种情况下,私有网内多台主机可轮流使用 NAT 路由器有限数量的公有地址访问外部网络。通过动态 NAT 路由器的通信,必须由私有网内的设备发起。设想公网上的主机要发起通信,当数据到达 NAT 路由器时,路由器不知道应当把目的地址转换成哪个私有地址。如果私有网络内部某台服务器想要对外提供服务,该服务器的地址不能用动态 NAT 进行地址转换。

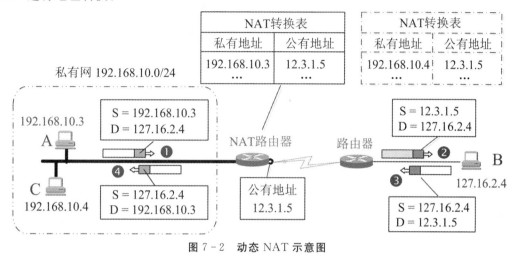

图 7-2 动态 NAT 示意图

7.1.3 端口地址转换

为更有效地利用 NAT 路由器上的公有地址,常用的 NAT 转换方法是端口复用技术,把传输层的端口号纳入地址转换中。这样,私有网内的多个主机可以共用一个公有地址,同时和外网上的不同主机进行通信。利用端口的 NAT 也称为端口地址转换(PAT),不利用端口的 NAT 称为传统的 NAT。

图 7-3 给出了动态 NAT 路由器的工作原理。私有网内主机 A(192.168.10.3)向公网上主机 B(127.16.2.4)发送数据报。其中,源端口号为 10,目的端口号为 13。NAT 路由器收到数据报①后,查询 NAT 转换表,将源地址和端口号 192.168.10.3:10 转换转为 12.3.1.5:1024。用转换后的地址和端口封装新的数据报②,然后把新数据报转发出去。B 发回的数据报③的源地址和端口是 S=127.16.2.4:13,目的地址和端口是 D=12.3.1.5:1024。在数据报③到达 NAT 路由器后,路由器再进行一次地址和端口转换。将数据分组③中的目的地址和端口转换成 D=192.168.10.3:10,封装成数据分组④,发送给主机 A。

主机 C(192.168.10.4)可以选择与主机 A 同样的端口号发送数据,因为端口号仅在本主机中才有意义。PAT 将不同的私有地址转换为同样的公网地址(假设路由器只有一个公网地址),但对源主机所采用的端口号(不管相同或不同),则转换为不同的新端口号。这样,当 NAT 路由器收到从公网发来的数据报时,就可以解析出目的地址和端口号,然后从 NAT 转换表中找到私网内的目的主机和端口。端口地址转换中的地址和端口映射是确定的。这样,公网上的设备就可以访问私网内的服务器。

需要说明的是,从网络体系结构的角度看,PAT 有些特殊。通常,NAT 路由器在转发数据时,需要转换 IP 地址和重新封装数据分组,这部分工作是在网络层完成的。然而,PAT 路由器需要解析和转换端口号,端口属于传输层的概念。也正因为这样,PAT 操作没有严格遵循网络体系结构的层次关系。这些并未影响 PAT 在互联网中的应用。

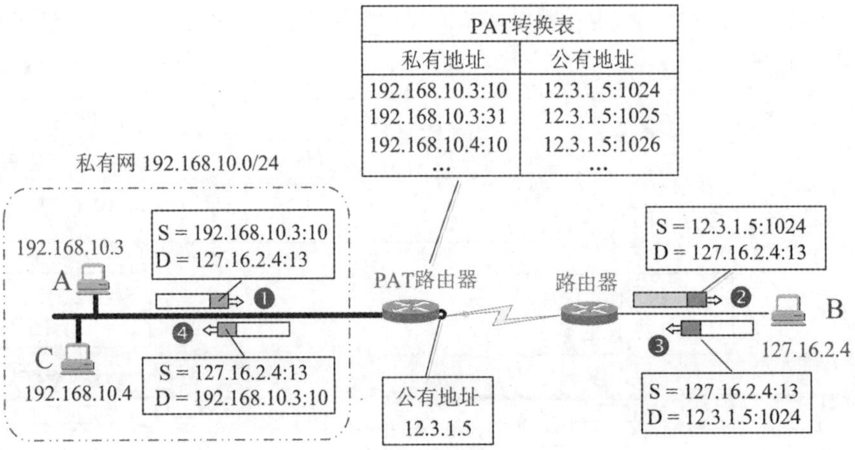

图 7-3 端口地址转换示意图

7.2 静态 NAT 实验

假设某公司的财务部在组建部门网络时，为提高财务数据的安全性，计划将财务部的网络设置为私有网络，除了财务部门网站和少数几台主机外，其余设备不能和互联网通信。为了方便公网上的设备访问财务部网站，可以在财务部的出口路由器上设置静态地址转换。

7.2.1 实验内容

静态 NAT 实验网络拓扑图如图 7-4 所示，私有网络由一台 Web 服务器、一台交换机和两台主机组成，其地址空间为 192.168.10.0/24。除私有网络外，拓扑中的其余地址为公有地址。

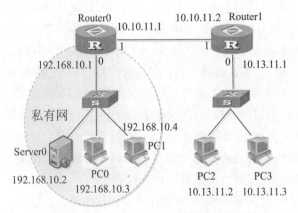

图 7-4 静态 NAT 实验网络拓扑图

私有地址与公有地址映射关系见表 7-1。

表 7-1 私有地址与公有地址映射关系

私有地址	公有地址
192.168.10.2	10.10.10.1
192.168.10.3	10.10.10.2

路由器 Router0 和路由器 Router1 的路由表配置分别见表 7-2 和表 7-3。

表 7-2 路由器 Router0 的路由配置

目的网络	输出接口	下一跳
192.168.10.0/24	0	直连
10.10.11.0/24	1	直连
10.13.11.0/24	1	10.10.11.2

表 7-3 路由器 Router1 的路由配置

目的网络	输出接口	下一跳
10.10.10.0/24	1	10.10.11.1
10.10.11.0/24	1	直连
10.13.11.0/24	0	直连

按网络拓扑图连接和配置设备,有以下几个要求:①主机 B 和主机 E 可以相互 ping 通;②从主机 C 不能 ping 通主机 E;③从 HTTP 客户端可以访问 HTTP 服务器上的 html 文件;④在路由器 R1 上观察静态地址映射关系。

7.2.2 实验目的

(1)了解私有网络设计过程;
(2)理解私有地址和公有地址的静态转换过程;
(3)掌握静态 NAT 配置方法;
(4)验证 IP 分组的静态转换过程。

7.2.3 关键命令解析

1. 建立私有地址和公有地址的静态映射关系

Router (config)#ip nat inside source static 192.168.10.2 10.10.10.1

ip nat inside source static 192.168.10.2 10.10.10.1 是全局配置模式下的命令,用于建立私有地址 192.168.10.2 和公有地址 10.10.10.1 之间静态映射关系。成功执行该命令后,对于通过连接私有网的路由器端口收到的源 IP 地址为 192.168.10.2 的 IP 分组来说,在其被发往公网时,其内的源地址 192.168.10.2 将被替换为公有地址 10.10.10.1。类似地,对于通过连接公网的路由器端口收到的目的 IP 地址为 10.10.10.1 的 IP 分组来说,在其被发往私有网时,其内的目的地址 10.10.10.1 将被替换为私有地址 192.168.10.2。

2. 启动静态映射功能

Router(config)# int fa0/0
Router(config-if)# ip nat inside
Router(config-if)# int fa0/1
Router(config-if)# ip nat outside

ip nat inside 是端口配置模式下的命令,用于将路由器的当前端口设定为连接私有网络的端口。在本例中,端口 Fa0/0 被指定为连接私有网的端口。

ip nat outside 是端口配置模式下的命令,用于将路由器的当前端口设定为连接公网的端口。在本例中,端口 Fa0/1 被指定为连接公网的端口。

3. 配置静态路由

Router(config)# ip route 10.13.11.0 255.255.255.0 10.10.11.2

ip route 10.13.11.0 24 10.10.11.2 是全局配置模式下的命令,在路由器中配置一条静态路由,目的网络是 10.13.11.0,子网掩码是 255.255.255.0,下一跳是 10.10.11.2。

7.2.4 实验步骤

(1)启动 Cisco Packet Tracer,按照图 7-4 所示实验拓扑图连接设备后启动所有设备,Cisco Packet Tracer 的逻辑工作区如图 7-5 所示。

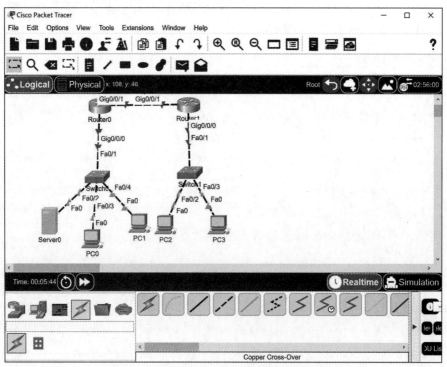

图 7-5 完成设备连接后的逻辑工作区界面

(2)按照实验拓扑所示,配置主机 Server0 的 IP 地址和子网掩码。单击服务器 Server0

图标,在服务器 Server0 图形配置界面 Config 选项卡下单击全局配置(GLOBAL→Settings),弹出图 7-6 所示的配置界面。先在网关配置(Gateway/DNS IPv4)选项中选中静态(Static)配置方式,然后在缺省网关(Default Gateway)栏中输入 192.168.10.1,最后再点击快速以太网端口(INTERFACE→FastEthernet0),弹出图 7-7 所示的配置界面。先在 IP 配置(IP Configuration)选项中选中静态(Static)配置方式,然后在 IP 地址(IP Address)栏中输入 192.168.10.2,点击子网掩码(Subnet Mask)栏会自动出现 255.255.255.0,也可根据配置信息输入子网掩码。

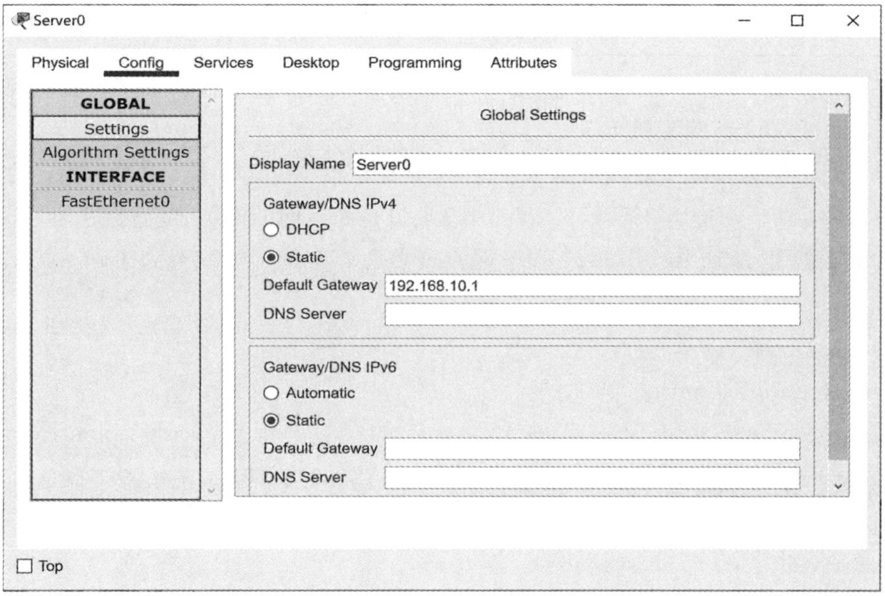

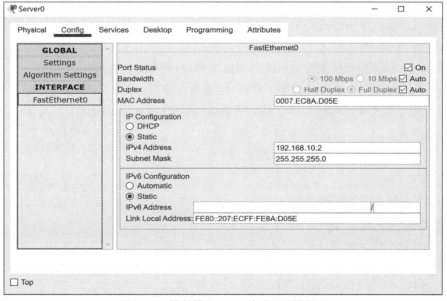

图 7-6 服务器 Server0 的全局配置界面

图 7-7 服务器 Server0 的端口配置界面

(3) 类似地,按照图 7-4 所示,配置主机 PC0~PC3 的 IP 地址、子网掩码和网关,见表 7-4。

表 7-4 主机配置信息

设备	IP 地址	子网掩码	网关
PC0	192.168.10.2	255.255.255.0	192.168.10.1
PC1	192.168.10.3		
PC2	10.13.11.2		10.13.11.1
PC3	10.13.11.3		

(4) 在服务器 Server0 上,ping 主机 PC0 和主机 PC1,确保通信正常和配置正确。同样,主机 PC2 也可以 ping 通主机 PC3。

(5) 在路由器 Router0 上执行如下命令,配置路由器 Router0 端口 Gig0/0/0 的 IP 地址 192.168.10.1 和子网掩码 255.255.255.0,该端口是私有网的网关;配置路由器 Router0 端口 Gig0/0/1 的 IP 地址 10.10.11.1 和子网掩码 255.255.255.0;配置到子网 10.13.11.0 的静态路由项。

Router# conf t

Router(config)# int g0/0/0

Router(config-if)# no shutdown

Router(config-if)# ip address 192.168.10.1 255.255.255.0

Router(config-if)# int g0/0/1

Router(config-if)# no shutdown

Router(config-if)# ip address 10.10.11.1 255.255.255.0

Router(config-if)# exit

Router(config)# ip route 10.13.11.0 255.255.255.0 10.10.11.2

Router(config)# end

需要注意的是,配置后或配置前开启路由器端口,使得配置生效。

(6) 在路由器 Router1 上执行如下命令,配置路由器 Router1 的端口 Gig0/0/0 的 IP 地址 10.13.11.1 和子网掩码 255.255.255.0,该端口的 IP 地址也是网络 10.13.11.0/24 的网关;配置路由器 Router1 的端口 Gig0/0/1 的 IP 地址 10.10.11.2 和子网掩码 255.255.255.0;配置到子网 10.10.10.0/24 的静态路由项。

Router# conf t

Router(config)# int g0/0/0

Router(config-if)# no shutdown

Router(config-if)# ip address 10.13.11.1 255.255.255.0

Router(config-if)# int g0/0/1

Router(config-if)# no shutdown

Router(config-if)# ip address 10.10.11.2 255.255.255.0

第 7 章 网络地址转换实验

Router(config-if)# exit
Router(config)# ip route 10.10.10.0 255.255.255.0 10.10.11.1
Router(config)# end

(7) 分别在路由器 Router0 和路由器 Router1 执行如下命令，查看两台路由器的路由表，结果分别如图 7-8 和图 7-9 所示。注意：完成两台路由器上的配置后，再查看路由表信息。

Router# show ip route

从路由器 Router0 的路由表不难发现，路由表中存在到子网 10.13.11.0/24 的静态路由表项，表明静态路由设置成功。同样，在路由器 Router1 的路由表中也存在到子网 10.10.10.0/24 的静态路由表项。然而，路由器 Router1 上不存在到子网 192.168.10.0/24 的路由表项。

综合两台路由器的路由表项，可以确定：①子网 192.168.10.0/24 内的任何一台主机或服务器均可以 ping 通 IP 地址 10.10.11.1，因为在路由器 Router0 中存在相应的直连路由表项；②子网 192.168.10.0/24 内的任何一台主机或服务器都不能 ping 通 IP 地址 10.10.11.2，因为在路由器 Router1 中不存在到子网 192.168.10.0/24 的路由表项；③子网 10.13.11.0/24 中的主机 PC2 和主机 PC3 均可 ping 通 IP 地址 10.10.11.1 和 IP 地址 10.10.11.2，因为在路由器 Router1 中存在相应的直连路由表项，并且在路由器 Router0 中存在到子网 10.13.11.0/24 的静态路由表项。

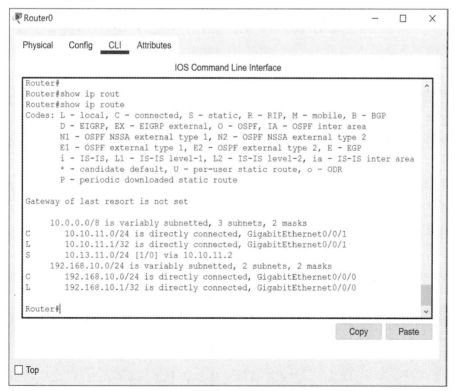

图 7-8 路由器 Router0 的路由表

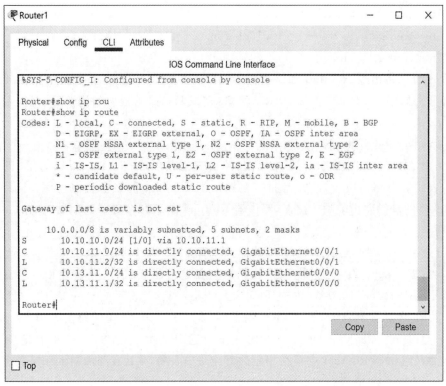

图 7-9　路由器 Router1 的路由表

(8) 依据表 7-1 列出的 NAT 配置信息，在路由器 Router0 上执行如下静态 NAT 配置命令，分别将私有地址 192.168.10.2 映射到公有地址 10.10.10.1 上，私有地址 192.168.10.3 映射到公有地址 10.10.10.2 上，并配置路由器 Router0 的端口 Gig0/0/0 连接私有网络，端口 Gig0/0/1 连接公网。

Router(config)# ip nat inside source static 192.168.10.2 10.10.10.1

Router(config)# ip nat inside source static 192.168.10.3 10.10.10.2

Router(config)# int g0/0/0

Router(config-if)# ip nat inside

Router(config-if)# int g0/0/1

Router(config-if)# ip nat outside

Router(config-if)# end

(9) 在主机 PC0 上，ping 主机 PC2 和主机 PC3，结果如图 7-10 所示。

(10) 在服务器 Server0 上 ping 主机 PC2 和主机 PC3，结果与图 7-10 所示的结果一样。

(11) 在主机 PC1 上 ping 主机 PC2 和主机 PC3，结果如图 7-11 所示。由于主机 PC1 的 IP 地址 192.168.10.4 未被转换成公有地址，所以主机 PC1 ping 不通任何公有地址。

(12) 在主机 PC2 上分别 ping 主机 PC0 的私有地址 192.168.10.3 和映射的公有地址 10.10.10.2，结果如图 7-12 所示。从图中可以发现，主机 PC2 ping 不通地址 192.168.10.3，但能 ping 通地址 10.10.10.2。因为地址 192.168.10.3 是私有地址，对主机 PC2 来说是透明的。

对主机 PC2 来讲，主机 PC0 的地址就是公有地址 10.10.10.2。

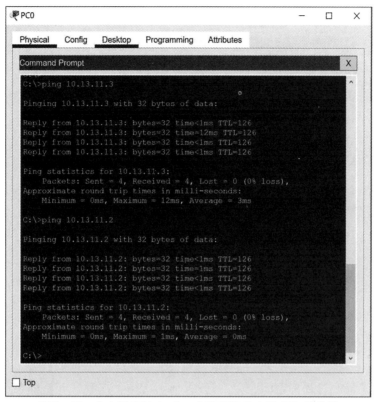

图 7-10　在主机 PC0 上 ping 主机 PC2 和主机 PC3 的结果

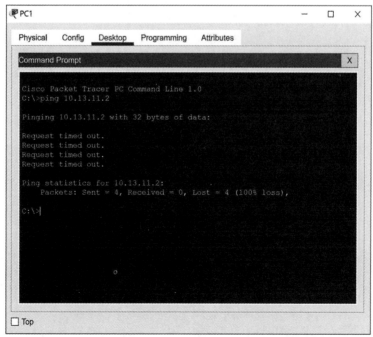

图 7-11　在主机 PC1 上 ping 主机 PC2 的结果

图 7-12 在主机 PC2 上 ping 主机 PC1 的结果

(13)单击主机 PC2 图标,在其图形配置界面 Desktop 选项卡下单击 Web Browser,在 URL 栏中输入 10.10.10.1,点击 GO,显示服务器 Server0 上的缺省 Web 页面,如图 7-13 所示。

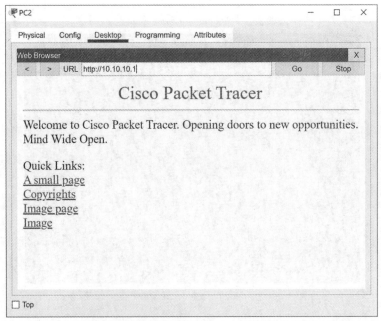

图 7-13 主机 PC2 上显示的服务器 Server0 上的缺省 Web 页面

(14)在路由器 Router0 上执行如下命令,显示路由器上的 NAT 表,结果如图 7-14 所示。

Router# show ip nat translations

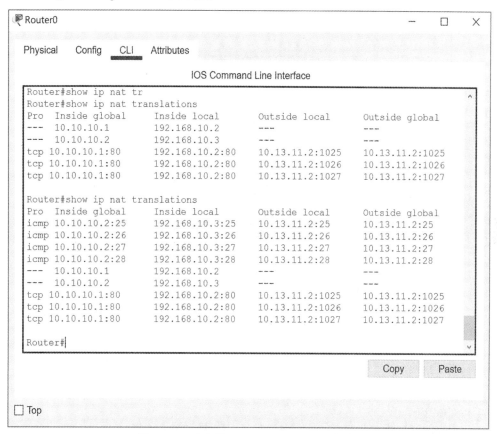

图 7-14 路由器 Router0 上的 NAT 表信息

NAT 表中不仅包括地址转换表项,而且还包括通信过程中已经转换的地址表项。其中,Inside Global 是私有网络内的设备在公共网络中使用的配置信息(公有地址和标识符),Inside Local 是私有网络内的设备在私有网络中使用的配置信息(私有地址和标识符),Outside Local 是公共网络内的设备在其内部网络中使用的配置信息,Outside Global 是公共网络内的设备在公共网络中使用的配置信息。在本次实验中,公共网络不存在内部网络,因此公共网络的设备无论是在其内部网络还是在公共网络中的配置信息完全相同。

(15)进入 Simulation 模式,启动从主机 PC0 发送 ICMP 报文到主机 PC2 的仿真过程,获取事件序列。分析经过路由器 Router0 的 ICMP 报文,进入 Router0 的报文如图 7-15 所示,流出 Router0 的同一报文如图 7-16 所示。流入 Router0 报文中源地址是 192.168.10.3,而流出 Router0 报文中源地址则变成 10.10.10.2。这表明报文经过路由器 Router0 时,进行了地址转换。私有地址 192.168.10.3 被转换成 10.10.10.2。在其他设备之间的通信过程中,可以发现类似结果。

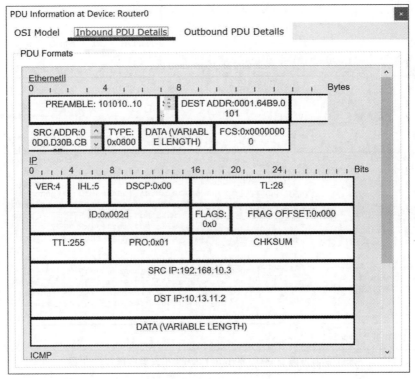

图 7-15 流入路由器 Router0 的 ICMP 报文

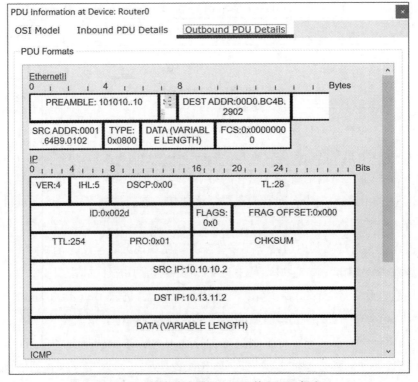

图 7-16 流出路由器 Router0 的 ICMP 报文

7.2.5 设备配置命令

1. 路由器 Router0 上的配置命令

Router# conf t
Router(config)# int g0/0/0
Router(config-if)# no shutdown
Router(config-if)# ip address 192.168.10.1 255.255.255.0
Router(config-if)# int g0/0/1
Router(config-if)# no shutdown
Router(config-if)# ip address 10.10.11.1 255.255.255.0
Router(config-if)# exit
Router(config)# ip route 10.13.11.0 255.255.255.0 10.10.11.2
Router(config)# end
Router# show ip route
Router# conf t
Router(config)# ip nat inside source static 192.168.10.2 10.10.10.1
Router(config)# ip nat inside source static 192.168.10.3 10.10.10.2
Router(config)# int g0/0/0
Router(config-if)# ip nat inside
Router(config-if)# int g0/0/1
Router(config-if)# ip nat outside
Router(config-if)# end
Router# show ip nat translations

2. 路由器 Router1 上的配置命令

Router# conf t
Router(config)# int g0/0/0
Router(config-if)# no shutdown
Router(config-if)# ip address 10.13.11.1 255.255.255.0
Router(config-if)# int g0/0/1
Router(config-if)# no shutdown
Router(config-if)# ip address 10.10.11.2 255.255.255.0
Router(config-if)# exit
Router(config)# ip route 10.10.10.0 255.255.255.0 10.10.11.1
Router(config)# end
Router# show ip route

3. 主机上配置操作

配置操作分两部分：①在配置窗口配置主机 IP 地址、子网掩码和网关；②在主机的命令窗口执行 ping 命令。

4. 图形化操作

(1)在主机图形化配置的 Desktop 选项下,选择 Web Browser,输入服务器的 IP 地址,显示服务器缺省的 Web 页面;

(2)进入 Simulation 模式,启动主机之间发送 ICMP 报文的仿真过程,捕获事件序列,并进行分析。

7.2.6 思考与创新

(1)假设图 7-4 所示的网络拓扑中,子网 10.13.11.0/24 也是私有网络。请设计一个实验,保证主机 PC0 和主机 PC2 仍可以正常通信。

(2)在静态 NAT 中,需要为私网内每个想访问公网的设备映射一个公有地址。在此情境下,私网内每台设备占用了两个地址,为什么不直接把公有地址分配给私网内的设备呢?

7.3 动态 NAT 实验

假设在某公司财务部的私有网络内,有 m 台主机需要访问公网,但是可供使用的公有地址仅有 $n(m>n)$ 个。为了方便需要访问公网的设备轮流使用公有地址访问外部网络,需要在财务部的出口路由器上设置动态地址转换。

7.3.1 实验内容

动态 NAT 实验网络拓扑图如图 7-17 所示,私有网络由四台主机和一台交换机组成,其地址空间为 192.168.10.0/24。除私有网络外,拓扑中的其余地址为公有地址。在路由器 Router0 的端口 1 上有一组公网地址 10.10.10.1~10.10.10.5/24,私网内三台主机 PC0、PC1 和 PC2 轮流使用这组公有地址访问外部网路,主机 PC3 不能与公网上的设备通信。

私有地址与公有地址映射关系见表 7-5,需要特别注意的是,不对私有地址 192.168.10.20 进行转换。

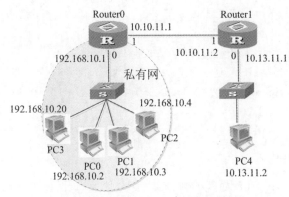

图 7-17 动态 NAT 实验网络拓扑

表 7-5 私有地址与公有地址映射关系

私有地址	公有地址
	10.10.10.1
192.168.10.2	10.10.10.2
192.168.10.3	10.10.10.3
192.168.10.4	10.10.10.4
	10.10.10.5

路由器 Router0 和 Router1 的路由表配置见表 7-6。

表 7-6 路由器 Router0 和 Router1 的配置信息

路由器	目的网络	输出接口	下一跳
Router0	192.168.10.0/24	0	直连
	10.10.11.0/24	1	直连
	10.13.11.0/24	1	10.10.11.2
Router1	10.10.10.0/24	1	10.10.11.1
	10.10.11.0/24	1	直连
	10.13.11.0/24	0	直连

按网络拓扑图连接并配置设备有以下几个要求：①主机 PC0、主机 PC1 和主机 PC2 可以 ping 通主机 PC4；②主机 PC3 不能 ping 通主机 PC4；③主机 PC4 不能 ping 通私有网内的主机；④在路由 Router0 上观察动态地址映射关系。

7.3.2 实验目的

(1) 理解私有地址与公有地址的动态转换过程；
(2) 掌握动态 NAT 配置方法；
(3) 验证 IP 分组的动态转换过程。

7.3.3 关键命令解析

1. 确定需要地址转换的私有地址范围

利用基本访问控制列表（Access Control List）将需要地址转换的私有地址范围定义为 CIDR 地址块。

Router(config)# access-list 1 permit 192.168.10.0 0.0.0.7

access-list 1 permit 192.168.10.0 0.0.0.7 是全局配置模式下的命令，用于创建编号为 1 的访问控制列表，对 CIDR 地址块 192.168.10.0/29 内的地址进行转换。需要注意，地址块 192.168.10.0/29 包含的地址范围是 192.168.10.1～192.168.10.7。

2. 定义公有地址池

Router(config)# ip nat pool a1 10.10.10.1 10.10.10.5 netmask 255.255.255.0

ip nat pool al 10.10.10.1 10.10.10.5 netmask 255.255.255.0 是全局配置模式下的命令，用于定义一个地址范围为 10.10.10.1~10.10.10.5 的公有地址池。

3. 关联访问列表与公有地址池

Router(config)#ip nat inside source list 1 pool al

ip nat inside source list 1 pool al 是全局配置模式下的命令，用于将编号为 1 的访问控制列表与名为 al 的公有地址池关联在一起。该命令的功能就是，如果数据分组中的源地址在编号为 1 的访问控制列表指定的地址范围之内，则在名为 al 的公有地址池中选择一个公有地址替换该分组的源地址。

7.3.4 实验步骤

（1）启动 Cisco Packet Tracer，按照图 7-17 所示实验拓扑图连接设备后启动所有设备，Cisco Packet Tracer 的逻辑工作区如图 7-18 所示。

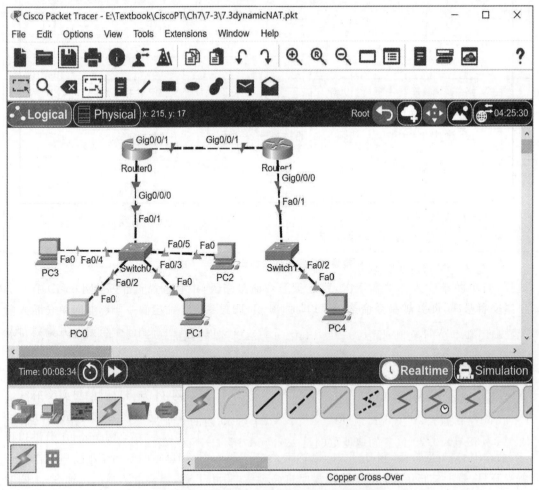

图 7-18 完成设备连接后的逻辑工作区界面

(2)分别配置主机 PC0~PC4 的 IP 地址、子网掩码和网关,配置信息见表 7-7。

表 7-7 主机配置信息

设备	IP 地址	子网掩码	网关
PC0	192.168.10.2	255.255.255.0	192.168.10.1
PC1	192.168.10.3		
PC2	192.168.10.4		
PC3	192.168.10.20		
PC4	10.13.11.2		10.13.11.1

(3)完成配置后,私有网络 192.168.10.0/24 内的各台主机之间可以相互 ping 通。主机 PC4 还 ping 不通其他设备。

(4)在路由器 Router0 上执行如下命令,配置端口 Gig0/0/0 的 IP 地址/子网掩码为 192.168.10.1/255.255.255.0 以及端口 Gig0/0/1 的 IP 地址/子网掩码为 10.10.11.1/255.255.255.0。在路由器 Router0 端口 Gig0/0/1 侧配置 RIP 协议。

Router#conf t

Router(config)#int g0/0/0

Router(config-if)#no shutdown

Router(config-if)#ip address 192.168.10.1 255.255.255.0

Router(config-if)#int g0/0/1

Router(config-if)#no shutdown

Router(config-if)#ip address 10.10.11.1 255.255.255.0

Router(config-if)#exit

Router(config)#router rip

Router(config-router)#version 2

Router(config-router)#no auto-summary

Router(config-router)#network 10.10.11.0

Router(config-router)#end

需要注意的是,配置后或配置前开启路由器端口,使得配置生效。

(5)在路由器 Router1 上执行如下命令,配置端口 Gig0/0/0 的 IP 地址/子网掩码为 10.13.11.1/255.255.255.0;配置端口 Gig0/0/1 的 IP 地址/子网掩码为 10.10.11.2/255.255.255.0;在路由器两侧配置 RIP 协议。

Router#conf t

Router(config)#int g0/0/0

Router(config-if)#no shutdown

Router(config-if)#ip address 10.13.11.1 255.255.255.0

Router(config-if)#int g0/0/1

Router(config-if)# no shutdown
Router(config-if)# ip address 10.10.11.2 255.255.255.0
Router(config-if)# exit
Router(config)# router rip
Router(config-router)# version 2
Router(config-router)# no auto-summary
Router(config-router)# network 10.10.11.0
Router(config-router)# network 10.13.11.0
Router(config-router)# end

(6) 查看 Router0 和 Router1 的路由表,分别如图 7-19 和图 7-20 所示。综合两台路由器的路由表项,可以确定:①子网主机 PC0~PC3 可以 ping 通 IP 地址 10.10.11.1,但不能 ping 通 IP 地址 10.10.11.2;②主机 PC4 能 ping 通 IP 地址 10.10.11.1 和 IP 地址 10.10.11.2。

(7) 依据表 7-5 列出的 NAT 配置信息,在路由器 Router0 上执行如下命令,将私有地址 192.168.10.1~192.168.10.7 动态映射到公有地址 10.10.10.1~10.10.10.5 上。配置端口 Gig0/0/0 连接私有网络,端口 Gig0/0/1 连接公网。

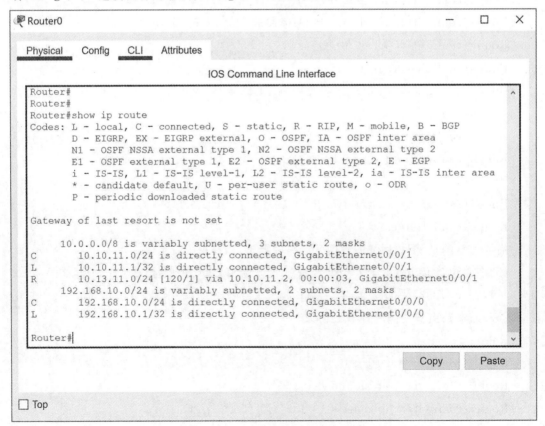

图 7-19 路由器 Router0 的路由表

第 7 章 网络地址转换实验

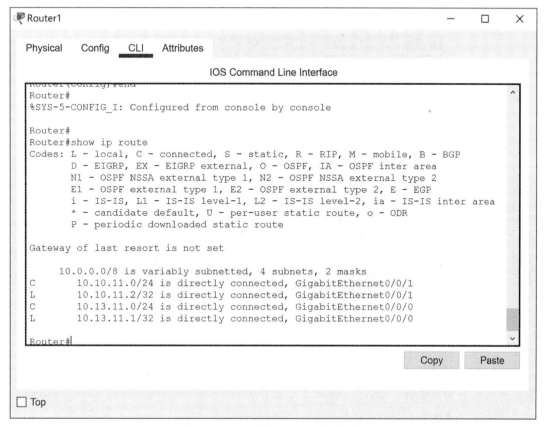

图 7-20 路由器 Router1 的路由表

Router(config)# access-list 1 permit 192.168.10.0 0.0.0.7

Router(config)# ip nat pool al 10.10.10.1 10.10.10.5 netmask 255.255.255.0

Router(config)# ip nat inside source list 1 pool al

Router(config)# intg0/0/0

Router(config-if)# ip nat inside

Router(config-if)# int g0/0/1

Router(config-if)# ip nat outside

Router(config-if)# end

(8) 在主机 PC0 上 ping 主机 PC4，发现仍不能 ping 通。这是由于路由器 Router1 上不存在到子网 10.10.10.0/24 的路由表项。在路由器上执行如下命令，添加相应的静态路由表项。

Router(config)# ip route 10.10.10.0 255.255.255.0 10.10.11.1

(9) 再次在主机 PC0 上 ping 主机 PC4，结果如图 7-21 所示。在主机 PC1 和 PC2 上 ping 主机 PC4，取得相同结果。

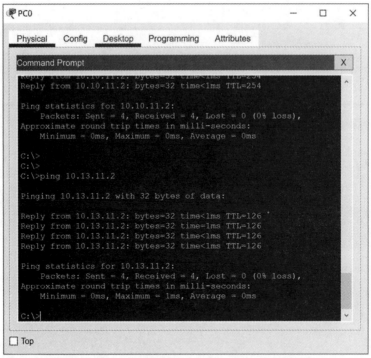

图 7-21　在主机 PC0 上 ping 主机 PC4 的结果

(10)在主机 PC3 上 ping 主机 PC4,结果如图 7-22 所示。因为主机 PC3 的地址不在被映射的私有地址范围内,所以主机 PC3 不能和公网上的主机通信。

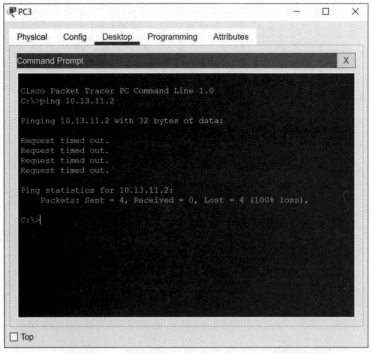

图 7-22　在主机 PC3 上 ping 主机 PC4 的结果

(11) 在主机 PC4 上 ping 地址 10.10.10.1～10.10.10.5,结果如图 7-23 所示。从结果发现,ICMP 报文并未到达路由器 Router0。利用动态 NAT 技术,可以让私有网络内的设备访问公有网络,但不能让公有网络上的设备访问私有网络,这样可以保护私有网络的安全。

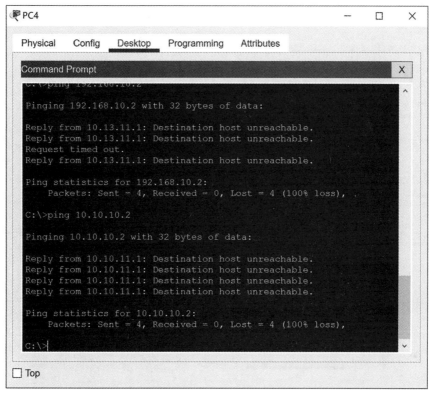

图 7-23 在主机 PC4 上 ping 地址 10.10.10.2 的结果

(12) 先在主机 PC0 和主机 PC1 上分别 ping 主机 PC4,然后在路由器 Router0 上执行如下命令,显示路由器上的 NAT 表,结果如图 7-24 所示。NAT 表显示,进行了 8 次地址转换,分别对应 ping 命令发出的 8 次 ICMP 报文。

Router# show ip nat translations

需要注意的是,NAT 中的表项被定期移除。因此,不同时刻的 NAT 表项可能存在差异。

(13) 进入 Simulation 模式,启动从主机 PC0 发送 ICMP 报文到主机 PC4 的仿真过程,获取事件序列。分析经过路由器 Router0 的 ICMP 报文,进入 Router0 的报文如图 7-25 所示,流出 Router0 的同一报文如图 7-26 所示。流入 Router0 报文中源地址是 192.168.10.2,而流出 Router0 报文中源地址则变成 10.10.10.2。这表明报文经过路由器 Router0 时,进行了地址转换。私有地址 192.168.10.2 被转换成 10.10.10.2。在其他设备之间的通信过程中,可以发现类似结果。

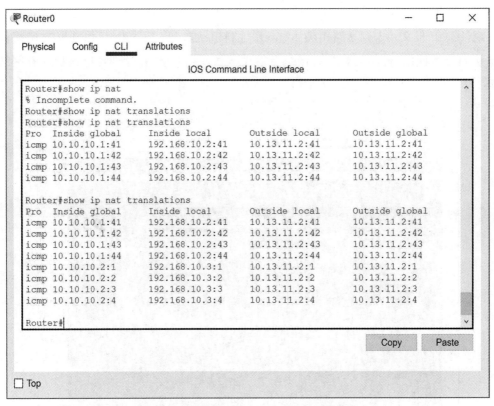

图 7-24 路由器 Router0 上的 NAT 表信息

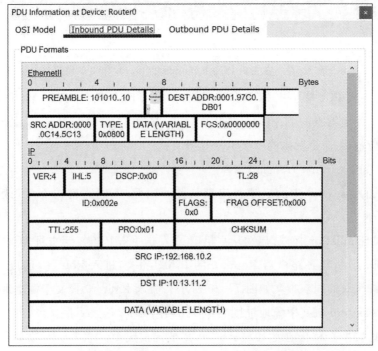

图 7-25 流入路由器 Router0 的 ICMP 报文

第 7 章 网络地址转换实验

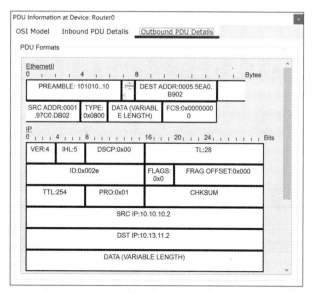

图 7-26 流出路由器 Router0 的 ICMP 报文

(14)在 Simulation 模式下,启动从主机 PC3 发送 ICMP 报文到主机 PC4 的仿真过程,获取事件序列,结果如图 7-27 所示。

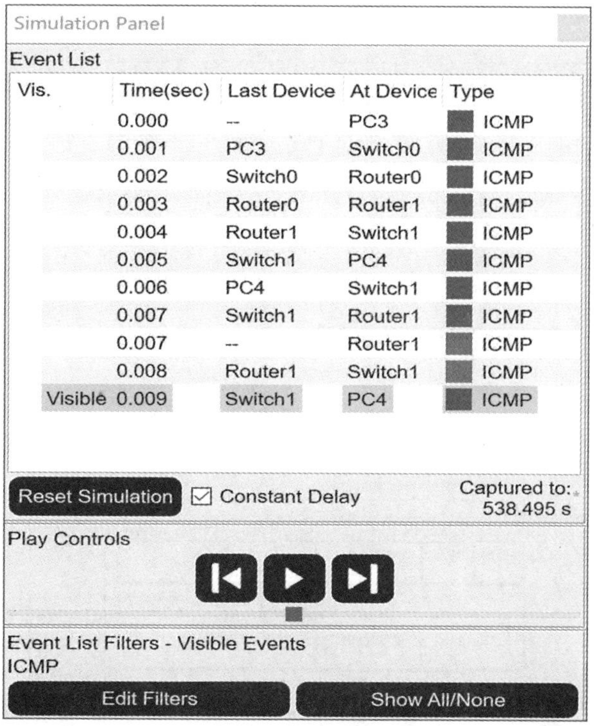

图 7-27 主机 PC3 发送 ICMP 报文到主机 PC4 的事件序列

从事件序列中不难发现,主机 PC3 发出的 ICMP 报文能够达到主机 PC4,但从主机 PC4 发出的响应报文到达路由器 Router1 时出现故障。这是因为路由器 Router1 中不存在到子网 192.168.10.0/24 的路由信息和缺省路由信息,所以该报文被丢弃。进一步分析流经路由器 Router0 的 ICMP 报文,结果如图 7-28 所示。发现经过路由器 Router0 时,主机 PC3 的地址并未改变。因为主机 PC4 的地址是公有地址,所以 ICMP 报文可以继续到达主机 PC4。

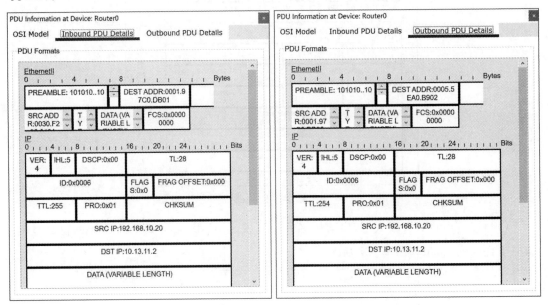

图 7-28 流经路由器 Router0 的 ICMP 报文

而从 PC4 返回的响应报文的目的地址仍是主机 PC3 的私有地址 192.168.10.20,如图 7-29 所示。因为目的地址是私有地址,对公网上的设备是透明的,所以经过路由器 Router1 就被丢弃。

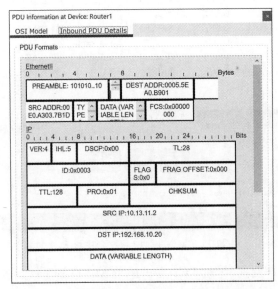

图 7-29 从主机 PC4 返回的 ICMP 响应报文

7.3.5 设备配置命令

1. 路由器 Router0 上的配置命令

Router# conf t

Router(config)# int g0/0/0

Router(config-if)# no shutdown

Router(config-if)# ip address 192.168.10.1 255.255.255.0

Router(config-if)# int g0/0/1

Router(config-if)# no shutdown

Router(config-if)# ip address 10.10.11.1 255.255.255.0

Router(config-if)# exit

Router(config)# router rip

Router(config-router)# version 2

Router(config-router)# no auto-summary

Router(config-router)# network 10.10.11.0

Router(config-router)# end

Router# show ip route

Router(config)# access-list 1 permit 192.168.10.0 0.0.0.7

Router(config)# ip nat pool al 10.10.10.1 10.10.10.5 netmask 255.255.255.0

Router(config)# ip nat inside source list 1 pool al

Router(config)# int g0/0/0

Router(config-if)# ip nat inside

Router(config-if)# int g0/0/1

Router(config-if)# ip nat outside

Router(config-if)# end

Router# show ip nat translations

2. 路由器 Router1 上的配置命令

Router# conf t

Router(config)# int g0/0/0

Router(config-if)# no shutdown

Router(config-if)# ip address 10.13.11.1 255.255.255.0

Router(config-if)# int g0/0/1

Router(config-if)# no shutdown

Router(config-if)# ip address 10.10.11.2 255.255.255.0

Router(config-if)# exit
Router(config)# router rip
Router(config-router)# version 2
Router(config-router)# no auto-summary
Router(config-router)# network 10.10.11.0
Router(config-router)# network 10.13.11.0
Router(config-router)# end
Router# show ip route
Router(config)# ip route 10.10.10.0 255.255.255.0 10.10.11.1

3. 主机上的配置操作

配置操作分两部分：①在配置窗口配置主机 IP 地址、子网掩码和网关；②在主机的命令窗口执行 ping 命令。

4. 图形化操作界面

进入 Simulation 模式，启动主机之间发送 ICMP 报文的仿真过程，捕获通信事件，并进行分析。

7.3.6 思考与创新

(1)在图 7-17 所示的实验网络拓扑图中，增加一个服务器，要求服务器利用静态 NAT 与外部通信，其他要求不变。请设计一个实验，满足上述要求。

(2)在动态 NAT 实验中，利用私有网内主机测试与外部网络的连通性时，为什么间歇性丢包？

7.4 PAT 配置实验

在某公司的私有网络内，除了公司网站和少数几台主机外，其余设备不能和公网通信。此配置实验要求公司网站能被公网上设备访问，少数主机可以从私有网络内发起访问公网的请求，但公网上设备不能访问除网站服务器外的其他主机。除了利用静态和动态相结合的 NAT 外，利用 PAT 也可以满足上述要求。

7.4.1 实验内容

PAT 实验网络拓扑图采用与静态 NAT 类似的拓扑图，如图 7-30 所示。私有网络由一台服务器、一台交换机和两台主机组成，其地址空间为 192.168.10.0/24。除私有网络外，拓扑中的其余地址为公有地址。

第 7 章 网络地址转换实验

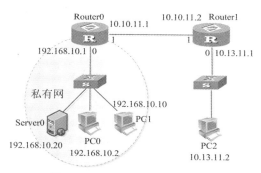

图 7-30 PAT 实验网络拓扑图

静态 PAT 的映射关系见表 7-8。范围 192.168.10.1～192.168.10.7 内的地址转换采用动态 PAT 技术。

表 7-8 PAT 映射关系

私有地址	公有地址
192.168.10.20:80	10.10.11.1:8080

路由器 Router0 和 Router1 的路由配置见表 7-9。

表 7-9 路由器 Router0 和 Router1 的路由配置

路由器	目的网络	输出接口	下一跳
Router0	192.168.10.0/24	0	直连
	10.10.11.0/24	1	直连
	10.13.11.0/24	1	10.10.11.2
Router1	10.10.11.0/24	1	直连
	10.13.11.0/24	0	直连

按照网络拓扑图连接并配置设备有以下几个要求：①主机 PC0 可以 ping 通主机 PC2，但主机 PC1 不能 ping 通主机 PC2；②从主机 PC2 不能 ping 通主机 PC0 和主机 PC1；③从主机 PC2 的浏览器上可以访问服务器 Server0 上的缺省 Web 页面；④在路由器 Router0 上查看 PAT 变换过程。

7.4.2 实验目的

(1) 理解 PAT 转换过程；
(2) 掌握 PAT 配置方法。

7.4.3 关键命令解析

1. 创建静态 PAT 映射

Router(config)#ip nat inside source static tcp 192.168.10.20 80 10.10.11.1 8080
ip nat inside source static tcp 192.168.10.20 80 10.10.11.1 8080 是全局配置模式下

的命令,用于创建 PAT 静态转换项<192.168.10.20(私有地址),80(本地端口号),10.10.11.1(公有地址),8080(公有端口号)>。

2. 创建动态 PAT 映射

Router(config)# access-list 1 permit 192.168.10.0 0.0.0.7

Router(config)#ip nat inside source list 1 interface GigabitEthernet0/0/1 overload

access-list 1 permit 192.168.10.0 0.0.0.7 是全局配置模式下的命令,用于创建编号为 1 的访问控制列表,对 CIDR 地址块 192.168.10.0/29 内的地址进行转换。需要注意,地址块 192.168.10.0/29 包含的地址范围是 192.168.10.1~192.168.10.7。

ip nat inside source list 1 interface GigabitEthernet0/0/1 overload 是全局配置模式下的命令,用于将源地址属于编号为 1 的访问控制列表指定的私有地址范围的地址进行动态 PAT 转换,公有地址采用端口 GigabitEthernet0/0/1 的 IP 地址,路由器生成唯一的端口号。

7.4.4 实验步骤

(1)启动 Cisco Packet Tracer,按照图 7-30 所示实验拓扑图连接设备后启动所有设备,Cisco Packet Tracer 的逻辑工作区如图 7-31 所示。

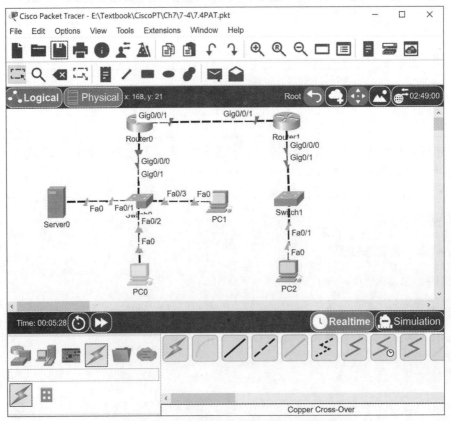

图 7-31 完成设备连接后的逻辑工作区界面

(2)按照图7-30所示,配置服务器 Server0、主机 PC0、PC1 和 PC2 的 IP 地址、子网掩码和网关,见表7-10。

(3)在私有网络内的设备上执行 ping 命令,确保配置正确和通信正常。

表7-10 主机配置信息

设 备	IP 地址	子网掩码	网 关
PC0	192.168.10.2	255.255.255.0	192.168.10.1
PC1	192.168.10.10		
Server0	192.168.10.20		
PC2	10.13.11.2		10.13.11.1

(4)在路由器 Router0 上执行如下命令,配置端口 Gig0/0/0 的 IP 地址/子网掩码:192.168.10.1/255.255.255.0;配置端口 Gig0/0/1 的 IP 地址/子网掩码:10.10.11.1/255.255.255.0;配置到子网 10.13.11.0 的静态路由项。

Router# conf t

Router(config)# int g0/0/0

Router(config-if)# no shutdown

Router(config-if)# ip address 192.168.10.1 255.255.255.0

Router(config-if)# int g0/0/1

Router(config-if)# no shutdown

Router(config-if)# ip address 10.10.11.1 255.255.255.0

Router(config-if)# exit

Router(config)# ip route 10.13.11.0 255.255.255.0 10.10.11.2

Router(config)# end

需要注意的是,配置后或配置前开启路由器端口,使得配置生效。

(5)在路由器 Router1 上执行如下命令,配置的端口 Gig0/0/0 的 IP 地址/子网掩码:10.13.11.1/255.255.255.0;配置端口 Gig0/0/1 的 IP 地址/子网掩码:10.10.11.2/255.255.255.0。

Router# conf t

Router(config)# int g0/0/0

Router(config-if)# no shutdown

Router(config-if)# ip address 10.13.11.1 255.255.255.0

Router(config-if)# int g0/0/1

Router(config-if)# no shutdown

Router(config-if)# ip address 10.10.11.2 255.255.255.0

Router(config-if)# end

(6)查看路由器 Router0 和路由器 Router1 的路由表,结果分别如图7-32和图7-33所示。注意:完成两台路由器上的配置后,再查看路由表信息。

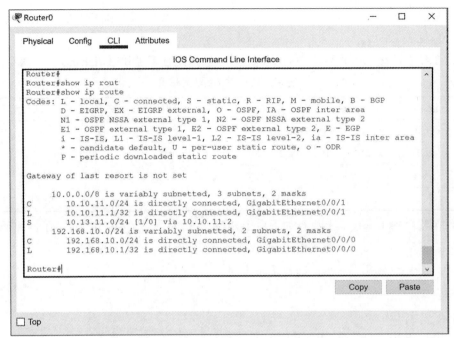

图 7-32 路由器 Router0 的路由表

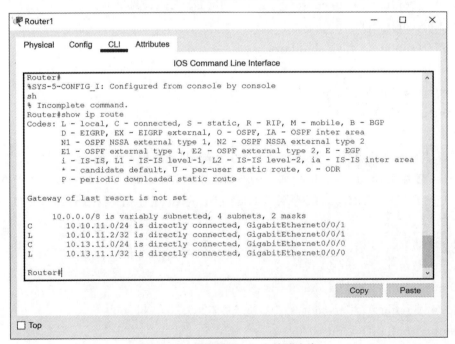

图 7-33 路由器 Router1 的路由表

从路由器 Router0 的路由表不难发现，路由表中存在到子网 10.13.11.0/24 的静态路由表项，表明静态路由设置成功。然而，路由器 Router1 上不存在到子网 192.168.10.0/24 的路由表项。

综合两台路由器的路由信息，可以确定：①子网 192.168.10.0/24 内的任何一台主机或服务器均可以 ping 通 IP 地址 10.10.11.1,但不能 ping 通 IP 地址 10.10.11.2;②主机 PC2 能 ping 通 IP 地址 10.10.11.1 和 IP 地址 10.10.11.2,但 ping 不通私有网络内的主机或服务器。

(7)在路由器 Router0 上执行如下命令,①配置动态 PAT,将私有地址 192.168.10.1~192.168.10.7 动态映射到 10.10.11.1 上;②依据表 7-8 列出的信息完成 PAT 配置,将私有地址和本地端口 192.168.10.20:80 映射到公有地址和公有端口 10.10.11.1:8080 上;③配置路由器 Router0 的端口 Gig0/0/0 连接私有网络,端口 Gig0/0/1 连接公网。

Router(config)# access-list 1 permit 192.168.10.0 0.0.0.7
Router(config)# ip nat inside source list 1 interface GigabitEthernet0/0/1 overload
Router(config)# ip nat inside source static tcp 192.168.10.20 80 10.10.11.1 8080
Router(config)# int g0/0/0
Router(config-if)# ip nat inside
Router(config-if)# int g0/0/1
Router(config-if)# ip nat outside
Router(config-if)# end

(8)在主机 PC0 上 ping 主机 PC2,结果如图 7-34 所示。从主机 PC0 发出的 ICMP 报文,经过路由器 Router0 时转换了源地址,重新封装 ICMP 报文。

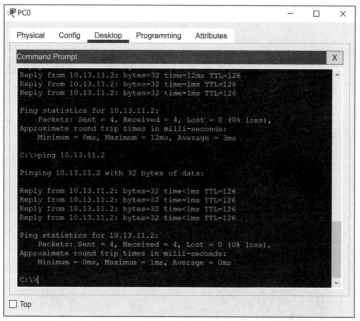

图 7-34 在主机 PC0 上 ping 主机 PC2 的结果

(9)在服务器 Server0 上 ping 主机 PC2,结果如图 7-35 所示。服务器 Server0 的 IP 地址未在动态转换的地址范围内,因此 ICMP 报文经过路由器 Router0 时,未转换源地址。ICMP 报文达到主机 PC2 后,返回的 ICMP 响应报文的目的地址是 Server0 的私有地址 192.168.10.20,响应报文经过路由器 Router1 时就被丢弃。因此,在服务器 Server0 上看到的提示信息是响应超时。需要注意的是,静态 PAT 仅转换的端口为 80 的 TCP 报文,

ICMP报文不符合要求。

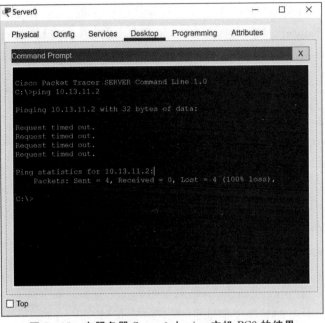

图 7-35　在服务器 Server0 上 ping 主机 PC2 的结果

（10）从主机 PC1 上 ping 主机 PC2 的结果与从服务器 Server0 上 ping 主机 PC2 的结果一样，原因也一样。

（11）在主机 PC2 上 ping 主机 PC0，结果如图 7-36 所示。从图中可以发现，主机 PC2 不能 ping 通主机 PC0，因为 PC0 的地址 192.168.10.2 是私有地址，所以对公网上的设备来说是透明的。

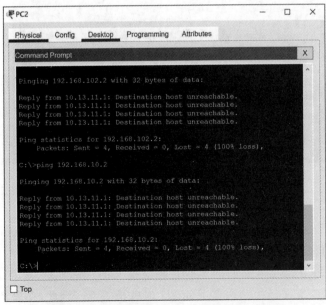

图 7-36　在主机 PC2 上 ping 主机 PC0 的结果

（12）单击主机 PC2 图标，在其图形配置界面 Desktop 选项卡下单击 Web Browser，在 URL 栏中输入 10.10.11.1:8080，点击 GO，显示服务器 Server0 上的缺省 Web 页面，如图 7-37 所示。也就是说，在主机 PC2 上可以访问服务器 Server0 上的 Web 服务。

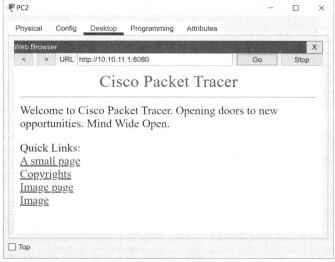

图 7-37　主机 PC2 上显示的服务器 Server0 上的缺省 Web 页面

（13）在路由器 Router0 上执行如下命令，显示路由器上的 NAT 表，结果如图 7-38 所示。需要注意的是在不同时刻捕获的 NAT 表可能不一样。

Router# show ip nat translations

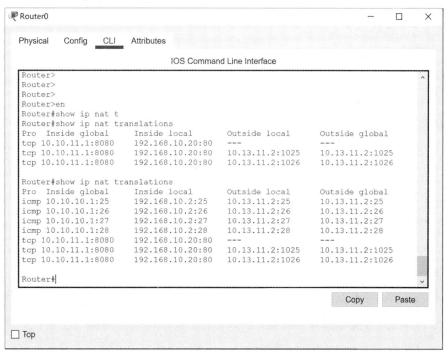

图 7-38　路由器 Router0 上的 NAT 表信息

(14) 进入 Simulation 模式,启动从主机 PC0 发送 ICMP 报文到主机 PC2 的仿真过程,获取事件序列。经过路由器 Router0 的 ICMP 报文如图 7-39 所示。流入 Router0 报文中的源地址是 192.168.10.2,而流出 Router0 报文中的源地址则变成 10.10.11.1。这表明报文经过路由器 Router0 时,进行了地址转换。私有地址 192.168.10.2 被转换成 10.10.11.1。

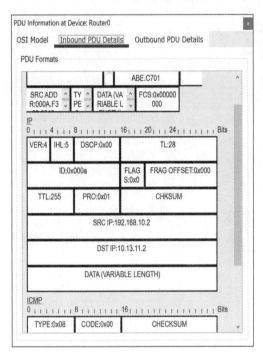 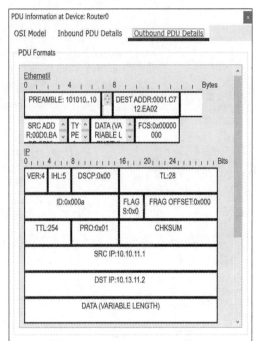

图 7-39 经过路由器 Router0 的 ICMP 报文

(15) 在 Simulation 模式下,在公共工具栏中选择创建复杂报文(Add Complex PDU)按钮,点击主机 PC2,弹出图 7-40 所示配置界面。先在 PDU 配置(PDU Settings)选项中的 Select Application 选择 HTTP,然后按照图 7-40 所示信息配置其他选项。配置完成后,点击 Create PDU 按钮。点击 Simulation Panel 中的 Play 按钮启动仿真过程,捕获主机 PC2 访问服务器 Server0 缺省页面的事件序列,并分析经过路由器 Router0 的 HTTP 请求报文,如图 7-41 所示。左侧进入 Router0 的报文,源地址是 10.13.11.2(主机 PC2 的 IP 地址),源端口号是 1025;目的地址是 10.10.11.1(路由器 Router0 的端口 Gig0/0/1 的 IP 地址),目的端口号是 8080。右侧是流出 Router0 的报文,源地址和源端口未发生变化,目的地址变成 192.168.10.20(服务器 Server0 的 IP 地址),目的端口号变为 80(Server0 的 Web 服务端口号)。这说明 HTTP 请求经过路由器 Router1 时进行了 PAT 转换,转换信息与 Router 的 NAT 表中展示信息一致。

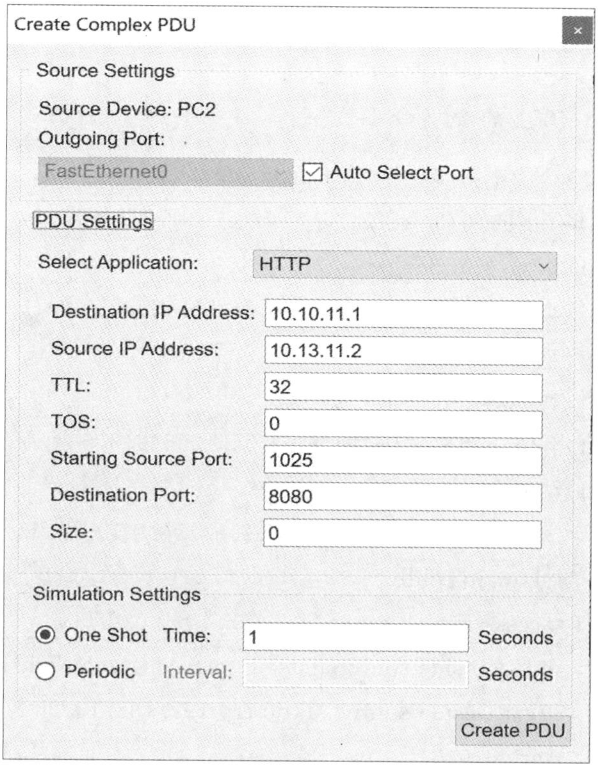

第 7 章　网络地址转换实验

图 7-40　主机 PC2 发给服务器 Server0 的 HTTP 请求报文

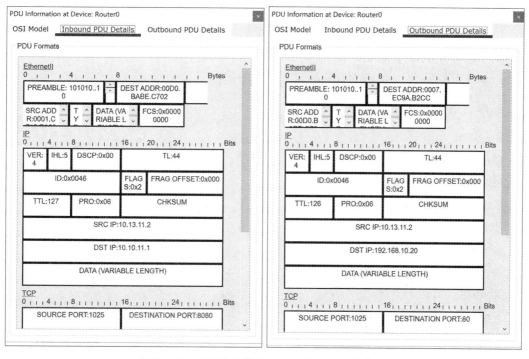

图 7-41　经过路由器 Router0 的 HTTP 请求报文

7.4.5 设备配置命令

1. 路由器 Router0 上的配置命令

Router#conf t
Router(config)#int g0/0/0
Router(config-if)#no shutdown
Router(config-if)#ip address 192.168.10.1 255.255.255.0
Router(config-if)#int g0/0/1
Router(config-if)#no shutdown
Router(config-if)#ip address 10.10.11.1 255.255.255.0
Router(config-if)#exit
Router(config)#ip route 10.13.11.0 255.255.255.0 10.10.11.2
Router(config)#show ip route
Router(config)#access-list 1 permit 192.168.10.0 0.0.0.7
Router(config)#ip nat inside source list 1 interface GigabitEthernet0/0/1 overload
Router(config)#ip nat inside source static tcp 192.168.10.20 80 10.10.11.1 8080
Router(config)#int g0/0/0
Router(config-if)#ip nat inside
Router(config-if)#int g0/0/1
Router(config-if)#ip nat outside
Router(config-if)#end
Router#show ip nat translations

2. 路由器 Router1 上的配置命令

Router#conf t
Router(config)#int g0/0/0
Router(config-if)#no shutdown
Router(config-if)#ip address 10.13.11.1 255.255.255.0
Router(config-if)#int g0/0/1
Router(config-if)#no shutdown
Router(config-if)#ip address 10.10.11.2 255.255.255.0
Router(config-if)#exit
Router(config)#show ip route

3. 主机和服务器上的配置命令

配置命令分为两部分：①在配置窗口配置主机 IP 地址、子网掩码和网关；②在主机的命令窗口执行 ping 命令。

4. 图形化操作命令

(1)进入 Simulation 模式,启动主机 PC0 发送 ICMP 报文到主机 PC2 的仿真过程,捕获事件序列,并进行分析。

(2)进入 Simulation 模式,启动主机 PC2 发送 HTTP 请求报文到服务器 Server0 的仿真过程,捕获事件序列,并进行分析。

7.4.6 思考与创新

(1)设计一个实验,在此时实验中同时验证静态 NAT、动态 NAT、静态 PAT 和动态 PAT。

(2)分析静态 NAT、动态 NAT、静态 PAT 和动态 PAT 的应用场景。

第8章 无线局域网实验

自20世纪90年代末,无线局域网因可提供移动接入功能,方便人们工作、学习和生活而发展起来。一方面,在校园或园区里面,若用线缆将楼宇内各个办公室内的设备连接起来,成本很高;使用无线接入方式,不但可以降低成本,而且组建网络也很便捷。另一方面,当漫步在校园或园区的人们有上网需求时,很难确定铺设线缆的合适路径,而无线局域网很容易满足这个随时随地的联网需求。尤其是,近年来移动智能设备的普及,通过无线局域网接入互联网的需求日益增长。

8.1 无线局域网介绍

无线局域网(Wireless Local Area Network,WLAN)是指利用无线通信技术连接网络设备,形成可以相互通信并实现资源共享的网络系统。WLAN可分为有基础设施的和无基础设施的,本章实验对象是有基础设施的WALN。在下文中,除特别声明外,WLAN特指有基础设施的。

无线局域网的通用标准是IEEE 802.11系列标准。在此基础上,我国颁布了系列国家标准——无线局域网鉴别与保密基础结构(WLAN Authentication and Privacy Infrastructure,WAPI)。WAPI是符合我国安全规范的WLAN标准,属于国家强制执行的标准。

8.1.1 基本概念

802.11系列标准比较复杂,在此不讨论其细节。为便于理解和操作实验,从网络结构视角解读有基础设施WLAN的组成元素。简单地讲,802.11是无线以太网标准,使用星形拓扑接纳无线设备。图8-1展示了WLAN的基本构成单元,基本服务集(Basic Service Set,BSS)和扩展服务集(Extended Service Set,ESS)。

在802.11标准中,接入WLAN的无线终端通常被称为站点(Station),如图8-1所示的带有无线网卡的笔记本电脑。

在WLAN中有个关键设备叫作接入点(Access Point,AP),也称为无线接入点(Wireless Access Point,WAP),是无线网络和有线网络的边界,如图8-1所示的两个接入点AP1和

AP2。无线站点通过接入点连接到互联网络。

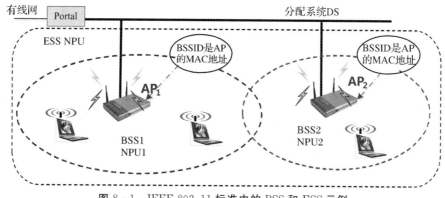

图 8-1 IEEE 802.11 标准中的 BSS 和 ESS 示例

一台接入点和若干台无线站点组成一个基本服务集,这是 WLAN 的最小构件。在配置接入点 AP 时,AP 被分配一个不超过 32 字节的服务集标识符(Service Set Identifier,SSID),也就是基本服务集的名字。如图 8-1 所示,接入点 AP1 的 SSID 是 NPU1。此外,每个 AP 出厂时,会被分配一个 48 位的 MAC 地址,该地址被称为基本服务集标识符(Basic Service Set Identifier,BSSID)。在无线数据帧中出现的是 AP 的 BSSID;而用户连接 WLAN 时,看到的是 AP 的 SSID。一个基本服务集覆盖的区域称为基本服务区(Basic Service Area,BSA),通常 BSA 的直径较小,比如 100 m。

一个基本服务集可以先连接到一个分配系统(Distribution System,DS),然后再连接到另一个基本服务集,构成一个扩展服务集(Extended Service Set,ESS)。每个 ESS 有唯一的不超过 32 字符的标识符,被叫作扩展服务集标识符(Extended Service Set Identifier,ESSID)。如图 8-1 所示,扩展服务集 ESS 的 ESSID 是 NPU。ESSID 通常用于大规模的无线网络中标识无线信号,也就是说网络中的多个 AP,通过 DS 桥接的方式构成一个无线网络,所有连接该无线网络的设备使用同一个名称 ESSID,如图 8-1 中的 NPU。

8.1.2 WLAN 基本结构

在本章中,WLAN 网络架构主要是指站点到 AP 之间的无线网络结构,通常被分为自治式架构和集中式架构。

自治式架构又称为胖接入点(Fat AP)架构,是早期 WLAN 广泛采用的架构。图 8-2 显示一种基于自治式架构的 WLAN 网络架构。该架构下的 AP 实现所有无线接入功能,通常自带完整操作系统,是可以独立工作的网络设备,能实现拨号、路由等功能,一个典型的例子就是家庭用的无线路由器。

胖接入点的功能强大,独立性好。因为其独立性较强,所以每个接入点通常需要单独维护,增加了维护成本。尤其是,随着部署数量的增加,胖接入点维护成本增加明显,因此自治式架构在大规模无线网络中的应用逐渐减少。目前,常见应用场景是家庭或办公室等小规模无线网络。

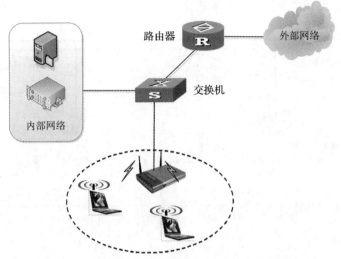

图 8-2 一种基于自治式架构的 WLAN 网络架构

瘦 AP 形象的理解就是把胖 AP 瘦身,去掉路由、DHCP 服务等诸多功能,只提供可靠、高性能的无线连接功能,其他功能在无线控制器(Wireless LAN Controller,WLC)上集中配置。瘦 AP 作为无线局域网的一个组件,不能独立工作,须与无线控制器配合才能成为一个完整的无线接入系统。图 8-3 显示了一种典型的基于 WLC 和 AP 的 WLAN 结构。无线控制器 WLC 集中管理瘦 AP,无须单独配置。在 AP 数量较多的情况下,集中管理具有明显优势。瘦 AP 一般应用于大中型无线网络,应用场景通常包括为商场、酒店、餐饮、园区等。

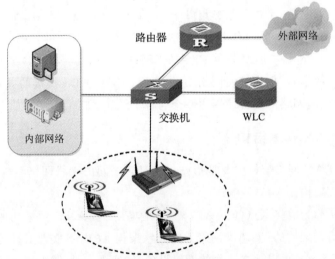

图 8-3 一种基于集中式架构的 WLAN 网络架构

8.1.3 无基础设施的 WLAN

无固定基础设施的 WLAN 也称为移动自组网络。在移动自组网络中,没有接入点 AP,而是由一些处于平等状态的移动站互相通信组成网络的。如图 8-4 所示,一个无线网络由五台移动站点组成。当站点 A 向站点 C 发送数据时,可以选择站点 B 作为中继站点。

无线传感器网络是一种典型的无固定基础设施的 WLAN,引起人们广泛关注。无线传感器网络是由大量传感器结点通过无线通信技术构成的自组网络,目的是进行多种数据的采集、处理、传输,通常对带宽要求不是很高。

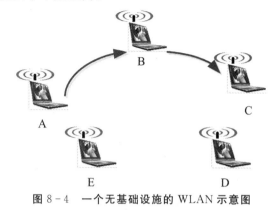

图 8-4　一个无基础设施的 WLAN 示意图

8.2　基本无线路由器配置实验

为方便家庭成员在家里可以随时随地地访问互联网,可以在家里部署家庭 WALN。考虑到购置成本和维护便利,大多数家庭通常会购买家用的无线网络路由器,通过无线网络路由器连接互联网,从而构建家庭 WALN。小型公司内的 WLAN 也可以采用类似建设方案。

8.2.1　实验内容

基本无线路由器配置实验网络拓扑图如图 8-5 所示。无线网络由一台无线路由器和两台移动电脑组成,其地址空间属于私有地址空间。无线路由器通过一台路由器连接到公共网络,公共网络由一台服务器和两台主机模拟组成,其地址空间属于公有地址空间。实验网络中各台设备的配置信息见表 8-1。

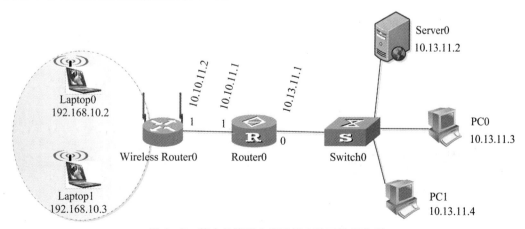

图 8-5　基本无线路由器配置实验网络拓扑图

表 8-1 实验设备的配置信息

设 备	端 口	IP 地址	子网掩码	网 关
Wireless Router0	0	192.168.10.1	255.255.255.0	/
	1	10.10.11.2	255.255.255.252	/
Router0	1	10.10.11.1		/
	0	10.13.11.1		/
Server0	/	10.13.11.2	255.255.255.0	10.13.11.1
PC0	/	10.13.11.3		
PC1	/	10.13.11.4		

按网络拓扑图连接和配置设备,有以下几个要求:①移动设备 Laptop0 和移动设备 Laptop1,通过 DHCP 获取 IP 地址,且可以相互 ping 通;②从移动设备 Laptop0 能 ping 通主机 PC0;③从移动设备 Laptop0 能访问服务器上的缺省 Web 页面;④公网上的主机不能 ping 通移动设备 Laptop0 和 Laptop1。

8.2.2 实验目的

(1)了解家庭无线网络设计过程;
(2)理解家庭无线网络接入互联网过程;
(3)掌握无线路由器的配置方法;
(4)验证无线路由器的 NAT 功能。

8.2.3 关键命令解析

在本次实验中,无线路由器的配置操作均可通过图形化操作界面完成,这也符合实际场景的配置操作。因此,此处不列关键命令解析。

8.2.4 实验步骤

(1)启动 Cisco Packet Tracer,按照图 8-5 所示实验拓扑图连接设备后启动所有设备,Cisco Packet Tracer 的逻辑工作区如图 8-6 所示。注意:在本次实验中,无线路由器选择 HomeRouter-PT-AC。

(2)按照表 8-1 所示信息,配置主机 Server0、主机 PC0 和主机 PC1 的 IP 地址、子网掩码和网关。完成正确配置后,三台设备之间可以相互 ping 通。

(3)在路由器 Router0 上执行以下命令,开启端口 Gig0/0/0 和端口 Gig0/0/1,并配置端口的 IP 地址和子网掩码。

Router> en
Router# conf t
Router(config)# int g0/0/0
Router(config-if)# ip address 10.13.11.1 255.255.255.0

Router(config-if)# no shutdown
Router(config-if)# int g0/0/1
Router(config-if)# ip address 10.10.11.1 255.255.255.252
Router(config-if)# no shutdown
Router(config-if)# end

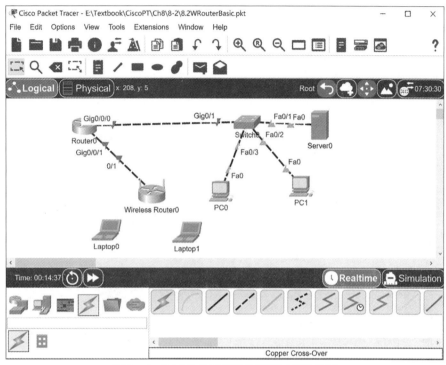

图 8-6　完成设备连接后的逻辑工作区界面

正确配置后,从服务器 Server0、主机 PC0 和主机 PC1 均可以 ping 通路由器 Router0 的端口 Gig0/0/0 和端口 Gig0/0/1,反之亦然。

(4)点击无线路由器 Wireless Router0 图标,在弹出的图形配置界面 Config 选项卡下单击 LAN(INTERFACE→LAN),弹出图 8-7 所示的配置界面。弹出的配置界面是无线路由器 Wireless Router0 连接私有网络的端口的配置界面,该端口的 IP 地址也是私有网络内各设备的默认网关地址。依据表 8-1 所示信息,将端口的 IP 地址和子网掩码分别配置为 192.168.10.1 和 255.255.255.0。

(5)在无线路由器 Wireless Router0 的图形配置界面 Config 选项卡下单击 Internet (INTERFACE→Internet),弹出如图 8-8 所示的配置界面。弹出的配置界面是无线路由器 Wireless Router0 连接公有网络的端口配置界面。在 IP Configuration 选项卡中选择 Static,依据表 8-1 所示信息,将端口 IP 地址和子网掩码分别配置为 10.10.11.2 和 255.255.255.252,Default Gateway 和 DNS Server 设置为路由器 Router0 的端口 Gig0/0/1 的 IP 地址 10.10.11.1。

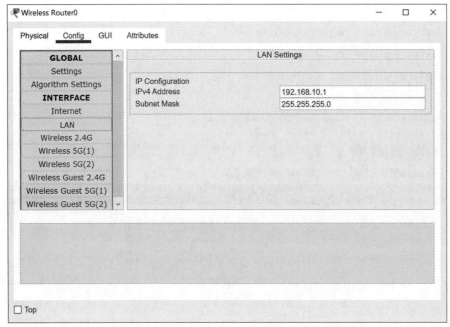

图 8-7 无线路由器 Wireless Router0 的 LAN 端口配置界面

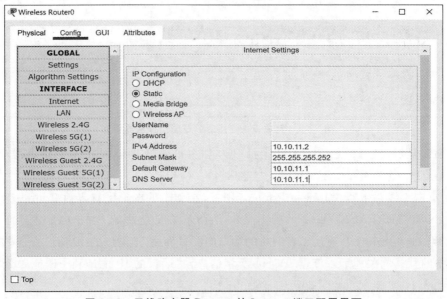

图 8-8 无线路由器 Router0 的 Internet 端口配置界面

(6)无线网络路由器 Wireless Router0 具有 AP 功能,可以与无线设备建立通信链路。无线局域网的主要配置信息是 SSID。此外,为保障无线传输的安全,需要为无线路由器配置安全机制。在无线路由器 Wireless Router0 的图形配置界面 Config 选项卡下单击 Wireless 2.4G(INTERFACE→Wireless 2.4G),弹出图 8-9 所示的无线局域网配置界面。在 SSID 栏中输入 NPUTest。在 Authentication 选项中选择 WPA2-PSK,在 PSK Pass Phrase 栏中输入 12348765。

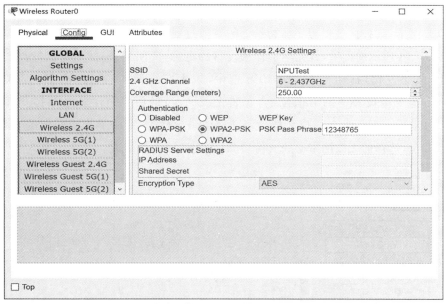

图 8-9　无线路由器 Router0 的无线局域网配置界面

（7）无线网络路由器 Wireless Router0 可以作为 DHCP 服务器，自动为私有网络内的无线设备配置网络信息。在无线路由器 Wireless Router0 的图形配置界面 GUI 选项卡下单击 Setup 子选项卡（GUI→Setup），下拉弹出的配置界面至 Network Setup 部分，配置界面如图 8-10 所示。在 DHCP Server 选项中选择 Enabled，启用 DHCP 服务。在 Start IP Address 选项中输入 2，表示自动配置的第一 IP 地址是 192.168.10.2，注意地址 192.168.10.1 已被无线路由器的 LAN 端口占用。在 Maximum number of Users 选项中输入自动配置的 IP 地址范围上限（本例中设置为 200）。最后，下拉配置界面至底，点击 Save Settings 按钮，保存设置。

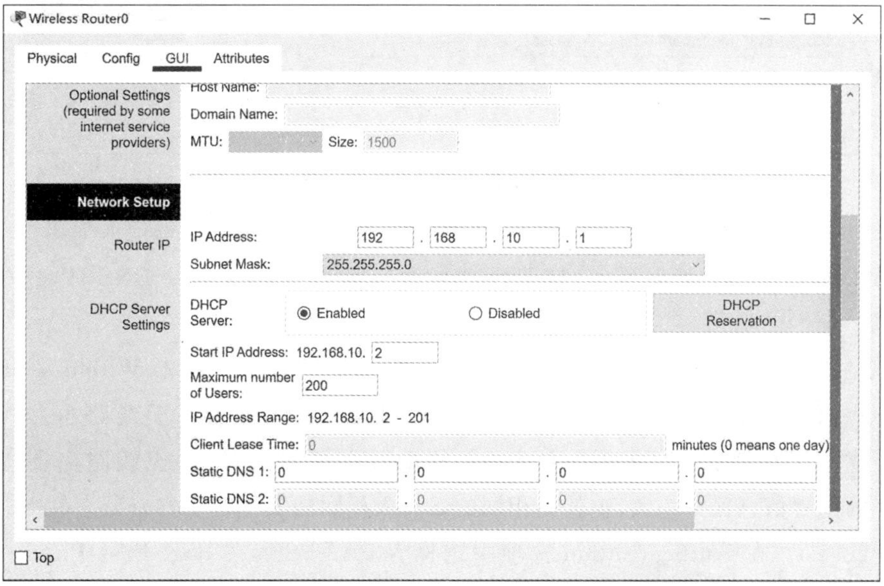

图 8-10　无线路由器 Router0 的 DHCP 服务器配置界面

(8)移动设备Laptop0默认情况下安装以太网卡,如果连接无线局域网,需要用无线网卡替换以太网卡,其替换过程与实际场景下的替换过程一致。

在图8-11所示的图中,首先单击移动设备的电源,关闭设备;然后将鼠标移动到设备的网卡上,按下左键,拖动至MODULES框中,拔出有线网卡;再在MODULES框选择WPC300N,拖曳至设备的网卡槽位上,安装无线网卡;最后单击设备电源打开移动设备Laptop0,移动设备Laptop0变成无线设备Laptop0。至此,完成了无线网卡的安装过程。需要注意的是,选择的无线网卡必须支持步骤(6)配置的无线信道。

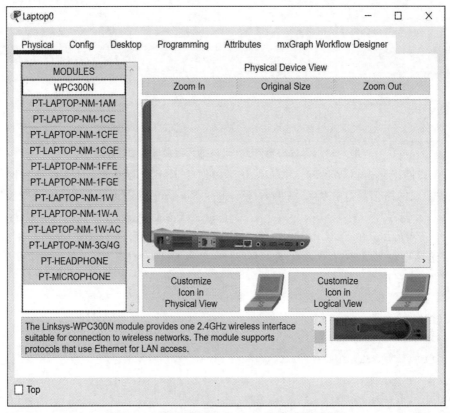

图8-11 移动设备Laptop0安装无线网卡过程

(9)点击无线设备Laptop0图标,在弹出的图形配置界面Config选项卡下单击Settings(GLOBAL→Settings),弹出图8-12所示的配置界面。在Gateway/DNS IPv4选项中选择DHCP。

(10)在无线设备Laptop0的图形配置界面Config选项卡下单击Wireless0(INTER-FACE→Wireless0),弹出图8-13所示的配置界面。为了能够与无线路由器Wireless Router0建立无线链路,无线设备Laptop0的配置必须和步骤(6)无线路由器Wireless Router0的配置信息保持一致,也就是相同的SSID、相同的安全机制和密码。在SSID栏中输入NPUTest。在Authentication选项中选择WPA2-PSK,在PSK Pass Phrase栏中输入12348765。

第 8 章 无线局域网实验

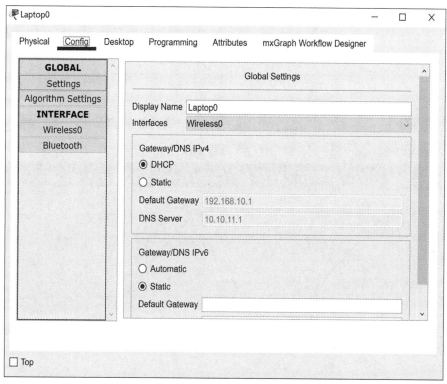

图 8-12 无线设备 Laptop0 的全局配置界面

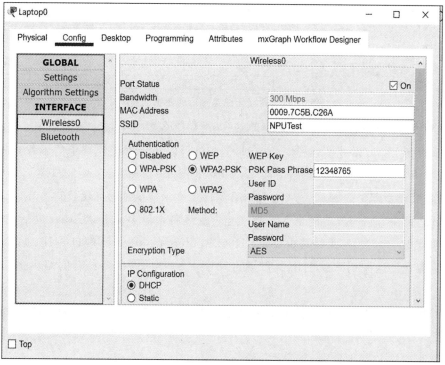

图 8-13 无线设备 Laptop0 的无线端口配置界面

(11) 参考步骤(9)和步骤(10)在移动设备 Laptop1 上进行相同配置。完成无线设备 Laptop0 和 Laptop1 的无线端口配置后,就可以发现两台无线设备均和无线路由器 Wireless Router0 建立了无线连接,如图 8-14 所示。

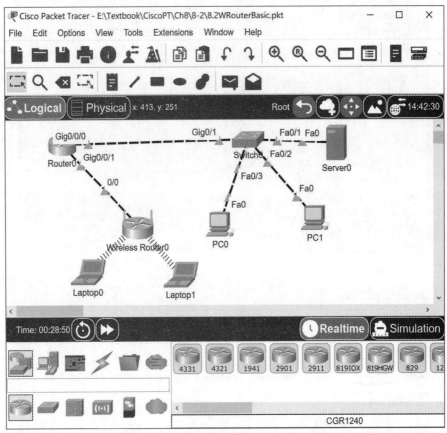

图 8-14 建立无线连接后的逻辑工作区

(12) 在无线设备 Laptop0 上,ping 主机 PC0 和服务器 Server0,结果如图 8-15 所示。虽然无线设备 Laptop0 处于私有网络内部,但是仍可以 ping 公有网络上的服务器和主机等设备,说明 ICMP 报文经过无线路由器 Wireless Router0 时,进行了地址转换。为了验证猜想,查看无线路由器上的 NAT 表,结果如图 8-16 所示。从地址 192.168.10.100(无线设备 Laptop0 的 IP 地址)发出的 ICMP 报文经过无线路由器 Wireless Router0 后,该地址被转换成地址 10.10.11.2(无线路由器 Wireless Router0 的 Internet 端口的 IP 地址),报文标识未发生变化。这说明无线路由器自动启动了 PAT 功能,允许私有网络内的设备访问公网。

(13) 在无线设备 Laptop0 的浏览器中访问服务器 Server0 的缺省 Web 页面,结果如图 8-17 所示。

(14) 在主机 PC0 上分别 ping 无线设备 Laptop0 和 Laptop1,结果如图 8-18 所示。结果表明公网上的设备不能主动访问私有网络内部设备。

第 8 章 无线局域网实验

```
C:\>ping 10.13.11.2

Pinging 10.13.11.2 with 32 bytes of data:

Request timed out.
Request timed out.
Reply from 10.13.11.2: bytes=32 time=19ms TTL=126
Reply from 10.13.11.2: bytes=32 time=31ms TTL=126

Ping statistics for 10.13.11.2:
    Packets: Sent = 4, Received = 2, Lost = 2 (50% loss),
Approximate round trip times in milli-seconds:
    Minimum = 19ms, Maximum = 31ms, Average = 25ms

C:\>ping 10.13.11.3

Pinging 10.13.11.3 with 32 bytes of data:

Request timed out.
Reply from 10.13.11.3: bytes=32 time=8ms TTL=126
Reply from 10.13.11.3: bytes=32 time=17ms TTL=126
Reply from 10.13.11.3: bytes=32 time=9ms TTL=126

Ping statistics for 10.13.11.3:
    Packets: Sent = 4, Received = 3, Lost = 1 (25% loss),
Approximate round trip times in milli-seconds:
    Minimum = 8ms, Maximum = 17ms, Average = 11ms

C:\>
```

图 8-15　在 Laptop0 上 ping 服务器 Server0 和主机 PC0 的结果

NAT Table for Wireless Router0

Protocol	Inside Global	Inside Local	Outside Local	Outside Global
icmp	10.10.11.2:10	192.168.10.100:10	10.13.11.3:10	10.13.11.3:10
icmp	10.10.11.2:11	192.168.10.100:11	10.13.11.3:11	10.13.11.3:11
icmp	10.10.11.2:12	192.168.10.100:12	10.13.11.3:12	10.13.11.3:12
icmp	10.10.11.2:13	192.168.10.100:13	10.13.11.2:13	10.13.11.2:13
icmp	10.10.11.2:14	192.168.10.100:14	10.13.11.2:14	10.13.11.2:14
icmp	10.10.11.2:15	192.168.10.100:15	10.13.11.2:15	10.13.11.2:15
icmp	10.10.11.2:16	192.168.10.100:16	10.13.11.2:16	10.13.11.2:16
icmp	10.10.11.2:9	192.168.10.100:9	10.13.11.3:9	10.13.11.3:9
tcp	10.10.11.2:8080	10.10.11.2:80	---	---

图 8-16　无线路由器 Wireless Router0 上的 NAT 表

图 8-17 在 Laptop0 上访问 Server0 的缺省 Web 页面的结果

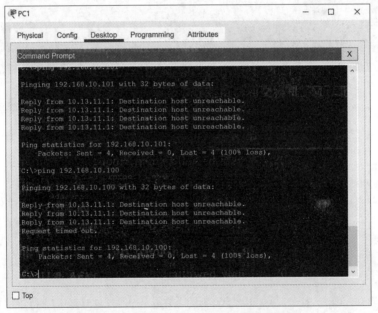

图 8-18 从主机 PC0 ping 无线设备的结果

8.2.5 设备配置命令

1. 路由器 Router0 上的配置命令

Router> en

Router# conf t

Router(config)# int g0/0/0

Router(config-if)# ip address 10.13.11.1 255.255.255.0

Router(config-if)# no shutdown

Router(config-if)# int g0/0/1

Router(config-if)# ip address 10.10.11.1 255.255.255.252

Router(config-if)# no shutdown

Router(config-if)# end

2. 主机和服务器上的配置命令

配置命令分为两部分：①在配置窗口配置主机 IP 地址、子网掩码和网关；②在主机的命令窗口执行 ping 命令。

3. 图形化操作命令

(1) 配置无线路由器 Wireless Router0 上的端口 LAN 和 Internet、DHCP 服务器。

(2) 配置无线设备 Laptop0 和 Laptop1 的无线端口。

8.2.6 思考与创新

首次从无线设备 Laptop0 上 ping 服务器 Server0 和主机 PC0 时，结果如图 8-15 所示，前 1～2 次出现响应超时。当再次执行相同命令时，则不会出现此现象。在 Simulation 模式，捕获 ICMP 报文序列，分析发生此现象的原因。

8.3 多 VLAN 的无线网络配置实验

为方便同一栋居民楼里的多个家庭的成员在家里可以随时随地地访问互联网，并且保证每个家庭之间相互广播隔离。在部署家庭 WALN 时，为每个家庭建立一个 VLAN 可满足上述需求。考虑到购置成本和维护便利，每个家庭可以购买一个无线网络接入点（Access Point，AP），连接到同栋楼宇共享的交换机上，再通过交换机接入互联网，从而为每个家庭构建独立的 WALN。同一个企业孵化器内的多个初创公司也可以采用类似的 WALN 建设方案。

8.3.1 实验内容

多 VLAN 无线网络配置实验网络拓扑图如图 8-19 所示。实验网络包括两个无线网络，每个无线网络由一台 AP 和一台移动设备组成，其地址空间分属不同 VLAN，均属于私有地址空间。无线网络通过交换机和路由器连接到公共网络，公共网络由一台服务器和一台主机模拟组成，其地址空间属于公有地址空间。实验网络中各台设备的配置信息如表 8-2 所示。

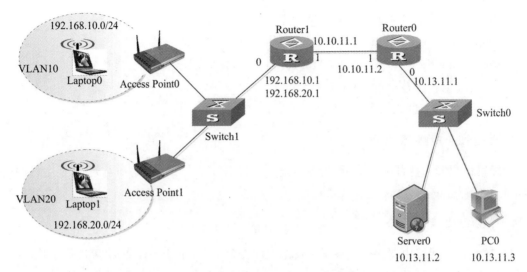

图 8-19 多 VLAN 无线网络配置实验网络拓扑图

表 8-2 实验设备的配置信息

设备/VLAN	端口	IP 地址	子网掩码	网关
VLAN10	/	192.168.10.0	255.255.255.0	192.168.10.1
VLAN20	/	192.168.20.0	255.255.255.0	192.168.20.1
Router1	0	192.168.10.1 192.168.20.1	255.255.255.0	/
	1	10.10.11.1	255.255.255.252	/
Router0	1	10.10.11.2	255.255.255.252	/
	0	10.13.11.1	255.255.255.0	/
Server0	/	10.13.11.2	255.255.255.0	10.13.11.1
PC0	/	10.13.11.3	255.255.255.0	10.13.11.1

按网络拓扑图连接和配置设备,实验要求:①移动设备 Laptop0/Laptop1 通过 DHCP 获取 IP 地址,可以相互 ping 通;②从移动设备 Laptop0/Laptop1 能 ping 通主机 PC0;③从移动设备 Laptop0/Laptop1 能访问服务器上的缺省 Web 页面;④公网上的主机不能 ping 通移动设备 Laptop0/Laptop1。

8.3.2 实验目的

(1)了解多 VLAN 无线网络设计过程;
(2)理解多 VLAN 无线网络接入互联网过程;
(3)掌握多 VLAN 无线网络的配置方法。

8.3.3 关键命令解析

1. 配置单臂路由

Router(config)# int g0/0/0.1

Router(config-subif)# encapsulation dot1Q 10

Router(config-subif)# ip address 192.168.10.1 255.255.255.0

int g0/0/0.1 是全局配置模式下的命令,用于进入端口 g0/0/0 的子端口 1(逻辑端口)的配置模式。

encapsulation dot1Q 10 是子端口配置模式下的命令,用于指明该子端口(本例中为 g0/0/0.1)对应的 VLAN 编号是 10,VLAN 数据帧格式采用 802.1Q 标准。除 802.1Q 标准外,旧的 Cisco 设备还支持 Cisco 的专门协议 ISL。

ip address 192.168.10.1 255.255.255.0 是子端口配置模式下的命令,用于指明该子端口(本例中为 g0/0/0.1)的 IP 地址和子网掩码。

2. 配置 DHCP 服务器

Router(config)# ip dhcp pool pool4vlan10

Router(dhcp-config)# network 192.168.10.0 255.255.255.0

Router(dhcp-config)# default-router 192.168.10.1

ip dhcp pool pool4vlan10 是全局配置模式下的命令,用于启用 DHCP 服务并创建名为 pool4vlan10 的 DHCP 地址池。

network 192.168.10.0 255.255.255.0 是 DHCP 配置模式下的命令,用于指明地址池的网络号和子网掩码。

default-router 192.168.10.1 是 DHCP 配置模式下的命令,用于指明地址池对应的缺省路由器。在本例中,把地址池 pool4vlan10 与 VLAN10 关联在一起,VLAN10 内的设备自动获取的网络配置信息来自该地址池。

8.3.4 实验步骤

(1)启动 Cisco Packet Tracer,按照图 8-19 所示实验拓扑图连接设备后启动所有设备,Cisco Packet Tracer 的逻辑工作区如图 8-20 所示。注意:在本次实验中,接入点(Access Point,AP)型号为 AccessPoint-PT。

(2)依据表 8-2 所示信息,配置主机 PC0 和服务器 Server0 的 IP 地址、子网掩码和网关。成功配置后,主机 PC0 和服务器 Server0 之间可以相互 ping 通。

(3)点击接入点 Access Point1 图标,在弹出的图形配置界面 Config 选项卡下单击 Port 1(INTERFACE→Port 1),弹出图 8-21 所示的配置界面。在 SSID 栏中输入 NPUTest1。

在 Authentication 选项中选择 WPA2-PSK,在 PSK Pass Phrase 栏中输入 12348765。

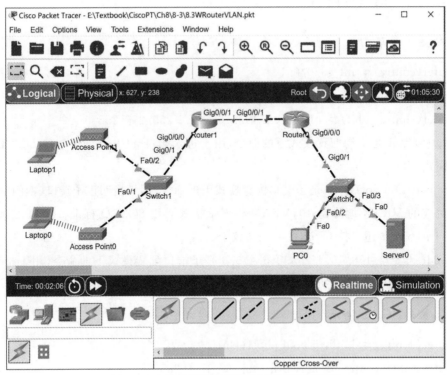

图 8-20 完成设备连接后的逻辑工作区界面

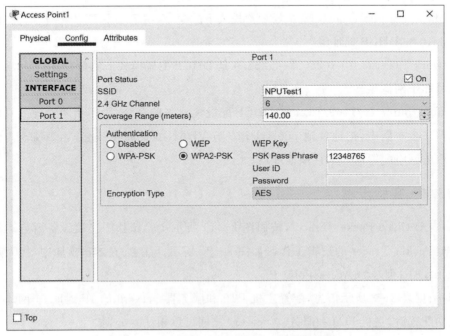

图 8-21 接入点 Access Point1 的配置界面

(4)参考步骤(3)配置接入点 Access Point0,除将其 SSID 修改为 NPUTest0 外,其余配

· 302 ·

置信息与接入点 Access Point1 的相同。

(5) 在无线设备 Laptop0 的图形配置界面 Config 选项卡下单击 Wireless0(INTERFACE→Wireless0),弹出图 8-22 所示的配置界面。为了能够与接入点 Access Point0 建立无线链路,无线设备 Laptop0 的配置信息必须和步骤(4)接入点 Access Point0 的配置信息保持一致,也就是相同的 SSID、相同的安全机制和密码。在 SSID 栏中输入 NPUTest0。在 Authentication 选项中选择 WPA2-PSK,在 PSK Pass Phrase 栏中输入 12348765。在 IP Configuration 选项中选择 DHCP。

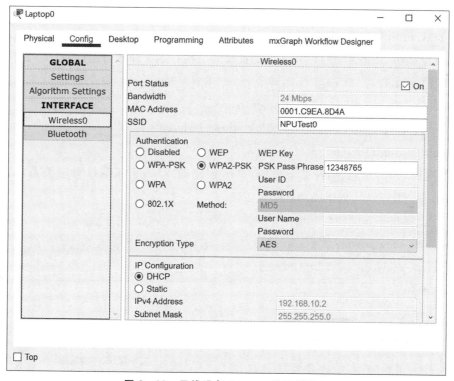

图 8-22　无线设备 Laptop0 的配置界面

(6) 参考步骤(5)配置无线设备 Laptop1,其 SSID 栏中输入 NPUTest1,其余配置信息与无线设备 Laptop0 的配置信息相同。完成无线设备 Laptop0 和 Laptop1 的无线端口配置后,就可以发现两台无线设备均和无线路由器 Wireless Router0 建立了无线连接。

(7) 在交换机 Switch1 的端口 Fa0/1 配置模式下执行如下命令,创建 VLAN10。

Switch＞en

Switch＃conf t

Switch(config)＃vlan 10

Switch(config-vlan)＃exit

Switch(config)＃int fa0/1

Switch(config-if)＃switchport mode access

Switch(config-if)# switchport access vlan 10

Switch(config-if)# exit

(8)在交换机 Switch1 的端口 Fa0/2 配置模式下执行如下命令,创建 VLAN20。

Switch(config)# vlan 20

Switch(config-vlan)# exit

Switch(config)# int fa0/2

Switch(config-if)# switchport mode access

Switch(config-if)# switchport access vlan 20

Switch(config-if)# exit

(9)在交换机 Switch1 端口 Gig0/1 配置模式下执行如下命令,配置端口模式为 Trunk。

Switch(config)# int g0/1

Switch(config-if)# switchport mode trunk

Switch(config-if)# switchport trunk allowed vlan all

Switch(config-if)# end

在交换机 Switch1 上执行如下命令,显示创建的 VLAN 和端口对应关系,结果如图 8-23 所示,表明 VLAN 创建成功且配置正确。

Switch# show int fa0/1 status

Switch# show int fa0/2 status

Switch# show int g0/1 status

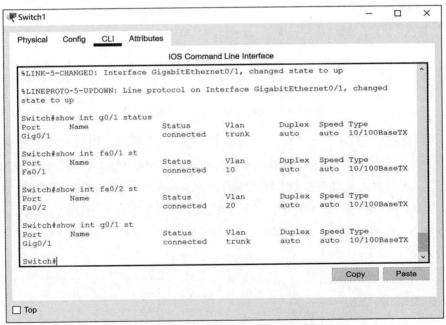

图 8-23 交换机 Switch1 上的 VLAN 及对应端口模式

(10)在路由器 Router0 上执行以下命令,开启端口 Gig0/0/0 和端口 Gig0/0/1,并配置端口的 IP 地址和子网掩码。正确配置后,配置结果如图 8-24 所示。

Router> en
Router# conf t
Router(config)# int g0/0/0
Router(config-if)# ip address 10.13.11.1 255.255.255.0
Router(config-if)# no shutdown
Router(config-if)# exit
Router(config)# int g0/0/1
Router(config-if)# ip address 10.10.11.2 255.255.255.252
Router(config-if)# no shutdown
Router(config-if)# end
Router# show int g0/0/0 | section Internet
Router# show int g0/0/1 | section Internet

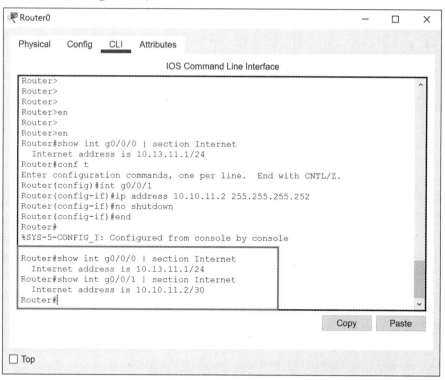

图 8-24 配置路由器 Router0 端口 Gig0/0/0 的 IP 地址后的结果

(11)在路由器 Router1 上执行以下命令,开启端口 Gig0/0/1,并配置端口的 IP 地址和子网掩码。配置到子网 10.13.11.0/24 的路由项,配置完成后查看路由器 Router1 的路由表,结果如图 8-25 所示。

Router> en
Router# conf t

Router(config)# int g0/0/1

Router(config-if)# ip address 10.10.11.1 255.255.255.252

Router(config-if)# no shutdown

Router(config-if)# exit

Router(config)# ip route 10.13.11.0 255.255.255.0 10.10.11.2

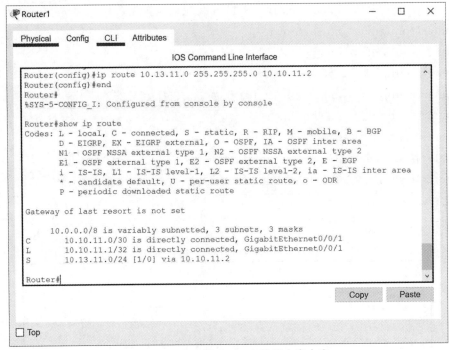

图 8-25　路由器 Router1 的路由表内容

至此，从服务器 Server0 和主机 PC0 均可以 ping 通路由器 Router0 的端口 Gig0/0/1 和路由器 Router1 的端口 Gig0/0/1，如图 8-26 所示。

(12) 由于交换机 Switch1 和路由器 Router1 之间仅存在一条物理链路，如果保障 VLAN10 和 VLAN20 之间的通信，就需要在路由器 Router1 的端口 Gig0/0/0 上配置单臂路由，也就是通过在路由器 Router1 的端口 Gig0/0/0 上配置子接口（或逻辑接口）的方式，实现不同 VLAN 之间的互联互通。在路由器 Router1 上执行如下命令配置单臂路由，保证 VLAN10 和 VLAN20 间的互联互通。

Router# conf t

Router(config)# int g0/0/0.1

Router(config-subif)# encapsulation dot1Q 10

Router(config-subif)# ip address 192.168.10.1 255.255.255.0

Router(config-subif)# int g0/0/0.2

Router(config-subif)# encapsulation dot1Q 20

Router(config-subif)# ip address 192.168.20.1 255.255.255.0

Router(config-subif)# end

第8章 无线局域网实验

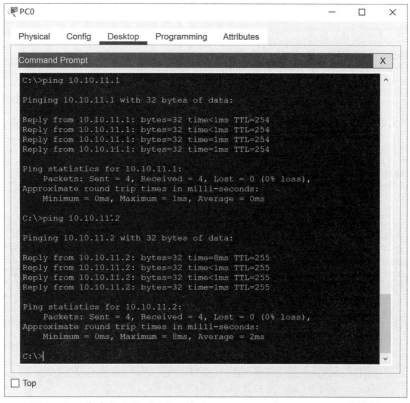

图 8-26　在主机 PC0 上 ping 地址 10.10.11.1 和 10.10.11.2 的结果

配置完成后，用以下命令查看配置结果，如图 8-27 所示，结果表示配置成功。

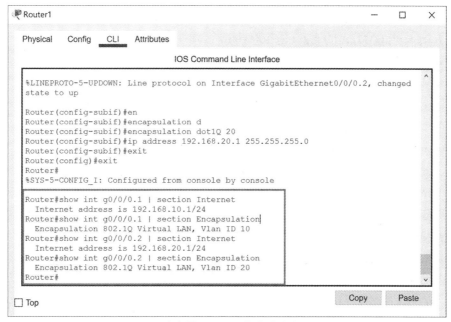

图 8-27　路由器 Router1 的单臂路由配置结果

Router# show int g0/0/0.1 | section Internet

Router# show int g0/0/0.1 | section Encapsulation

Router# show int g0/0/0.2 | section Internet

Router# show int g0/0/0.2 | section Encapsulation

也可以利用公共工具栏上的 Inspect 按钮查看路由器 Router1 的各个端口状态，结果如图 8-28 所示，与图 8-27 所示信息一致。

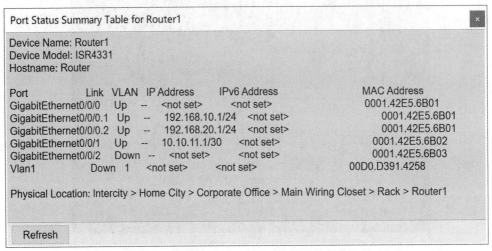

图 8-28　路由器 Router1 上各个端口的状态汇总

（13）将路由器 Router1 作为 VLAN10 和 VLAN20 的 DHCP 服务器，在 Router1 上执行如下命令，分别为 VLAN10 和 VLAN20 配置 DHCP 服务。

Router# conf t

Router(config)# ip dhcp pool pool4vlan10

Router(dhcp-config)# network 192.168.10.0 255.255.255.0

Router(dhcp-config)# default-router 192.168.10.1

Router(dhcp-config)# exit

Router(config)# ip dhcp pool pool4vlan20

Router(dhcp-config)# network 192.168.20.0 255.255.255.0

Router(dhcp-config)# default-router 192.168.20.1

Router(dhcp-config)# end

配置完 DHCP 服务后，查看无线设备 Laptop1 的 IP 地址和网关信息，结果如图 8-29 所示。结果显示 Laptop1 已经从 DHCP 服务器上获取到网络配置信息，其 IP 地址和网关更换为 192.168.20.2 和 192.168.20.1。查看无线设备 Laptop0 的网络配置可看到类似结果，其 IP 地址和网关更换为 192.168.10.2 和 192.168.10.1。

（14）在无线设备 Laptop0 上，分别 ping 无线设备 Laptop1 和服务器 Server0，结果如图 8-30 所示。结果显示，VLAN10 和 VLAN20 之间可以正常通信，而 VLAN10 和子网 10.13.11.0/24 之间不能通信。

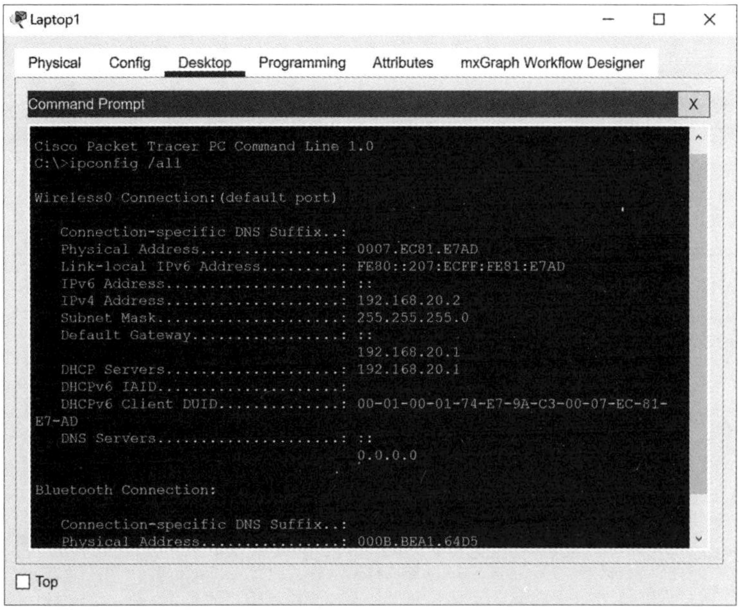

第8章 无线局域网实验

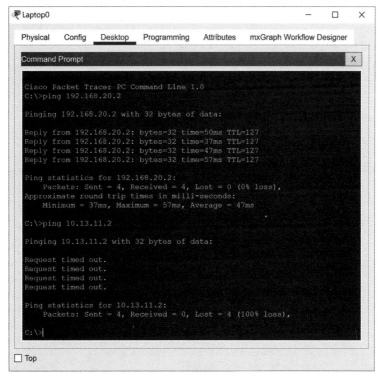

图 8-29 无线设备 Laptop1 的配置信息

图 8-30 在无线设备 Laptop0 上 ping 无线设备 Laptop1 和服务器 Server0 的结果

分别查看路由器 Router0 和 Router1 的路由表,结果分别如图 8-31 和图 8-32 所示。综合两台路由器的路由表发现,路由器 Router1 上存在到子网 10.13.11.0/24 的路由信息,而在路由器 Router0 上不存在到 VLAN10(192.168.10.0/24)和 VLAN20(192.168.20.0/24)的路由信息。由此可以确定,从无线设备Laptop0发出的ICMP报文可以到达服务器Server0,但从服务器Server0返回的ICMP响应报文到达路由器Router0时,因为不存在对应的路由信息而被丢弃,导致图8-30所示的请求超时的结果。

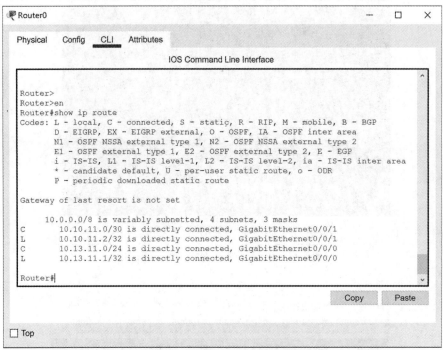

图8-31 路由器Router0的路由表

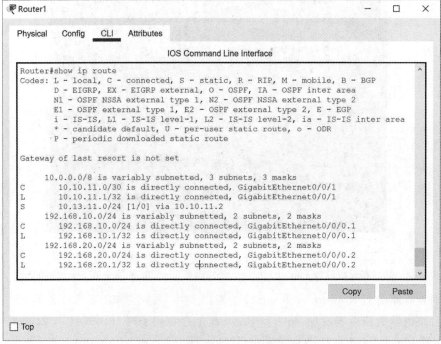

图8-32 路由器Router1的路由表

第 8 章 无线局域网实验

(15) 因为 VLAN10 和 VLAN20 是分属不同家庭的私有网络,网络地址对公网上的设备来讲是透明的。要想满足实验要求,就要在路由器 Router1 上执行如下命令,配置动态 PAT,将私有网络内的地址/标识转换成公有地址/标识。

Router> en
Router# conf t
Router(config)# access-list 1 permit 192.168.0.0 0.0.255.255
Router(config)# ip nat inside source list 1 int gigabitEthernet 0/0/1 overload
Router(config)# int g0/0/1
Router(config-if)# ip nat outside
Router(config-if)# int g0/0/0.1
Router(config-subif)# ip nat inside
Router(config-subif)# int g0/0/0.2
Router(config-subif)# ip nat inside
Router(config-subif)# end

(16) 在无线设备 Laptop0 上,ping 主机 PC0 的结果如图 8-33 所示,显示通信正常。从无线设备 Laptop0 上 ping 主机 PC0 也能取得相同的结果。在无线设备 Laptop0 访问服务器 Server0 上的缺省 Web 页面,结果如图 8-34 所示,也显示通信正常。

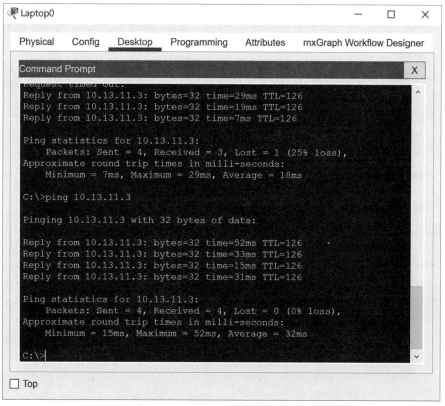

图 8-33 在无线设备 Laptop0 上 ping 主机 PC0 的结果

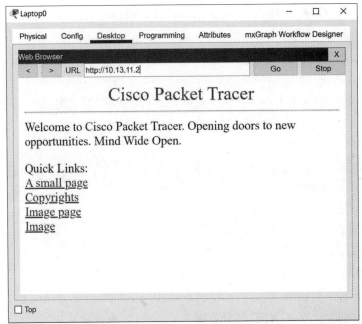

图 8-34　在无线设备 Laptop0 上访问服务器 Server0 缺省 Web 页面的结果

(17)查看路由器 Router1 的 NAT 表,结果如图 8-35 所示。来自私有网络的报文经过路由器 Router1 时,报文内的私有地址被替换为 Router1 端口 Gig0/0/1 的公有地址。

Protocol	Inside Global	Inside Local	Outside Local	Outside Global
icmp	10.10.11.1:29	192.168.10.2:29	10.13.11.3:29	10.13.11.3:29
icmp	10.10.11.1:30	192.168.10.2:30	10.13.11.3:30	10.13.11.3:30
icmp	10.10.11.1:31	192.168.10.2:31	10.13.11.3:31	10.13.11.3:31
icmp	10.10.11.1:32	192.168.10.2:32	10.13.11.3:32	10.13.11.3:32
tcp	10.10.11.1:1025	192.168.10.2:1025	10.13.11.2:80	10.13.11.2:80

图 8-35　路由器 Router1 的 NAT 表

(18)在主机 PC0 上,ping 无线设备 Laptop0 和 Laptop1,均显示目的不可达,如图 8-36 所示。

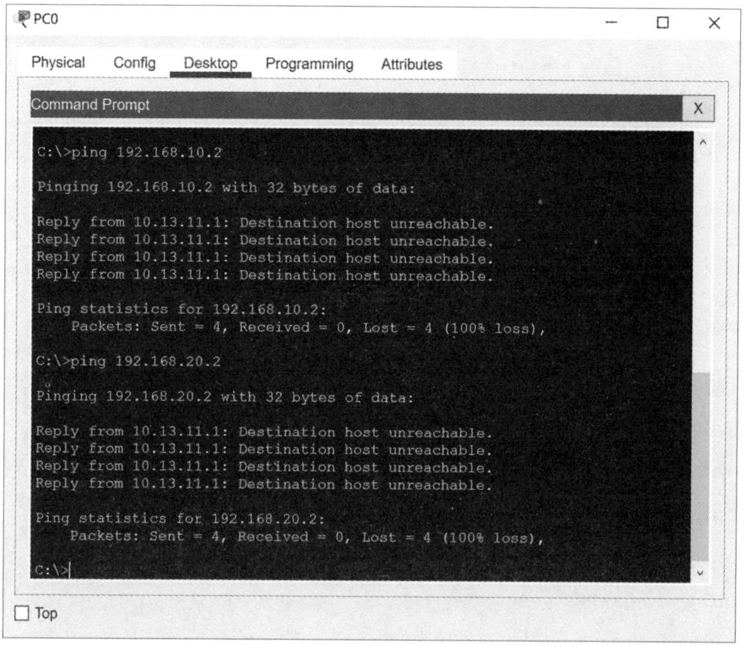

图 8-36 在主机 PC0 上 ping 设备 Laptop0 和 Laptop1 的结果

8.3.5 设备配置命令

1. 交换机 Switch1 上的配置命令

Switch＞en

Switch# conf t

Switch(config)# vlan 10

Switch(config-vlan)# exit

Switch(config)# int fa0/1

Switch(config-if)# switchport mode access

Switch(config-if)# switchport access vlan 10

Switch(config-if)# exit

Switch(config)# vlan 20

Switch(config-vlan)# exit

Switch(config)# int fa0/2

Switch(config-if)# switchport mode access

Switch(config-if)# switchport access vlan 20

Switch(config-if)# exit

Switch(config)# int g0/1

Switch(config-if)# switchport mode trunk

Switch(config-if)# switchport trunk allowed vlan all

Switch(config-if)# end
Switch# show int fa0/1 status
Switch# show int fa0/2 status
Switch# show int g0/1 status

2. 交换机 Switch0 上的配置命令

无须配置。

3. 路由器 Router0 上的配置命令

Router> en
Router# conf t
Router(config)# int g0/0/0
Router(config-if)# ip address 10.13.11.1 255.255.255.0
Router(config-if)# no shutdown
Router(config-if)# exit
Router(config)# int g0/0/1
Router(config-if)# ip address 10.10.11.2 255.255.255.252
Router(config-if)# no shutdown
Router(config-if)# end
Router# show int g0/0/0 | section Internet
Router# show int g0/0/1 | section Internet

4. 路由器 Router1 上的配置命令

Router> en
Router# conf t
Router(config)# int g0/0/1
Router(config-if)# ip address 10.10.11.1 255.255.255.252
Router(config-if)# no shutdown
Router(config-if)# exit
Router(config)# ip route 10.13.11.0 255.255.255.0 10.10.11.2
Router# conf t
Router(config)# int g0/0/0.1
Router(config-subif)# encapsulation dot1Q 10
Router(config-subif)# ip address 192.168.10.1 255.255.255.0
Router(config-subif)# int g0/0/0.2
Router(config-subif)# encapsulation dot1Q 20
Router(config-subif)# ip address 192.168.20.1 255.255.255.0
Router(config-subif)# end

Router# show int g0/0/0.1 | section Internet
Router# show int g0/0/0.1 | section Encapsulation
Router# show int g0/0/0.2 | section Internet
Router# show int g0/0/0.2 | section Encapsulation
Router# conf t
Router(config)# ip dhcp pool pool4vlan10
Router(dhcp-config)# network 192.168.10.0 255.255.255.0
Router(dhcp-config)# default-router 192.168.10.1
Router(dhcp-config)# exit
Router(config)# ip dhcp pool pool4vlan20
Router(dhcp-config)# network 192.168.20.0 255.255.255.0
Router(dhcp-config)# default-router 192.168.20.1
Router(dhcp-config)# end
Router# conf t
Router(config)# access-list 1 permit 192.168.0.0 0.0.255.255
Router(config)# ip nat inside source list 1 int gigabitEthernet 0/0/1 overload
Router(config)# int g0/0/1
Router(config-if)# ip nat outside
Router(config-if)# int g0/0/0.1
Router(config-subif)# ip nat inside
Router(config-subif)# int g0/0/0.2
Router(config-subif)# ip nat inside
Router(config-subif)# end

5. 主机和服务器上的配置命令

配置命令分为两部分：①在配置窗口配置主机和服务器 IP 地址、子网掩码和网关；②在主机的命令窗口执行 ping 命令。

6. 图形化操作命令

(1) 配置接入点上的端口 Port1。
(2) 配置无线设备 Laptop0 和 Laptop1 的无线端口。

8.3.6 思考与创新

(1) 在本次实验中，除了在路由器 Router1 上设置动态 PAT 外，还可以采用动态 NAT 的方式达到相同目的，修改部分实验步骤满足此要求。

(2) 在本次实验中，除了在路由器 Router1 上设置地址转换外，还可以采用路由技术达到相同目的，请思考如何修改实验步骤可以达到此要求。在本次实验中，采用地址转换技术的优势是什么？

8.4 基于 WLC 和 AP 的无线网络配置实验

为方便某高校教职员工在校园可以随时随地地访问内部网络或互联网,学校决定部署校园 WLAN。考虑到维护成本和管理便利,网络管理员建议采用瘦 AP 和 WLC 的架构建设校园 WLAN。

8.4.1 实验内容

基于 WLC 和 AP 的无线网络实验拓扑图如图 8-37 所示。实验网络包括两个无线网络 SSID-FREE 和 SSID-VIP,其共享一台接入点(Access Point,AP)和一台无线控制器(Wireless LAN Controller,WLC)。两个无线网络分属 VLAN10 和 VLAN20,其地址均属于私有地址。无线网络通过交换机和路由器连接到公共网络,公共网络由一台服务器和一台主机模拟组成。公有网络中的地址属于公有地址。实验网络中各台设备的详细配置信息见表 8-3。

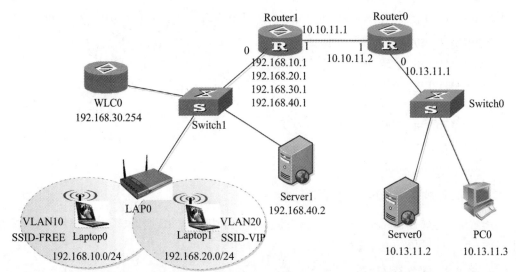

图 8-37 基于 WLC 和 AP 的无线网络实验拓扑图

表 8-3 实验设备的配置信息

设备/VLAN	端口	IP 地址	网关
VLAN10	/	192.168.10.0/24	192.168.10.1
VLAN20	/	192.168.20.0/24	192.168.20.1
VLAN30	/	192.168.30.0/24	192.168.30.1
VLAN40	/	192.168.40.0/24	192.168.40.1

续表

设备/VLAN	端口	IP 地址	网关
Router1	0	192.168.10.1/24 192.168.20.1/24 192.168.30.1/24 192.168.40.1/24	/
	1	10.10.11.1/30	/
Router0	1	10.10.11.2/30	/
	0	10.13.11.1/24	/
Server1	/	192.168.40.2/24	192.168.40.1
Server0	/	10.13.11.2/24	10.13.11.1
PC0	/	10.13.11.3/24	

除表 8-3 中所列设备外,其余设备通过 DHCP 服务自动获取网络配置信息。按网络拓扑图连接和配置设备,实验要求:①移动设备 Laptop0 接入 VLAN10,通过 DHCP 服务获取 IP 地址,移动设备 Laptop1 接入 VLAN20,通过 DHCP 服务获取 IP 地址,且二者可以相互 ping 通;②从移动设备 Laptop0/Laptop1 访问服务器 Server1 上的缺省 Web 页面;③移动设备 Laptop0 能 ping 通主机 PC0 和访问服务器 Server0 上的缺省 Web 页面,而移动设备 Laptop1 则不能;④公网上的主机 PC0 能访问服务器 Server1 上的缺省 Web 页面,但不能 ping 通移动设备 Laptop0/Laptop1。

8.4.2 实验目的

(1)了解基于 WLC 和 LAP 的无线网络的设计过程;
(2)理解基于 WLC 和 LAP 的无线网络的工作原理;
(3)掌握基于 WLC 和 LAP 的无线网络的配置方法。

8.4.3 关键命令解析

1. 配置单臂路由

Router(config)# int g0/0/0.1
Router(config-subif)# encapsulation dot1Q 10
Router(config-subif)# ip address 192.168.10.1 255.255.255.0

int g0/0/0.1 是全局模式下的命令,用于进入端口 g0/0/0 的编号为 1 的子端口配置模式。

encapsulation dot1Q 10 是子端口配置模式下的命令,用于指明该子端口对应的 VLAN 编号是 10,VLAN 数据帧格式采用 802.1Q 标准。

ip address 192.168.10.1 255.255.255.0 是子端口配置模式下的命令,用于指明该子端口的 IP 地址和子网掩码。

2. 配置 native vlan

Switch(config-if)# switchport trunk native vlan 30

switchport trunk native vlan 30 是端口配置模式下的命令，用于将指定端口对应的 native vlan 配置为 VLAN30。

通过 Trunk 端口的不带 VLAN 标签的数据帧都会被转发到 native VLAN。缺省情况下，VLAN1 是 native VLAN。在本次实验中，WLC 的管理 VLAN 发出的数据帧通常不带 VLAN 标签，为保证通信正常，需要将 native VLAN 设置为 WLC 的管理 VLAN。

8.4.4 实验步骤

（1）启动 Cisco Packet Tracer，按照图 8-37 所示实验拓扑图连接设备后启动所有设备，Cisco Packet Tracer 的逻辑工作区如图 8-38 所示。注意：在本次实验中，接入点（Access Point，AP）型号为 LAP-PT，无线网络控制器型号（Wireless LAN Controller）为 WLC-PT。Cisco Packet Tracer 中的 WLC 和 AP 未提供 CLI 配置模式，因此在本次实验中均采用图形化操作模式。

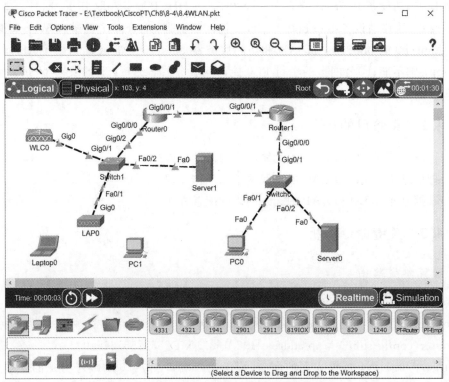

图 8-38 完成设备连接后的逻辑工作区界面

（2）依据表 8-3 所示信息，配置主机 PC0、服务器 Server0 和服务器 Server1 的 IP 地址、子网掩码和网关。成功配置后，主机 PC0 和服务器 Server0 之间可以相互 ping 通。

（3）在路由器 Router1 上执行以下命令，开启端口 Gig0/0/0 和端口 Gig0/0/1，并配置端口的 IP 地址和子网掩码。正确配置后，配置结果如图 8-39 所示。

第 8 章 无线局域网实验

Router> en
Router# conf t
Router(config)# int g0/0/0
Router(config-if)# ip address 10.13.11.1 255.255.255.0
Router(config-if)# no shutdown
Router(config-if)# int g0/0/1
Router(config-if)# ip address 10.10.11.2 255.255.255.0
Router(config-if)# no shutdown
Router(config-if)# end

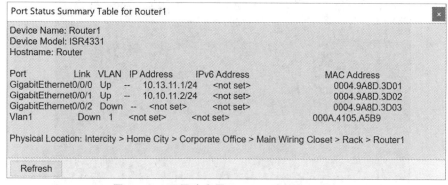

图 8-39 配置路由器 Router1 后的端口状态

(4) 在路由器 Router0 上执行以下命令,开启端口 Gig0/0/1,并配置端口的 IP 地址和子网掩码。配置到子网 10.13.11.0/24 的路由项,配置完成后查看路由器 Router0 的路由表,结果如图 8-40 所示。

Router> en
Router# conf t
Router(config)# int g0/0/1
Router(config-if)# ip address 10.10.11.1 255.255.255.0
Router(config-if)# no shutdown
Router(config-if)# exit
Router(config)# ip route 10.13.11.0 255.255.255.0 10.10.11.2
Router(config)# end

Type	Network	Port	Next Hop IP	Metric
C	10.10.11.0/24	GigabitEthernet0/0/1	---	0/0
L	10.10.11.1/32	GigabitEthernet0/0/1	---	0/0
S	10.13.11.0/24	---	10.10.11.2	1/0

图 8-40 路由器 Router1 的路由表内容

至此,从服务器 Server0 和主机 PC0 均可以 ping 通路由器 Router1 的端口 Gig0/0/1 和路由器 Router0 的端口 Gig0/0/1,如图 8-41 所示。

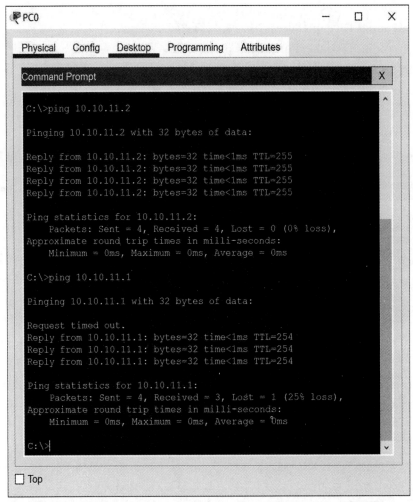

图 8-41 在主机 PC0 上 ping 地址 10.10.11.1 和 10.10.11.2 的结果

(5)在本次实验中,存在 4 个 VLAN。然而,交换机 Switch1 和路由器 Router0 之间仅存在一条物理链路,如果保障各 VLAN 之间的正常通信,就需要在路由器 Router0 的端口 Gig0/0/0 上配置单臂路由,实现 VLAN 之间的互联互通。在路由器 Router0 上执行如下命令配置单臂路由。

Router# conf t

Router(config)# int g0/0/0.1

Router(config-subif)# encapsulation dot1Q 10

Router(config-subif)# ip address 192.168.10.1 255.255.255.0

Router(config-subif)# int g0/0/0.2

Router(config-subif)# encapsulation dot1Q 20

Router(config-subif)# ip address 192.168.20.1 255.255.255.0
Router(config-subif)# int g0/0/0.3
Router(config-subif)# encapsulation dot1Q 30
Router(config-subif)# ip address 192.168.30.1 255.255.255.0
Router(config-subif)# int g0/0/0.4
Router(config-subif)# encapsulation dot1Q 40
Router(config-subif)# ip address 192.168.40.1 255.255.255.0
Router(config-subif)# exit
Router(config)# int g0/0/0
Router(config-if)# no shutdown
Router(config-if)# end

配置完成后，利用公共工具栏上的 Inspect 按钮查看路由器 Router0 的各个端口状态，结果如图 8-42 所示。

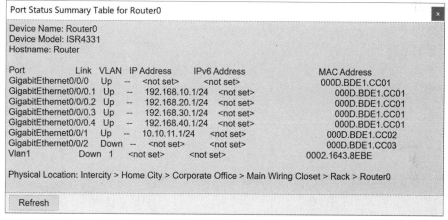

图 8-42　路由器 Router0 上各个端口的状态汇总

(6) 为无线网络 SSID-FREE 和 SSID-VIP 内的无线设备以及所有接入点 AP 能自动获取网络配置信息。将路由器 Router0 作为 VLAN10、VLAN20 和 VLAN30 的 DHCP 服务器，在 Router0 上执行如下命令，分别为 VLAN10、VLAN20 和 VLAN30 配置 DHCP 服务。

Router# conf t
Router(config)# ip dhcp pool pool4vlan10
Router(dhcp-config)# network 192.168.10.0 255.255.255.0
Router(dhcp-config)# default-router 192.168.10.1
Router(dhcp-config)# exit
Router(dhcp-config)# ip dhcp pool pool4vlan20
Router(dhcp-config)# network 192.168.20.0 255.255.255.0
Router(dhcp-config)# default-router 192.168.20.1

Router(dhcp-config)# exit

Router(config)# ip dhcp pool pool4vlan30

Router(dhcp-config)# network 192.168.30.0 255.255.255.0

Router(dhcp-config)# default-router 192.168.30.1

Router(dhcp-config)# end

配置完 DHCP 服务后,在路由器 Router0 上执行以下命令,查看为 VLAN10 配置的 DHCP 服务及地址池,结果如图 8-43 所示。用类似命令可以查看 VLAN20 和 VLAN30 的 DHCP 配置结果。

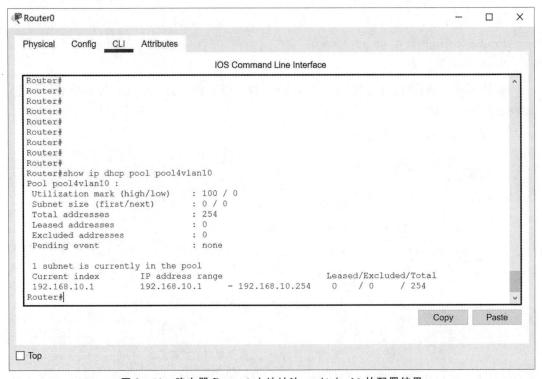

图 8-43 路由器 Router0 上地址池 pool4vlan10 的配置结果

(7)在 WLC 上配置无线网络 WLAN0 和 WLAN1,对应的 SSID 分别为 SSID-FREE 和 SSID-VIP。点击无线控制器 WLC0 图标,在弹出的图形配置界面 Config 选项卡下单击 Wireless LANs(GLOBAL→Wireless LANs),弹出图 8-44 所示的配置界面。分别在 Name 栏、SSID 栏和 VLAN 中输入 WLAN0、SSID-FREE 和 10。因为 WLAN0 是为访客设置的,不设置验证机制。在 Authentication 选项中选择 Disabled。在 Central Control 选项中选择 Local Switching,Local Authentication。WLAN0 的配置信息如图 8-44 所示。先点击 Save 按钮,再点击 New 按钮,开始配置 WLAN1。分别在 Name 栏、SSID 栏和 VLAN 中输入 WLAN1、SSID-VIP 和 20。在 Authentication 选项中选择 WPA2-PSK,在 PSK Pass Phrase 栏输入 12348765。在 Central Control 选项中选择 Local Switching,Local Authentication。WLAN1 的配置信息如图 8-45 所示。最后点击 Save 按钮。

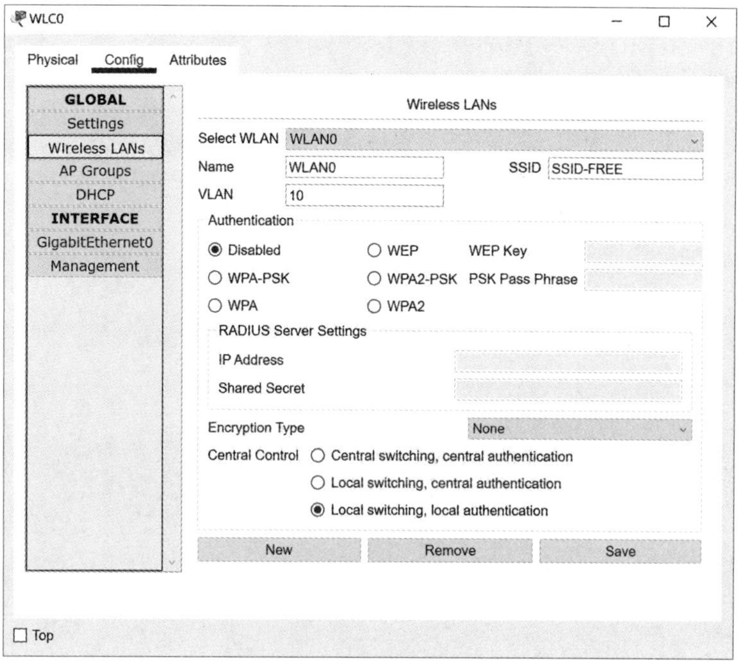

图 8-44 无线控制器 WLC0 的 WLAN0 配置界面

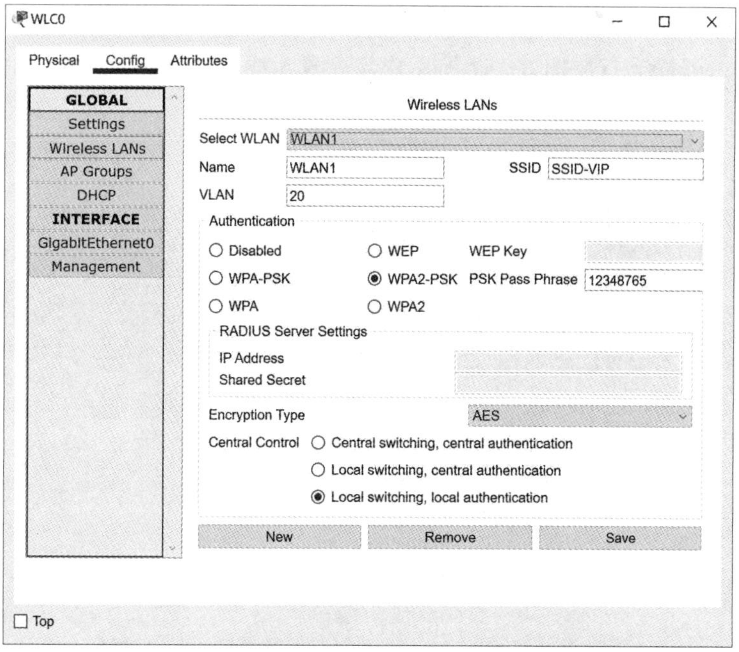

图 8-45 无线控制器 WLC0 的 WLAN1 配置界面

(8)无线网络配置成功后,在无线控制器 WLC0 的图形配置界面 Config 选项卡下单击 AP Groups(GLOBAL→AP Groups),可以看到图 8-46 所示内容。在本次实验中,仅用到一个 AP,因此不设置新的 AP 组。

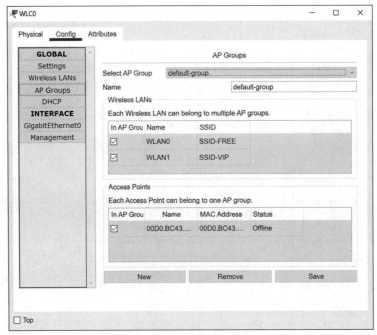

图 8-46　无线控制器 WLC0 的 AP Groups 配置界面

（9）在无线控制器 WLC0 的图形配置界面 Config 选项卡下单击 Management（INTERFACE→Management），按照图 8-47 所示内容配置无线控制器的管理端口的地址信息。

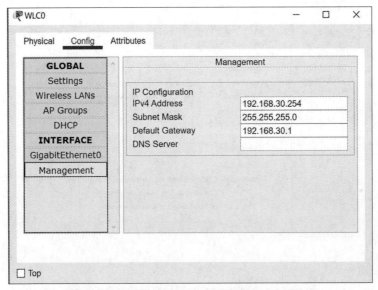

图 8-47　无线控制器 WLC0 的管理端口地址信息

（10）点击轻量级接入点 LAP0 图标，配置 LAP0。在弹出的图形配置界面 Config 选项卡下单击 Settings（GLOBAL→Settings），在 Gateway/DNS IPv4 选项中选择 DHCP，如图 8-48 所示，由无线终端从接入的无线网络中自动获取网络配置。在接入点 LAP0 上，无须配置其他信息。

第 8 章 无线局域网实验

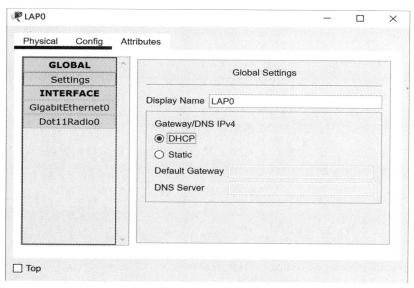

图 8-48　接入点 LAP 的配置界面

(11)将移动设备 Laptop0 上的有线网卡更换成无线网卡(本例中选择 WPC300N)。在设备的图形配置界面 Config 选项卡下单击 Wireless0(INTERFACE→Wireless0),弹出图 8-49 所示的配置界面。为了能够接入无线网路 WLAN0,无线设备 Laptop0 的配置信息必须和步骤(7)WLAN0 的配置信息保持一致,也就是相同的 SSID、相同的安全机制。在 SSID 栏中输入 SSID-FREE。在 Authentication 选项中选择 Disabled。在 IP Configuration 选项中选择 DHCP。

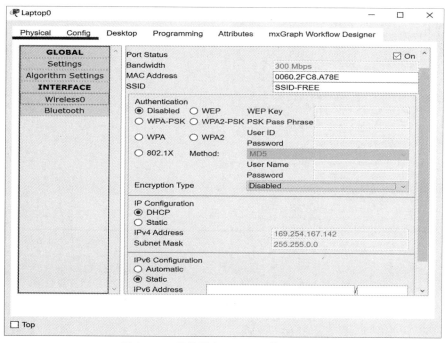

图 8-49　无线设备 Laptop0 的配置界面

(12) 参考步骤(11)配置主机 PC1,将有线网卡更换为无线网卡。在 SSID 栏中输入 SSID-VIP。在 Authentication 选项中选择 WPA2-PSK。在 PSK Pass Phrase 栏输入 12348765。在 IP Configuration 选项中选择 DHCP。

(13) 在交换机 Switch1 上分别创建虚拟局域网 VLAN10、VLAN20、VLAN30 和 VLAN40,其中 VLAN10 和 VLAN20 分别对应无线网络 WLAN0 和 WLAN1。VLAN30 是无线网络的管理 VLAN,VLAN40 是私有网络的服务器所在 VLAN。

(14) 在交换机 Switch1 的端口 Fa0/2 上执行如下命令,将端口配置成面向 VLAN40 的 Access 端口。

Switch> en
Switch# conf t
Switch(config)# int fa0/2
Switch(config-if)# switchport mode access
Switch(config-if)# switchport access vlan 40
Switch(config-if)# exit

(15) 在交换机 Switch1 的端口 Fa0/1 和端口 Gib0/1 上执行如下命令,将端口配置成 Trunk 模式,并将管理 VLAN 设置为 native VLAN。配置后的信息如图 8-50 所示。

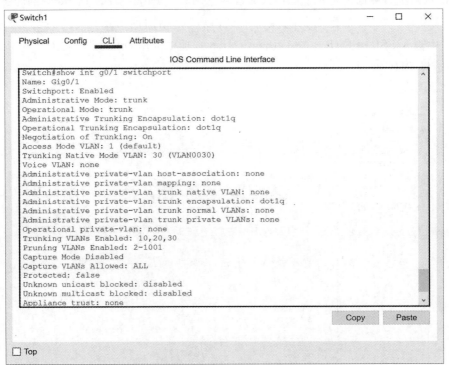

图 8-50　交换机 Switch1 上端口 g0/1 的配置信息

Switch(config)# int fa0/1(或 g0/1)
Switch(config-if)# switchport mode trunk

Switch(config-if)# switchport trunk native vlan 30

Switch(config-if)# switchport trunk allowed vlan 10,20,30

Switch(config-if)# end

(16)在交换机 Switch1 端口 Gig0/2 上执行如下命令,端口模式配置为 Trunk。

Switch(config)# int g0/2

Switch(config-if)# switchport mode trunk

Switch(config-if)# switchport trunk allowed vlan 10,20,30,40

Switch(config-if)# end

(17)稍等一段时间后,查看接入点 LAP0 的端口信息,结果如图 8-51 所示。端口 Gib0 自动获取网络配置信息,IP 地址为 192.168.30.2/24。CAPWAP 状态显示,接入点 LAP0 已经连接到无线控制器(管理地址为 192.168.30.254/24),并获取 SSID 信息:SSID-FREE 和 SSID-VIP。

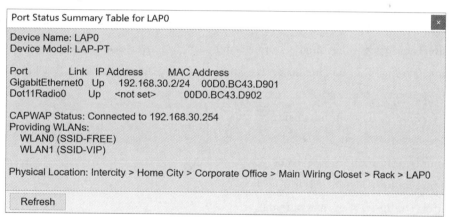

图 8-51　接入点 LAP0 上的端口信息

(18)查看无线设备 Laptop0 和主机 PC1 的端口信息,分别如图 8-52 和图 8-53 所示。结果显示两台设备分别从各自 WLAN 中自动获取到了网络配置信息。

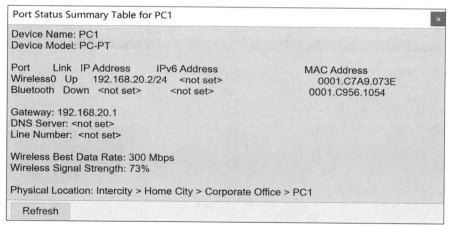

图 8-52　主机 PC1 的端口状态信息

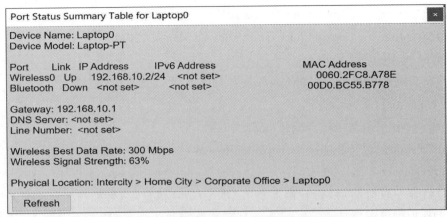

图 8-53 无线设备 Laptop0 的端口状态信息

(19)为保证 WLAN1 内的无线设备能访问公网,公网上的设备可以访问服务器 Server1 上的缺省 Web 页面,在路由器 Router0 上执行如下命令,执行静态和动态 PAT。

Router(config)# access-list 1 permit 192.168.20.0 0.0.0.255

Router(config)#ip nat inside source list 1 int0/0/1 overload

Router(config)#ip nat inside source static tcp 192.168.40.2 80 10.10.11.1 8080

Router(config)# int g0/0/0.2

Router(config-if)# ip nat inside

Router(config)# int g0/0/0.4

Router(config-if)# ip nat inside

Router(config-if)# int g0/0/1

Router(config-if)# ip nat outside

Router(config-if)# end

(20)在无线设备 Laptop0 上,分别访问服务器 Server0 和 Server1 上的缺省 Web 页面,结果如图 8-54 所示。

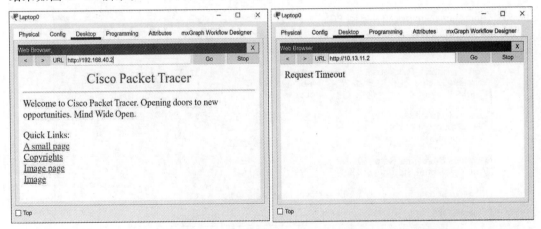

图 8-54 从设备 Laptop0 上访问 Server0 和 Server1 缺省 Web 页面的结果

(21)在主机 PC1 上,分别 ping 服务器 Server1 和主机 PC0,结果如图 8-55 所示。结果显示,两台设备均可以 ping 通。

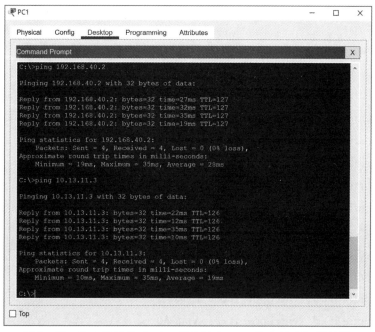

图 8-55　从主机 PC1 上 ping 服务器 Server1 和主机 PC0 的结果

(22)在主机 PC0 上,访问服务器 Server1 上的缺省 Web 页面,结果如图 8-56 所示。注意:访问地址是 10.10.11.1:8080。

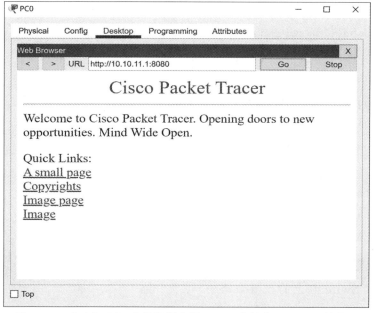

图 8-56　从主机 PC0 上访问服务器 Serve1 上缺省 Web 页面的结果

8.4.5 设备配置命令

1. 交换机 Switch1 上的配置命令

Switch> en
Switch# conf t
Switch(config)# vlan 10
Switch(config-vlan)# exit
Switch(config)# vlan 20
Switch(config-vlan)# exit
Switch(config)# vlan 30
Switch(config-vlan)# exit
Switch(config)# vlan 40
Switch(config-vlan)# exit
Switch(config)# int fa0/2
Switch(config-if)# switchport mode access
Switch(config-if)# switchport access vlan 40
Switch(config-if)# exit
Switch(config)# int fa0/1
Switch(config-if)# switchport mode trunk
Switch(config-if)# switchport trunk native vlan 30
Switch(config-if)# switchport trunk allowed vlan 10,20,30
Switch(config-if)# exit
Switch(config)# int g0/1
Switch(config-if)# switchport mode trunk
Switch(config-if)# switchport trunk native vlan 30
Switch(config-if)# switchport trunk allowed vlan 10,20,30
Switch(config-if)# exit
Switch(config)# int g0/2
Switch(config-if)# switchport mode trunk
Switch(config-if)# switchport trunk allowed vlan 10,20,30,40
Switch(config-if)# end

2. 交换机 Switch0 上的配置命令

无。

3. 路由器 Router0 上的配置命令

Router> en
Router# conf t
Router(config)# int g0/0/1
Router(config-if)# ip address 10.10.11.1 255.255.255.0
Router(config-if)# no shutdown
Router(config-if)# exit
Router(config)# ip route 10.13.11.0 255.255.255.0 10.10.11.2
Router(config)# int g0/0/0.1
Router(config-subif)# encapsulation dot1Q 10
Router(config-subif)# ip address 192.168.10.1 255.255.255.0
Router(config-subif)# int g0/0/0.2
Router(config-subif)# encapsulation dot1Q 20
Router(config-subif)# ip address 192.168.20.1 255.255.255.0
Router(config-subif)# int g0/0/0.3
Router(config-subif)# encapsulation dot1Q 30
Router(config-subif)# ip address 192.168.30.1 255.255.255.0
Router(config-subif)# int g0/0/0.4
Router(config-subif)# encapsulation dot1Q 40
Router(config-subif)# ip address 192.168.40.1 255.255.255.0
Router(config-subif)# exit
Router(config)# int g0/0/0
Router(config-if)# no shutdown
Router(config-if)# exit
Router(config)# ip dhcp pool pool4vlan10
Router(dhcp-config)# network 192.168.10.0 255.255.255.0
Router(dhcp-config)# default-router 192.168.10.1
Router(dhcp-config)# exit
Router(dhcp-config)# ip dhcp pool pool4vlan20
Router(dhcp-config)# network 192.168.20.0 255.255.255.0
Router(dhcp-config)# default-router 192.168.20.1
Router(dhcp-config)# exit
Router(config)# ip dhcp pool pool4vlan30
Router(dhcp-config)# network 192.168.30.0 255.255.255.0
Router(dhcp-config)# default-router 192.168.30.1
Router(dhcp-config)# exit
Router(config)# access-list 1 permit 192.168.20.0 0.0.0.255

Router(config)# ip nat inside source list 1 int0/0/1 overload
Router(config)# ip nat inside source static tcp 192.168.40.2 80 10.10.11.1 8080
Router(config)# int g0/0/0.2
Router(config-if)# ip nat inside
Router(config)# int g0/0/0.4
Router(config-if)# ip nat inside
Router(config-if)# int g0/0/1
Router(config-if)# ip nat outside
Router(config-if)# end

4. 路由器 Router1 上的配置命令

Router> en
Router# conf t
Router(config)# int g0/0/0
Router(config-if)# ip address 10.13.11.1 255.255.255.0
Router(config-if)# no shutdown
Router(config-if)# int g0/0/1
Router(config-if)# ip address 10.10.11.2 255.255.255.0
Router(config-if)# no shutdown
Router(config-if)# end

5. 主机和服务器上的配置命令

配置命令分为两部分：①在配置窗口配置主机和服务器 IP 地址、子网掩码和网关；②在主机的命令窗口执行 ping 命令。

6. 图形化操作命令

(1)配置轻量级接入点 LAP0 上的缺省网关。
(2)配置无线设备 Laptop0 和主机 PC1 的无线端口。
(3)配置无线控制器 WLC0。

8.4.6 思考与创新

(1)在本次实验中，假设交换机 Switch1 的端口 Fa0/1 模式配置为 Access，实验能正常完成吗？请解释一下实验结果的原因。
(2)在本次实验中，尝试添加一个轻量级 LAP，配置交换机 Switch1 上的对应端口使得新添加的 LAP 能够正常上线，观察无线控制器上 AP 组的变化。

第9章 综合实验

为进一步了解企业网(或校园网)的建设方案,增强对前面章节所涉及知识点的综合应用能力,本章设置一个面向企业网络的综合实验。用 Cisco Packet Tracer 对企业网络进行规划和模拟,该网络设计方案也适用于校园、医院等场景。

9.1 实验内容

在实际应用中,企业网络一般会涉及多个部门或分公司。为了简便,本实验选择两个企业部门和一个分公司构建网络。两个部门分别是财务部和销售部,分公司处于异地,通过广域网与总部互通。通常,具备一定规模的企业网络结构采用接入层、汇聚层、核心层的三层结构,本实验简化为核心层和接入层两层结构。在设计网络结构时,合并汇聚层和接入层(统称为接入层),在该层完成用户接入和用户流量汇聚,核心层提供高速、可靠的数据传输服务。依据上述设想模拟的网络拓扑如图9-1所示。

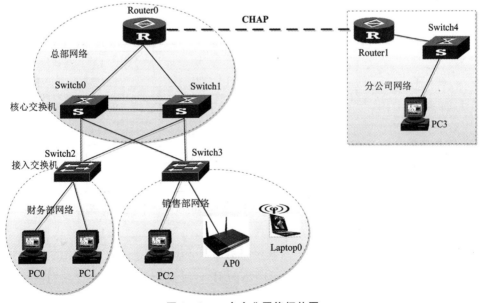

图9-1 一个企业网络拓扑图

在本实验中,每个部门组成一个 VLAN。在财务部门网络中,考虑到数据安全,限定部分主机只能从固定的交换机端口访问企业网络。销售部门建设了 WLAN。为增强网络可靠性,在接入层和核心层之间采用了冗余链路,核心交换机 Switch0 和核心交换机 Switch1 之间采用多条链路增加带宽。核心交换机通过路由器 Router0 与分公司网络连接在一起。利用一台交换机和一台主机模拟分公司的网络。

9.2 实验目标与设计

综合利用前述章节涉及的技术或协议完成设定的实验内容,具体包括以下几部分:
(1)端口绑定技术,限定财务部的部分主机接入企业网络的位置;
(2)链路聚合技术,提升核心交换机之间的链路带宽;
(3)VLAN 和 HSRP 技术,为各部门创建 VLAN,并在总部网络创建热备路由器组;
(4)生成树协议,消除接入层和核心层交换机之间的环路,确保数据通信的负载均衡;
(5)网络路由配置,设置总部网络内路由协议和广域网协议;
(6)地址转换技术,保证分公司设备可以访问企业内部设备;
(7)WLAN 技术,为销售部门搭建无线网络,提高办公效率;
(8)DHCP 技术,为销售部门移动设备动态分配 IP 地址。

在实验网络中,除移动设备外,其余主机均采用静态 IP 地址。移动设备采用动态 IP 地址,地址池为 192.168.10.129~192.168.10.254。实验网络的各个网段或 VLAN 的配置信息见表 9-1。

表 9-1 网络中各网段或 VLAN 的配置信息

部门	VLAN	网络地址空间	虚拟端口/网关地址
财务部	10	192.168.10.0/24	192.168.10.1(VRRP)
销售部	20	192.168.20.0/24	192.168.20.1(VRRP)
总部网络	40	192.168.40.0/24	192.168.40.1
	50	192.168.50.0/24	192.168.50.1
分公司	/	10.13.11.0/24	10.13.11.1

在总部网络中,交换机 Switch0 和路由器 Router0 的网段组成 VLAN40,交换机 Switch1 和路由器 Router0 的网段组成 VLAN50。

两台路由器的配置信息见表 9-2,其中路由器 Router0 连接的总部网络的 IP 地址是内部地址,路由器 Router1 所连接的分公司网络的 IP 地址是全局地址,在分公司网络内不设置 VLAN。

表 9-2　路由器配置信息

设　备	接　口	IP 地址
Router0	Gig0/0	192.168.40.2
Router0	Gig0/1	192.168.50.2
Router0	Se0/1/0	10.10.11.1
Router1	Se0/1/0	10.10.11.2
Router1	Gig0/0	10.13.11.1

总部网络的路由协议采用 OSPF 协议。路由器 Router0 和路由器 Router1 之间的广域网协议采用 CHAP 认证,静态配置路由信息,在路由器 Router0 上应用动态端口地址转换技术。

核心交换机 Switch0 和 Switch1 采用三层交换机,而接入交换机 Switch2 和 Switch3 采用二层交换机。两台核心交换机构建两个热备份组,实现冗余路由和数据通信负载均衡。

网络设置完成后,保证企业总部内的主机之间(包括移动站点)可以相互访问;财务部内主机 PC0 只能从固定端口访问企业网;VLAN 10 内主机可以访问分公司的主机,但分公司的主机不能访问总部网络内的主机。

9.3　实验步骤

(1)启动 Cisco Packet Tracer,按照图 9-1 所示实验拓扑图添加网络设备和主机。在本次实验中,路由器型号选择 1941。在缺省情况下,路由器 1941 并不包含 WAN 端口,移动设备 Laptop0 也未安装无线网卡。为满足实验条件,分别为路由器 Router0 和路由器 Router1 添加 HWIC-2T 模块,为移动设备 Laptop0 安装无线网卡 WPC300N。接入点(AP)选择 AccessPoint-PT。按图 9-1 所示连接设备后,并启动所有设备,Cisco Packet Tracer 的逻辑工作区如图 9-2 所示。

(2)按照图 9-1 所示实验拓扑图,配置主机的 IP 地址、子网掩码和网关。配置完成后,主机 PC0 和主机 PC1 可以相互 ping 通,但其他主机或端口则不行。不同 VLAN 内的主机,在缺少路由的情况下无法正常通信。

(3)在路由器 Router1 上执行以下命令,配置分公司网络。利用图形化操作界面也可以完成以下配置命令的功能。

Router> en
Router# conf t
Router(config)# int g0/0
Router(config-if)# ip add 10.13.11.1 255.255.255.0
Router(config-if)# no shut

Router(config-if)# int s0/1/0
Router(config-if)# ip add 10.10.11.2 255.255.255.0
Router(config-if)# no shut
Router(config-if)# end

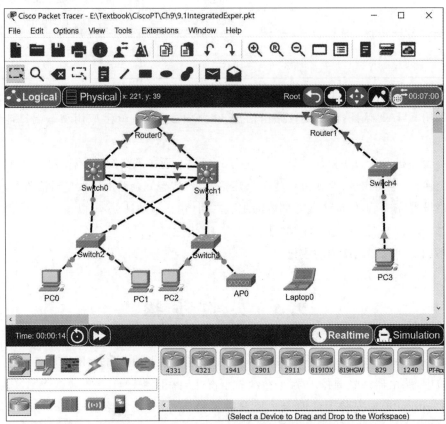

图 9-2 完成设备连接后的逻辑工作区界面

（4）完成分公司网络配置后，从主机 PC3 可以 ping 通路由器 Router1 的两侧端口 Gig0/0 和 Se0/1/0。路由器 Router1 的路由表包含网段 10.13.11.0/24 和网段 10.10.11.0/24 的直连路由条目。

（5）在路由器 Router0 上执行以下命令，配置路由器 Router0 各个端口的 IP 地址。

Router> en
Router# conf t
Router(config)# int s0/1/0
Router(config-if)# ip add 10.10.11.1 255.255.255.0
Router(config-if)# no shutdown
Router(config-if)# int g0/0
Router(config-if)# ip add 192.168.40.2 255.255.255.0
Router(config-if)# no shutdown

Router(config-if)# int g0/1

Router(config-if)# ip add 192.168.50.2 255.255.255.0

Router(config-if)# no shutdown

(6)路由器Router0的上述配置完成后,其路由表如图9-3所示,包含到网段10.10.11.0/24、网段192.168.40.0/24、网段192.168.50.0/24的直连路由条目。

Type	Network	Port	Next Hop IP	Metric
C	10.10.11.0/24	Serial0/1/0	---	0/0
L	10.10.11.1/32	Serial0/1/0	---	0/0
C	192.168.40.0/24	GigabitEthernet0/0	---	0/0
L	192.168.40.2/32	GigabitEthernet0/0	---	0/0
C	192.168.50.0/24	GigabitEthernet0/1	---	0/0
L	192.168.50.2/32	GigabitEthernet0/1	---	0/0

图9-3 路由器Router0的路由表

(7)在接入交换机Switch2上执行如下命令,创建财务部VLAN 10,并配置相应端口。

Switch> en

Switch# conf t

Switch(config)# vlan 10

Switch(config-vlan)# int fa0/3

Switch(config-if)# switchport mode access

Switch(config-if)# switchport access vlan 10

Switch(config-if)# int fa0/4

Switch(config-if)# switchport mode access

Switch(config-if)# switchport access vlan 10

Switch(config-if)# int fa0/1

Switch(config-if)# switchport mode trunk

Switch(config-if)# switchport trunk allowed vlan all

Switch(config-if)# int fa0/2

Switch(config-if)# switchport mode trunk

Switch(config-if)# switchport trunk allowed vlan all

Switch(config-if)# end

在交换机Switch2上创建VLAN 10,其中连接边缘主机的端口Fa0/3和端口Fa0/4属于Access类型的端口,而连接核心交换机的端口Fa0/1和端口Fa0/2属于Trunk类型的端口。创建成功后,部分端口状态如图9-4所示,除配置端口外,其余端口均处于Down状态。

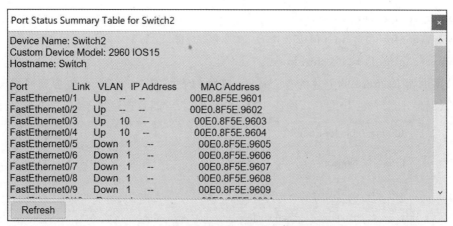

图 9-4　成功创建财务部 VLAN 后的结果

（8）在接入交换机 Switch3 上执行如下命令，创建销售部的 VLAN20，并配置相应端口。

Switch＞en
Switch♯conf t
Switch(config)♯vlan 20
Switch(config-vlan)♯exit
Switch(config)♯int fa0/3
Switch(config-if)♯switchport mode access
Switch(config-if)♯switchport access vlan 20
Switch(config-if)♯int fa0/4
Switch(config-if)♯switchport mode access
Switch(config-if)♯switchport access vlan 20
Switch(config-if)♯int fa0/1
Switch(config-if)♯switchport mode trunk
Switch(config-if)♯switchport trunk allowed vlan all
Switch(config-if)♯int fa0/2
Switch(config-if)♯switchport mode trunk
Switch(config-if)♯switchport trunk allowed vlan all
Switch(config-if)♯end

在接入交换机 Switch3 上创建 VLAN 20。其中，连接边缘主机的端口 Fa0/3 和连接接入点 AP0 的端口 Fa0/4 都属于 Access 类型的端口，且属于 VLAN20；连接核心交换机的端口 Fa0/1 和端口 Fa0/2 属于 Trunk 类型的，且允许所有 VLAN 报文通过。成功执行上述命令后，查看交换机 Switch3 的端口状态，结果类似图 9-4 所示，所有成功配置的端口处于 Up 状态，除端口 Fa0/3 和端口 Fa0/4 属于 VLAN20 外，其余端口均是 Trunk 类型端口。

（9）在核心交换机 Switch0 上执行以下命令，创建 VLAN10、VLAN20 和 VLAN40，并配置对应的端口。

Switch＞en
Switch♯conf t

Switch(config)# vlan 10
Switch(config-vlan)# exit
Switch(config)# vlan 20
Switch(config-vlan)# exit
Switch(config)# vlan 40
Switch(config-vlan)# exit
Switch(config)# int g0/1
Switch(config-if)# switchport mode access
Switch(config-if)# switchport access vlan 40
Switch(config-if)# int fa0/3
Switch(config-if)# switchport trunk encapsulation dot1q
Switch(config-if)# switchport mode trunk
Switch(config-if)# switchport trunk allowed vlan all
Switch(config-if)# int fa0/4
Switch(config-if)# switchport trunk encapsulation dot1q
Switch(config-if)# switchport mode trunk
Switch(config-if)# switchport trunk allowed vlan all
Switch(config-if)# end

在核心交换机 Switch0 上创建 VLAN10、VLAN20 和 VLAN40。其中,连接路由器 Router0 的端口 Gig0/1 属于 Access 类型的端口,其余端口均属于 Trunk 类型的端口。创建成功后,VLAN 与端口对应关系如图 9-5 所示。

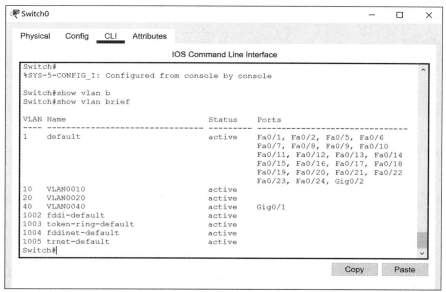

图 9-5 在核心交换机 Switch0 上成功创建 VLAN 后的结果

(10)在核心交换机 Switch1 上执行以下命令,创建 VLAN10、VLAN20 和 VLAN50,并配置对应的端口。

Switch> en

Switch# conf t
Switch(config)# vlan 10
Switch(config-vlan)# exit
Switch(config)# vlan 20
Switch(config-vlan)# exit
Switch(config)# vlan 50
Switch(config-vlan)# exit
Switch(config)# int g0/1
Switch(config-if)# switchport mode access
Switch(config-if)# switchport access vlan 50
Switch(config-if)# int fa0/3
Switch(config-if)# switchport trunk encapsulation dot1q
Switch(config-if)# switchport mode trunk
Switch(config-if)# switch trunk allowed vlan all
Switch(config-if)# int fa0/4
Switch(config-if)# switchport trunk encapsulation dot1q
Switch(config-if)# switchport trunk allowed vlan all
Switch(config-if)# switchport mode trunk
Switch(config-if)# end

在核心交换机 Switch1 上创建 VLAN10、VLAN20 和 VLAN50。其中，连接路由器 Router1 的端口 Gig0/1 属于 Access 类型的端口，其余端口均属于 Trunk 类型的端口。创建成功后，VLAN 与端口对应关系如图 9-6 所示。

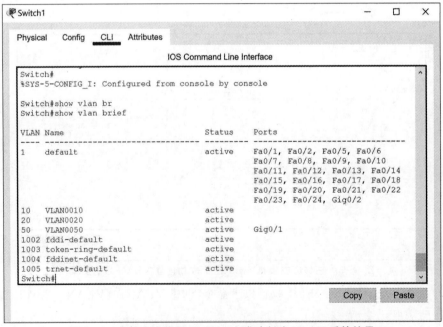

图 9-6　在核心交换机 Switch1 上成功创建 VLAN 后的结果

(11)将财务部主机 PC0 绑定在接入交换机 Switch2 的端口 Fa0/3 上。在端口绑定前，交换机 Switch2 的 MAC 地址表如图 9-7 所示。主机 PC0 的 MAC 地址是 0001.C77E.E864，其通过端口 Fa0/3 接入交换机 Switch2。同样，主机 PC1 的 MAC 地址是 00D0.5815.DB70，其通过端口 Fa0/4 接入交换机 Switch2。二者的 MAC 地址与对应端口的绑定方式是动态的(DYNAMIC)。

在交换机 S3 上执行如下命令，绑定端口 Fa0/3 和主机 PC0 的 MAC 地址。

Switch# conf t

Switch(config)# int fa0/3

Switch(config-if)# switchport port-security

Switch(config-if)# switchport port-security mac-address 0001.C77E.E864

Switch(config-if)# end

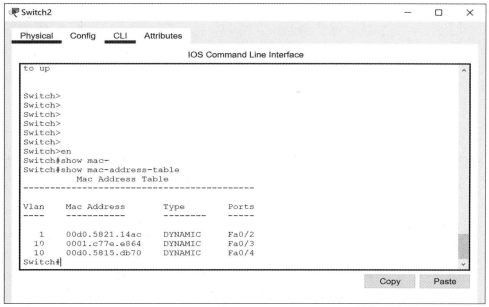

图 9-7 端口绑定前交换机 S3 的 MAC 地址表

完成端口绑定后，查看交换机 Switch2 的 MAC 地址表，结果如图 9-8 所示。与绑定前相比，主机 PC0 的 MAC 地址 0001.C77E.E864 和端口 Fa0/3 之间的关系从 DYNAMIC 变成 STATIC，其他 MAC 地址与端口的关系类型没有改变，表明绑定成功。

(12)分别聚合核心交换机 Switch0 和核心交换机 Switch1 上端口 Fa0/1 和端口 Fa0/2。在交换机 Switch0 上执行如下命令，完成端口聚合配置。

Switch# conf t

Switch(config)# int range fa0/1-2

Switch(config-if-range)# switchport trunk encapsulation dot1q

Switch(config-if-range)# switchport mode trunk

Switch(config-if-range)# switchport trunk allowed vlan all

Switch(config-if-range)# channel-group 1 mode active

Creating a port-channel interface Port-channel 1
Switch(config-if-range)# end

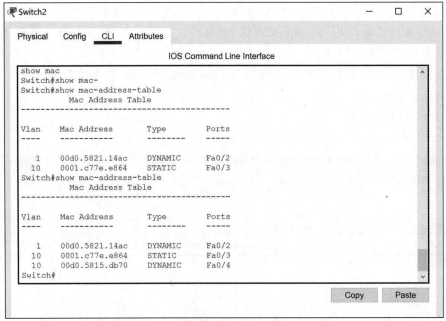

图 9-8 端口绑定后的交换机 MAC 地址表

完成交换机 Switch0 端口 Fa0/1 和端口 Fa0/2 聚合配置后,聚合结果如图 9-9 所示,表明聚合成功。在交换机 Switch0 上创建一个聚合端口 Po1,包括端口 Fa0/1 和端口 Fa0/2,聚合协议采用 LACP 协议。被聚合端口的状态为 I(stand-alone),是因为交换机 Switch1 上的相应端口没有被聚合。

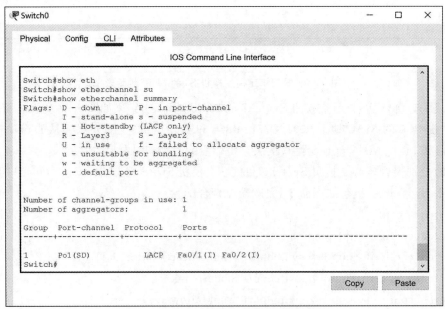

图 9-9 交换机 Switch0 上的端口聚合结果

(13) 在交换机 Switch1 上执行如下命令,完成端口 Fa0/1 和端口 Fa0/2 的聚合配置。

Switch♯ conf t

Switch(config)♯ int range fa0/1-2

Switch(config-if-range)♯ switchport trunk encapsulation dot1q

Switch(config-if-range)♯ switchport trunk allowed vlan all

Switch(config-if-range)♯ switchport mode trunk

Switch(config-if-range)♯ channel-group 1 mode passive

Creating a port-channel interface Port-channel 1

Switch(config-if-range)♯ end

完成交换机 Switch1 端口 Fa0/1 和端口 Fa0/2 聚合配置后,聚合结果如图 9-10 所示,表明聚合成功。在交换机 Switch1 上创建一个聚合端口 Po1,包括端口 Fa0/1 和端口 Fa0/2,聚合协议采用 LACP 协议。被聚合端口的状态为 P(in port-channel),此时交换机 Switch0 上被聚合的端口状态也变为 P。

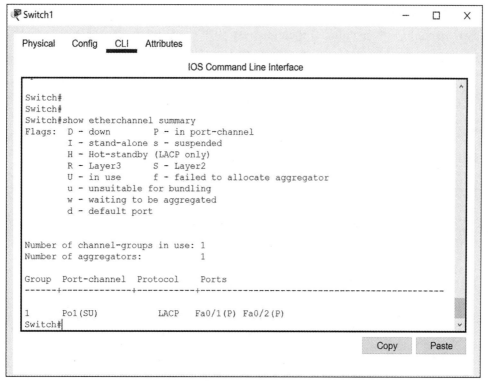

图 9-10 交换机 Switch1 上的端口聚合结果

(14) 为消除交换机 Switch0~交换机 Switch3 之间的环路、数据通信中的负载均衡,需要在各台交换机上执行生成树协议、为不同 VLAN 给核心交换机配置不同优先级。在核心交换机 Switch0 上执行如下命令,配置交换机 Switch0 为 VLAN10 的根桥,VLAN20 的备份根桥。

Switch # conf t

Switch(config) # spanning-tree mode pvst

Switch(config) # spanning-tree vlan 10 priority 4096

Switch(config) # spanning-tree vlan 20 priority 8192

Switch(config) # end

在核心交换机 Switch1 执行如下命令,配置交换机 Switch1 为 VLAN20 的根桥,VLAN10 的备份根桥。

Switch # conf t

Switch(config) # spanning-tree mode pvst

Switch(config) # spanning-tree vlan 20 priority 4096

Switch(config) # spanning-tree vlan 10 priority 8192

Switch(config) # end

在交换机 Switch2 和交换机 Switch3 上执行以下命令,配置生成树协议。

Switch # conf t

Switch(config) # spanning-tree mode pvst

Switch(config) # end

(15)在四台交换机上执行完生成树协议后,查看交换机 Switch0 端口在 VLAN10 和 VLAN20 中的角色,结果分别如图 9-11 和图 9-12 所示。

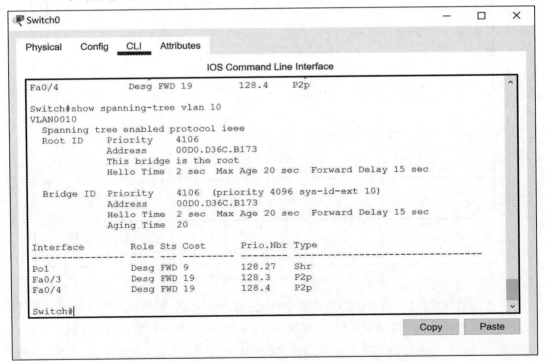

图 9-11 交换机 Switch0 的端口在 VLAN10 中的角色

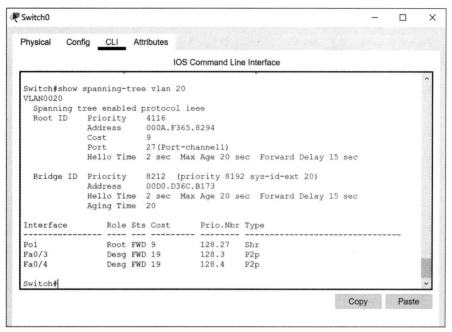

图 9-12 交换机 Switch0 的端口在 VLAN20 中的角色

同样,查看交换机 Switch1 端口在 VLAN10 和 VLAN20 中的角色,结果分别如图 9-13 和图 9-14 所示。从查询结果不难发现,交换机 Switch0 和交换机 Switch1 在 VLAN10 和 VLAN20 中角色是互换的,达到实验配置目的。

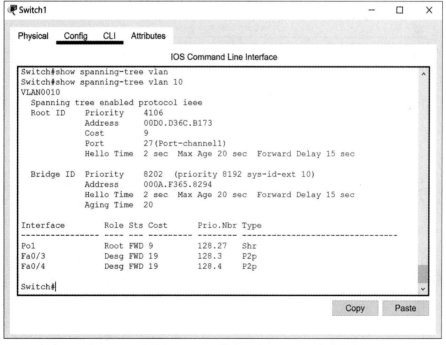

图 9-13 交换机 Switch1 的端口在 VLAN10 中的角色

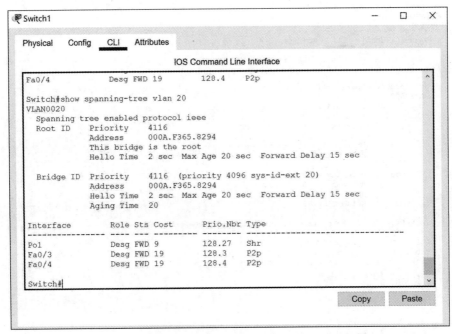

图 9-14　交换机 Switch1 的端口在 VLAN20 中的角色

(16)查看交换机 Switch2 的端口在 VLAN10 和 VLAN20 中的状态,结果如图 9-15 所示。交换机 Switch2 没有出现在 VLAN20 的生成树中。

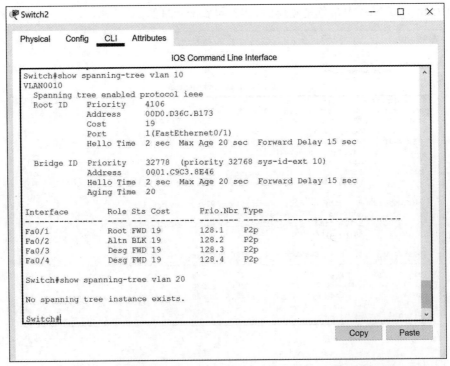

图 9-15　交换机 Switch2 的端口在 VLAN10 和 VLAN20 中的角色

同样，查看交换机 Switch3 的端口在 VLAN10 和 VLAN20 中的状态，结果如图 9-16 所示。交换机 Switch3 没有出现在 VLAN10 的生成树中。

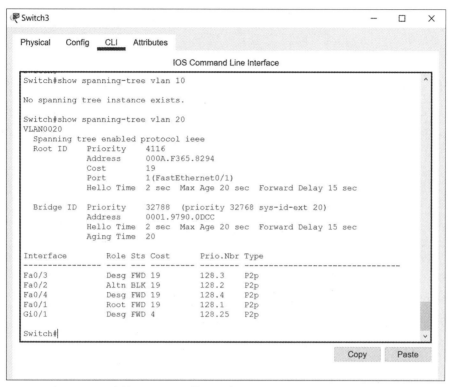

图 9-16 交换机 Switch3 的端口在 VLAN10 和 VLAN20 中的角色

(17) 从四台交换机的端口状态可以勾勒出 VLAN 10 和 VLAN 20 的各自生成树，如图 9-17 所示，其中交换机之间的虚线表示备份链路。

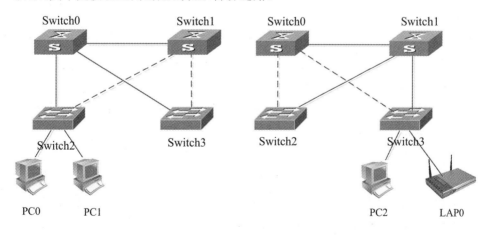

(a) VLAN10的生成树　　　　　　　　　(b) VLAN10的生成树

图 9-17 VLAN10 和 VLAN20 的生成树

(18) 配置 VLAN 虚拟端口的 IP 地址，在核心交换机 Switch0 上配置 VLAN10、

VLAN20 和 VLAN40 的虚拟端口地址。为提升网关的容错性能,将交换机 Switch0 和交换机 Switch1 配置成热备份路由器协议(Hot Standby Router Protocol,HSRP)备份组。在 VLAN10 中,交换机 Switch0 作为主路由器承担报文转发任务,交换机 Switch1 作为备份路由器,在交换机 Switch0 出现故障时,接管交换机 Switch0 的路由任务。在 VLAN20 中,两台交换机的角色互换。

  HSRP 是 Cisco 的私有协议。利用 HSRP 协议可以将多台路由器组成一个 HSRP 组。在 HSRP 组中,只有一个路由器是主路由器,承担转发报文的任务。在主路由器失效后,备份路由器将接管其任务,成为新主路由器。因此,HSRP 组不能在二层交换机上配置。

```
Switch# conf t
Switch(config)# int vlan 10
Switch(config-if)# no shutdown
Switch(config-if)# ip add 192.168.10.254 255.255.255.0
Switch(config-if)# standby 10 ip 192.168.10.1
Switch(config-if)# standby 10 priority 120
Switch(config-if)# int vlan 20
Switch(config-if)# ip add 192.168.20.126 255.255.255.0
Switch(config-if)# standby 20 ip 192.168.20.1
Switch(config-if)# int vlan 40
Switch(config-if)# ip add 192.168.40.1 255.255.255.0
Switch(config-if)# end
```

  成功执行配置命令后,核心交换机 Switch0 上活动端口的配置信息以及 HSRP 虚拟 IP 地址信息如图 9-18 所示。

  在核心交换机 Switch1 执行如下命令,配置 VLAN 10、VLAN20 和 VLAN50 的虚拟端口的 IP 地址。

```
Switch# conf t
Switch(config)# int vlan 10
Switch(config-if)# ip add 192.168.10.253 255.255.255.0
Switch(config-if)# standby 10 ip 192.168.10.1
Switch(config-if)# int vlan 20
Switch(config-if)# ip add 192.168.20.125 255.255.255.0
Switch(config-if)# standby 20 ip 192.168.20.1
Switch(config-if)# standby 20 priority 120
Switch(config-if)# int vlan 50
Switch(config-if)# ip address 192.168.50.1 255.255.255.0
```

Switch(config-if)# end

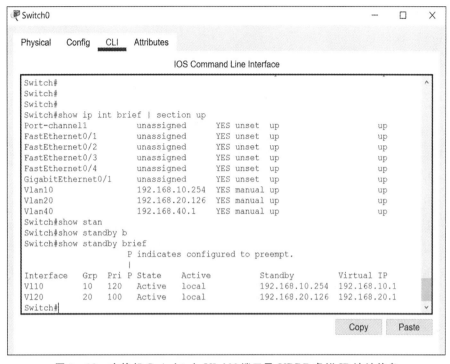

图 9-18　交换机 Switch0 上 VLAN 端口及 VRRP 虚拟 IP 地址信息

成功执行配置命令后,核心交换机 Switch1 上 VLAN 的虚拟端口以及 HSRP 虚拟 IP 地址信息如图 9-19 所示。

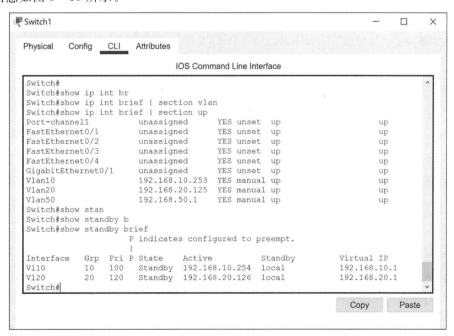

图 9-19　交换机 Switch1 上 VLAN 端口及 VRRP 虚拟 IP 地址信息

(19) 在路由器 Router0、核心交换机 Switch0 和核心交换机 Switch1 上启用 OSPF 协议，保证各个 VLAN 之间可以互通。在路由器 Router0 执行如下命令，启动 OSPF 协议。

Router#conf t

Router(config)#router ospf 10

Router(config-router)#network 192.168.40.0 0.0.0.255 area 1

Router(config-router)#network 192.168.50.0 0.0.0.255 area 1

Router(config-router)#end

在核心交换机 Switch0 上执行如下命令，启动 OSPF 协议。

Switch#conf t

Switch(config)#ip routing

Switch(config)#router ospf 10

Switch(config-router)#network 192.168.10.0 0.0.0.255 area 1

Switch(config-router)#network 192.168.20.0 0.0.0.255 area 1

Switch(config-router)#network 192.168.40.0 0.0.0.255 area 1

Switch(config-router)#end

同样，在交换机 Switch1 上执行如下命令，启动 OSPF 协议。

Switch#conf t

Switch(config)#ip routing

Switch(config)#router ospf 10

Switch(config-router)#network 192.168.10.0 0.0.0.255 area 1

Switch(config-router)#network 192.168.20.0 0.0.0.255 area 1

Switch(config-router)#network 192.168.50.0 0.0.0.255 area 1

Switch(config-router)#end

(20) 在路由器 Router0、交换机 Switch0 和交换机 Switch1 上成功启动 OSPF 协议后，查看三台设备上的路由表，分别如图 9-20～图 9-22 所示。从路由表中不难发现每台设备均包含了由 OSPF 协议生成的到非直连网段的路由条目。

(21) 从主机 PC0 可以 ping 通主机 PC2、路由器 Router0 端口 Gig0/0，但不能 ping 通路由器 Router0 端口 Se0/1/0，结果如图 9-23 所示。同样，在主机 PC1 上 ping 上述设备，结果一样。注意：在路由器 Router0 上启用 OSPF 协议时，未含网段 10.10.11.0/24，这是因为公司总部网络内的 IP 地址是内部地址，而 10.10.11.0/24 是全局地址。在本实验中，利用地址转换技术实现内、外部网络之间的互通。

(22) 为操作简单，在本实验中，路由器 Router0 端口 Se0/1/0、路由器 Router1 两侧端口和分公司网络内主机 PC3 均配置全局 IP 地址。在主机 PC3 上执行 ping 命令，测试与路由器 Router0 端口 Se0/1/0、路由器 Router1 端口 Se0/1/0 的连通性，结果如图 9-24 所示。

结果显示,主机 PC3 可以 ping 通路由器 Router1 的端口 Se0/1/0,但 ping 不通路由器 Router0 的端口 Se0/1/0。这是因为 ICMP 回应报文在路由器 Router0 路由表中不存在相应的路由条目。

Routing Table for Router0

Type	Network	Port	Next Hop IP	Metric
C	10.10.11.0/24	Serial0/1/0	---	0/0
L	10.10.11.1/32	Serial0/1/0	---	0/0
O	192.168.10.0/24	GigabitEthernet0/0	192.168.40.1	110/2
O	192.168.10.0/24	GigabitEthernet0/1	192.168.50.1	110/2
O	192.168.20.0/24	GigabitEthernet0/0	192.168.40.1	110/2
O	192.168.20.0/24	GigabitEthernet0/1	192.168.50.1	110/2
C	192.168.40.0/24	GigabitEthernet0/0	---	0/0
L	192.168.40.2/32	GigabitEthernet0/0	---	0/0
C	192.168.50.0/24	GigabitEthernet0/1	---	0/0
L	192.168.50.2/32	GigabitEthernet0/1	---	0/0

图 9-20 路由器 Router0 的路由表

Routing Table for Switch0

Type	Network	Port	Next Hop IP	Metric
C	192.168.10.0/24	Vlan10	---	0/0
C	192.168.20.0/24	Vlan20	---	0/0
C	192.168.40.0/24	Vlan40	---	0/0
O	192.168.50.0/24	Vlan10	192.168.10.253	110/2
O	192.168.50.0/24	Vlan20	192.168.20.125	110/2
O	192.168.50.0/24	Vlan40	192.168.40.2	110/2

图 9-21 交换机 Switch0 的路由表

Routing Table for Switch1				
Type	Network	Port	Next Hop IP	Metric
C	192.168.10.0/24	Vlan10	---	0/0
C	192.168.20.0/24	Vlan20	---	0/0
O	192.168.40.0/24	Vlan10	192.168.10.254	110/2
O	192.168.40.0/24	Vlan20	192.168.20.126	110/2
O	192.168.40.0/24	Vlan50	192.168.50.2	110/2
C	192.168.50.0/24	Vlan50	---	0/0

图 9-22 交换机 Switch1 的路由表

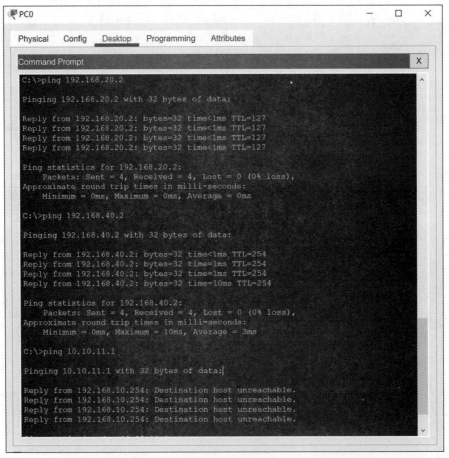

图 9-23 主机 PC0 与主机 PC2、路由器 Router0 的通信结果

第 9 章 综合实验

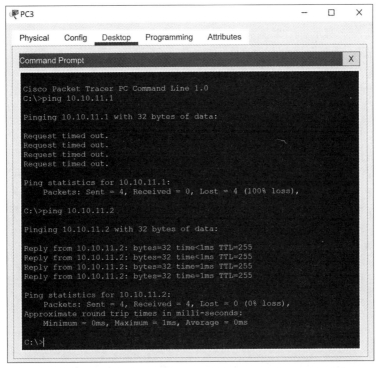

图 9-24　主机 PC3 与路由器 Router0、路由器 Router1 的连通性

（23）在路由器 Router0 执行如下命令，添加到网段 10.13.11.0/24 的路由信息，实现主机 PC3 和路由器 Router0 端口 Se0/1/0 之间的互通。

Router(config)# ip route 10.13.11.0 255.255.255.0 10.10.11.2

（24）查看路由器 Router0 的路由表，结果如图 9-25 所示。

Type	Network	Port	Next Hop IP	Metric
C	10.10.11.0/24	Serial0/1/0	---	0/0
L	10.10.11.1/32	Serial0/1/0	---	0/0
S	10.13.11.0/24	---	10.10.11.2	1/0
O	192.168.10.0/24	GigabitEthernet0/0	192.168.40.1	110/2
O	192.168.10.0/24	GigabitEthernet0/1	192.168.50.1	110/2
O	192.168.20.0/24	GigabitEthernet0/0	192.168.40.1	110/2
O	192.168.20.0/24	GigabitEthernet0/1	192.168.50.1	110/2
C	192.168.40.0/24	GigabitEthernet0/0	---	0/0
L	192.168.40.2/32	GigabitEthernet0/0	---	0/0
C	192.168.50.0/24	GigabitEthernet0/1	---	0/0
L	192.168.50.2/32	GigabitEthernet0/1	---	0/0

图 9-25　路由器 Router0 的路由表

(25)再次在主机 PC3 上执行 ping 命令,测试与路由器 Router0 端口 Se0/1/0 的连通性,结果如图 9-26 所示。结果显示,主机 PC3 与路由器 Router0 的端口 Se0/1/0 能正常通信。

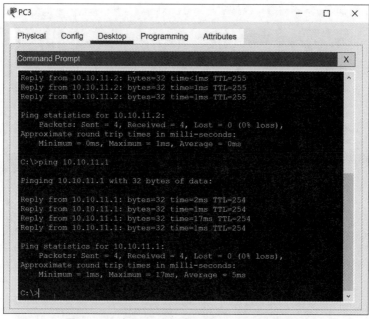

图 9-26 主机 PC3 与路由器 Router0 的连通性

(26)至此,主机 PC3 仍不能 ping 通总部网络的内部设备。同样,公司总部网络的内部设备也 ping 不通路由器 Router0 的端口 Se0/1/0 及以外的设备。

(27)设置路由器 Router0 和路由器 Router1 之间的 CHAP 认证。首先,在路由器 Router0 上执行以下命令,配置 CHAP 认证。

Router# conf t

Router(config)# hostname Router0

Router0(config)# username Router1 secret NPUTest

Router0(config)# int s0/1/0

Router0(config-if)# encapsulation ppp

Router0(config-if)# ppp authentication chap

Router0(config-if)# end

在路由器 Router1 上执行以下命令,配置 CHAP 认证。

Router# conf t

Router(config)# hostname Router1

Router1(config)# username Router0 secret NPUTest

Router1(config)# int s0/1/0

Router1(config-if)# encapsulation ppp

Router1(config-if)# ppp authentication chap

Router1(config-if)# end

成功配置后,需要等待一段时间直到配置生效,否则路由器 Router0 和路由器 Router1

之间不能正常通信。要想配置立即生效,在路由器 Router0 和路由器 Router1 的端口 Se0/1/0 上分别执行如下命令。

Router0#conf t
Router0(config)#int s0/1/0
Router0(config-if)#shutdown
Router0(config-if)#no shutdown
Router0(config-if)#end

(28)再次从主机 PC3 上 ping 路由器 Router0 的端口 Se0/1/0,结果如图 9-27 所示。结果显示,主机 PC3 与路由器 Router0 的端口 Se0/1/0 仍能正常通信,表明 CHAP 配置正确。如果修改设备名或口令使得双方信息不一致,则主机 PC3 无法与路由器 Router0 的端口 Se0/1/0 正常通信。

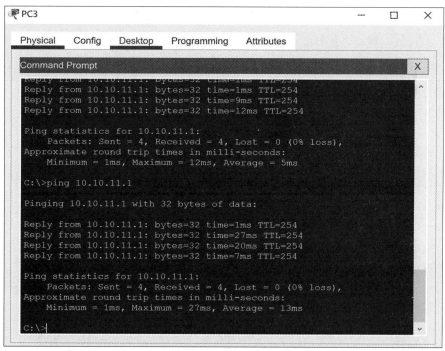

图 9-27 主机 PC3 与路由器 Router0 的连通性

(29)在路由器 Router0 上配置动态地址转换,确保 VLAN 10 内的设备可以访问分公司的设备。假设在 Router0 上的动态地址池为 10.10.10.1~10.10.10.10,只允许 VLAN 10 内设备访问分公司的设备,反之不能访问。在路由器 Router0 上执行如下命令,完成动态地址转换配置。

Router0#conf t
Router0(config)#access-list 1 permit 192.168.10.0 0.0.0.255
Router0(config)#ip nat pool a1 10.10.10.1 10.10.10.10 netmask 255.255.255.0
Router0(config)#ip nat inside source list 1 pool a1
Router0(config)#int g0/0
Router0(config-if)#ip nat inside

Router0(config-if)# int g0/1

Router0(config-if)# ip nat inside

Router0(config-if)# int s0/1/0

Router0(config-if)# ip nat outside

Router0(config-if)# end

(30) 为保证 VLAN10 内主机与分公司内的主机正常通信，需要在路由器 Router1 上配置到子网 10.10.10.0/24 的静态路由条目，执行如下命令即可。成功执行配置命令后，路由器 Router1 路由表如图 9-28 所示。

Type	Network	Port	Next Hop IP	Metric
S	10.10.10.0/24	---	10.10.11.1	1/0
C	10.10.11.0/24	Serial0/1/0	---	0/0
C	10.10.11.1/32	Serial0/1/0	---	0/0
L	10.10.11.2/32	Serial0/1/0	---	0/0
C	10.13.11.0/24	GigabitEthernet0/0	---	0/0
L	10.13.11.1/32	GigabitEthernet0/0	---	0/0

图 9-28 路由器 Router1 的路由表项信息

Router1# conf t

Router1(config)# ip route 10.10.10.0 255.255.255.0 10.10.11.1

Router1(config)# end

(31) 完成上述配置后，从主机 PC0 上 ping 主机 PC3，结果如图 9-29 所示。结果显示，目标主机不可达。

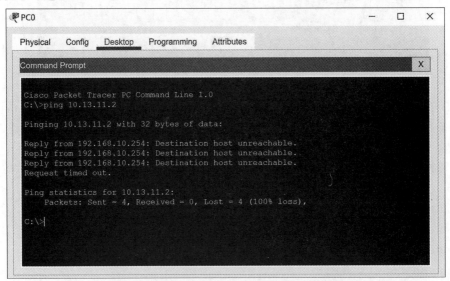

图 9-29 从主机 PC0 上 ping 主机 PC3 的结果

第 9 章 综合实验

(32)进入 Simulation 模式,启动从主机 PC0 发送 ICMP 报文到主机 PC3 的仿真过程,捕获事件序列,结果如图 9-30 所示。从事件序列中发现,ICMP 报文到交换机 Switch0 后被丢弃,返回目标主机不可达,如图 9-31 所示。这表明 ICMP 报文到达交换机 Switch0 后,没有查询到相应的路由信息,因此该报文被丢弃。

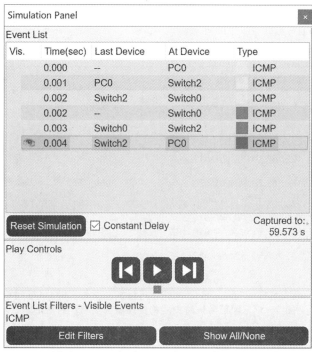

图 9-30　从主机 PC0 发送 ICMP 报文到主机 PC3 的事件序列

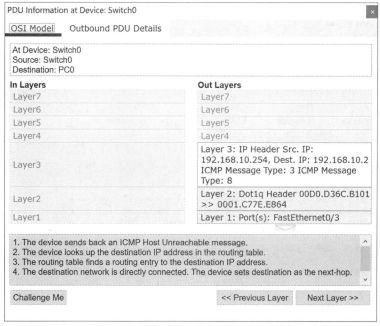

图 9-31　ICMP 报文到达交换机 Switch0 时的报文信息

(33)在交换机 Switch0 上配置默认路由条目。当报文到达交换机 Switch0 时,如果没有查询到对应的路由信息,下一跳将被送到路由器 Router0 的端口 Gig0/0。为此,在交换机 Switch0 上执行如下命令,完成默认路由配置。

```
Switch# conf t
Switch(config)# ip route 0.0.0.0 255.255.255.255 192.168.40.2
Switch(config)# end
```

配置完成后,查看交换机 Switch0 的路由表,如图 9-32 所示。

Routing Table for Switch0

Type	Network	Port	Next Hop IP	Metric
S	0.0.0.0/32	---	192.168.40.2	1/0
C	192.168.10.0/24	Vlan10	---	0/0
C	192.168.20.0/24	Vlan20	---	0/0
C	192.168.40.0/24	Vlan40	---	0/0
O	192.168.50.0/24	Vlan40	192.168.40.2	110/2
O	192.168.50.0/24	Vlan10	192.168.10.253	110/2
O	192.168.50.0/24	Vlan20	192.168.20.125	110/2

图 9-32 配置默认路由后的交换机 Switch0 的路由表

(34)在交换机 Switch1 上执行如下命令,配置默认路由。查看交换机 Switch1 的路由表,如图 9-33 所示。

```
Switch# conf t
Switch(config)# ip route 0.0.0.0 255.255.255.255 192.168.50.2
Switch(config)# end
```

Routing Table for Switch1

Type	Network	Port	Next Hop IP	Metric
S	0.0.0.0/32	---	192.168.50.2	1/0
C	192.168.10.0/24	Vlan10	---	0/0
C	192.168.20.0/24	Vlan20	---	0/0
O	192.168.40.0/24	Vlan50	192.168.50.2	110/2
O	192.168.40.0/24	Vlan10	192.168.10.254	110/2
O	192.168.40.0/24	Vlan20	192.168.20.126	110/2
C	192.168.50.0/24	Vlan50	---	0/0

图 9-33 配置默认路由后的交换机 Switch1 的路由表

(35) 再次从主机 PC0 上 ping 主机 PC3,结果通信正常,如图 9-34 所示。

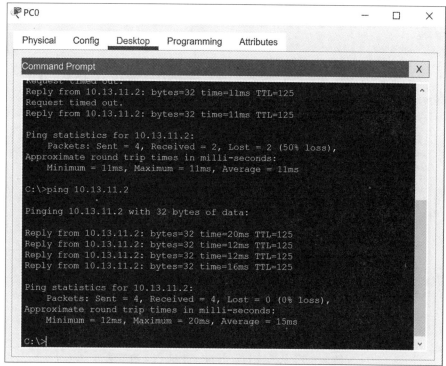

图 9-34 从主机 PC0 上 ping 主机 PC3 的结果

(36) 从主机 PC1 上 ping 主机 PC3,结果如图 9-35 所示。主机 PC1 也是 VLAN10 内的主机,因此能 ping 通主机 PC3。

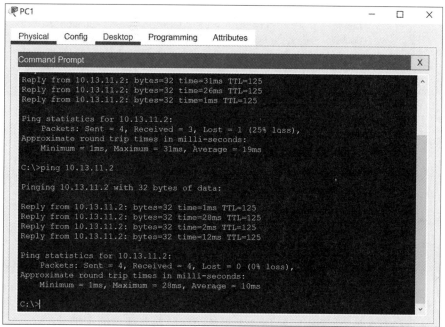

图 9-35 从主机 PC1 上 ping 主机 PC3 的结果

(37)从主机 PC2 上 ping 主机 PC3,结果如图 9-36 所示。主机 PC2 是 VLAN20 内的主机,因此不能 ping 通主机 PC3。

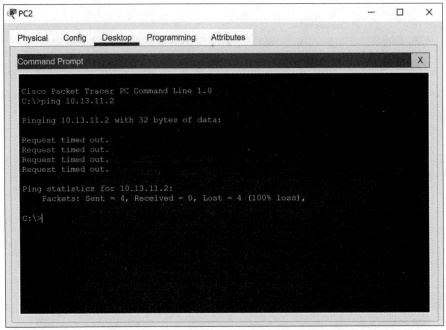

图 9-36 从主机 PC2 上 ping 主机 PC3 的结果

(38)查看路由器 Router0 上的 NAT 表,如图 9-37 所示。注意,NAT 是动态变化的,因为 NAT 表中的条目设置了老化定时器。

Protocol	Inside Global	Inside Local	Outside Local	Outside Global
icmp	10.10.10.2:14	192.168.10.2:14	10.13.11.2:14	10.13.11.2:14
icmp	10.10.10.2:15	192.168.10.2:15	10.13.11.2:15	10.13.11.2:15
icmp	10.10.10.2:16	192.168.10.2:16	10.13.11.2:16	10.13.11.2:16
icmp	10.10.10.2:17	192.168.10.2:17	10.13.11.2:17	10.13.11.2:17
icmp	10.10.10.1:5	192.168.10.3:5	10.13.11.2:5	10.13.11.2:5
icmp	10.10.10.1:6	192.168.10.3:6	10.13.11.2:6	10.13.11.2:6
icmp	10.10.10.1:7	192.168.10.3:7	10.13.11.2:7	10.13.11.2:7
icmp	10.10.10.1:8	192.168.10.3:8	10.13.11.2:8	10.13.11.2:8

图 9-37 交换机 Switch0 上的 NAT 表

(39)从主机 PC3 上 ping 公司总部网络内的主机,结果如图 9-38 所示。因为这些主机拥有的地址是私有地址,所以从主机 PC3 上不能访问公司总部内的主机。

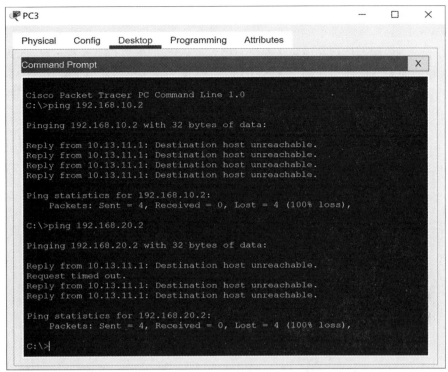

图 9-38　从主机 PC3 上 ping 公司总部网络内主机的结果

(40)配置销售部门的无线局域网。点击接入点 AP0 图标,在弹出的图形配置界面 Config 选项卡下单击 Port 1(INTERFACE→Port 1),弹出如图 9-39 所示的配置界面。在 SSID 栏中输入 SaleDept。在 Authentication 选项中选择 WPA2-PSK,在 PSK Pass Phrase 栏中输入 12348765。

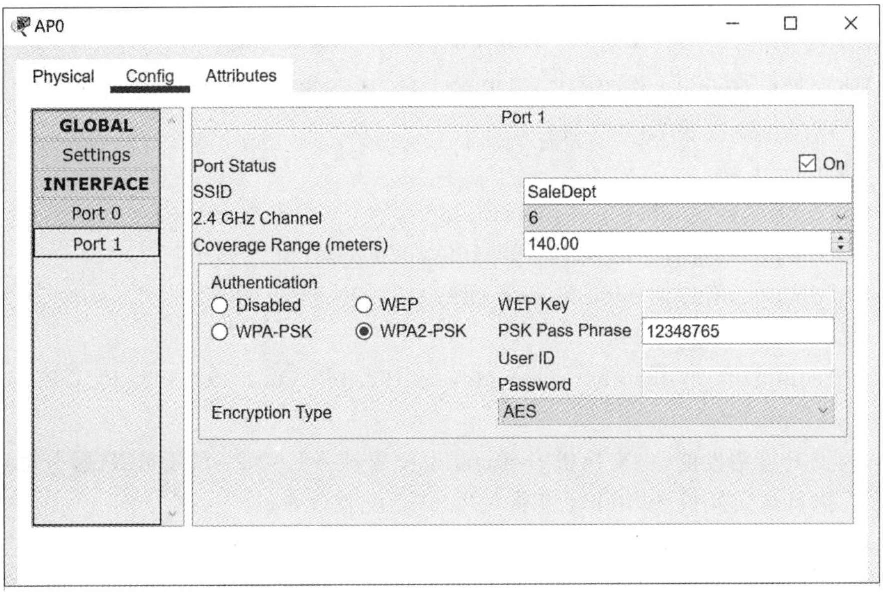

图 9-39　接入点 AP0 的配置界面

(41)在无线设备 Laptop0 的图形配置界面 Config 选项卡下单击 Wireless0(INTER-FACE→Wireless0),弹出图 9-40 所示的配置界面。为能与接入点 AP0 建立无线链路,无线设备 Laptop0 的配置信息必须和步骤(40)接入点 AP0 的配置信息保持一致,也就是相同的 SSID、相同的安全机制和密码。在 SSID 栏中输入 SaleDept。在 Authentication 选项中选择 WPA2-PSK,在 PSK Pass Phrase 栏中输入 12348765。在 IP Configuration 选项中选择 DHCP。

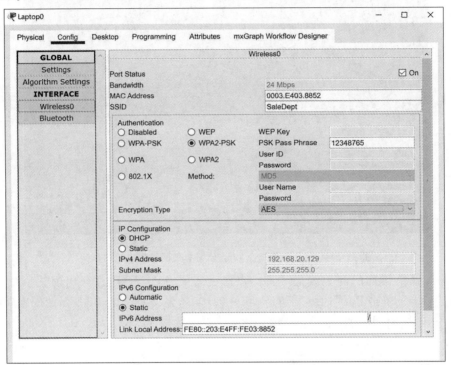

图 9-40　无线设备 Laptop0 的配置界面

(42)将交换机 Switch1 作为 VLAN20 的 DHCP 服务器。在交换机 Switch1 上执行如下命令,为 VLAN20 配置 DHCP 服务。

Switch#conf t
Switch(config)#ip dhcp pool pool4Sale
Switch(dhcp-config)#network 192.168.20.0 255.255.255.0
Switch(dhcp-config)#default-router 192.168.20.1
Switch(dhcp-config)#exit
Switch(config)#ip dhcp excluded-address 192.168.20.1 192.168.20.128
Switch(config)#exit

(43)为提升容错性能,将交换机 Switch0 也配置成 VLAN20 的 DHCP 服务器,在交换机 Switch0 执行与交换机 Switch 上相同的 DHCP 配置命令。

(44)配置完 DHCP 服务后,查看无线设备 Laptop0 的 IP 地址和网关信息,结果如图 9-41 所示。结果显示无线设备 Laptop0 已经从 DHCP 服务器上获取到网络配置信息,其 IP 地址和网关更换为 192.168.20.129 和 192.168.20.1。

第 9 章 综合实验

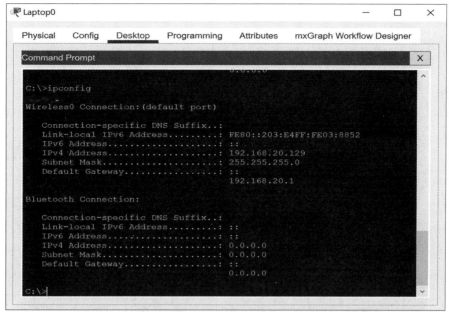

图 9-41 无线设备 Laptop0 获取的 IP 地址和网关信息

(45) 在交换机 Switch0 和交换机 Switch1 上查看地址池 pool4Sale 信息,结果如图 9-42 所示。注意,两台交换机上地址池的信息是相同的。从查询结果可以看到,地址池中的 IP 地址 192.168.20.129 被分配给 MAC 地址为 0003.E403.8852 的设备,该设备就是无线设备 Laptop0。这与图 9-41 所示信息是一致的。查询结果还显示只有一个 IP 地址被分配出去。

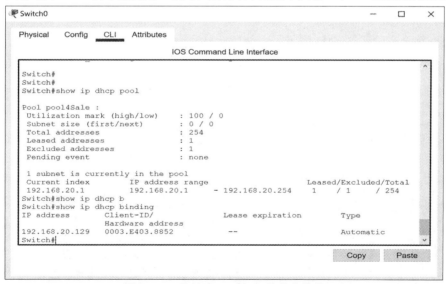

图 9-42 地址池 pool4Sale 的状态信息

(46) 从无线设备 Laptop0 上 ping 主机 PC0 和主机 PC2,结果如图 9-43 所示。结果显示无线设备 Laptop0 可以与主机 PC0 和主机 PC2 正常通信。实际上,无线设备 Laptop0 是 VLAN20 内的设备,可以与公司总部网络内的任何主机正常通信。

· 363 ·

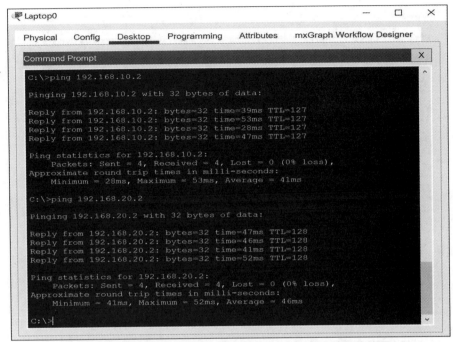

图 9-43　无线设备 Laptop0 与主机 PC0、主机 PC2 的通信结果

(47)从无线设备 Laptop0 上 ping 主机 PC3,结果如图 9-44 所示。结果显示无线设备 Laptop0 不能与主机 PC3 正常通信。这是因为无线设备 Laptop0 的 IP 地址是私有地址,且不在被允许转换的 IP 地址范围内,所以不能与公网上的设备直接通信。同样,主机 PC3 也不能访问无线设备 Laptop0。

至此,综合实验配置完成,满足了实验目标和设计要求。

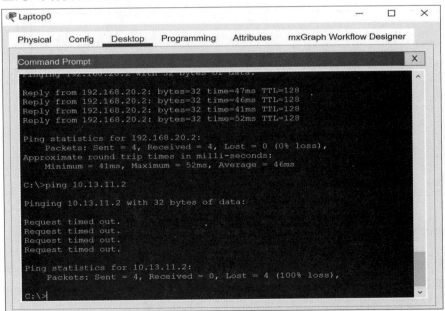

图 9-44　无线设备 Laptop0 从主机 PC3 上 ping 的结果

9.4 思考与创新

(1)在已有企业网络拓扑上增加一个部门(如数据中心)。请回答以下问题:

1)如何在交换机 Switch0~交换机 Switch3 上配置生成树协议?要求保证数据通信负载均衡。

2)假设分公司网络也采用内部 IP 地址,如何修改地址转换配置,确保总部网络内的设备和分公司的设备能正常通信?

(2)假设公司总部网络设置了专门的 DHCP 服务器,修改实验网络拓扑结构,重新配置实验环境,保证实验设备之间通信正常。

(3)假设公司总部为每个部门设置 WLAN,并且为节省成本,WLAN 设计采用 WLC 和 AP 结构,参考本书 8.4 节(基于 WLC 和 AP 的无线网络配置实验)修改实验网络拓扑结构,重新配置实验环境,保证实验设备之间通信正常。

参考文献

[1] 李勇军,张胜兵.网络工程实践教程:基于华为 eNSP[M].西安:西北工业大学出版社,2022.

[2] 张胜兵,吕养天.计算机网络工程实验教程[M].2版.西安:西北工业大学出版社,2012.

[3] 沈鑫剡,俞海英,许继恒,等.路由和交换技术实验及实训:基于 Cisco Packet Tracer[M].2版.北京:清华大学出版社,2019.

[4] 沈鑫剡,俞海英,许继恒,等.路由和交换技术实验及实训:基于华为 eNSP[M].2版.北京:清华大学出版社,2020.

[5] 张举,耿海军.计算机网络实验教程:基于 eNSP+Wireshark[M].北京:电子工业出版社,2021.

[6] 谢希仁.计算机网络[M].8版.北京:电子工业出版社,2021.

[7] 陆魁军.计算机网络工程实践教程:基于华为路由器和交换机[M].北京:清华大学出版社,2005.